Reise durch das Sonnensystem

Serge Brunier

Reise durch das Sonnensystem

Orbis Verlag

Genehmigte Lizenzausgabe 2000
Orbis Verlag für Publizistik, München
in der Verlagsgruppe Bertelsmann GmbH

Titel der Originalausgabe: Voyage dans le système solaire

Druck und Bindung: Graspo, Zlín
Printed in the Czech Republic
ISBN 3-572-01223-6

Inhalt

Die totale Sonnenfinsternis beschäftigt die menschliche Vorstellungskraft seit dem Altertum. Die Menschen sahen darin eine göttliche Offenbarung. Dieses Himmelsphänomen, sicherlich das schönste Schauspiel, das uns die Natur zu bieten hat, tritt auf, wenn Sonne, Mond und Erde in einer geraden Linie stehen. Hier sieht man die Sonnenfinsternis vom Juli 1991, fotografiert vom Vulkan Mauna Kea auf der Insel Hawaii.

Einführung

Die Planeten im Wandel von Mythos und Forschung

Am Himmel des Altertums wanderten sie zu fünft zusammen mit Sonne und Mond in unregelmäßigen und unbegreiflichen Bewegungen durch die Sternbilder des Tierkreises. Die Griechen tauften sie *planetes:* »Umherirrende«. Die Astronomen mußten mehr als 2000 Jahre lang Beobachtungen und Berechnungen anstellen, um das komplizierte Räderwerk der großen Himmelsuhr zu verstehen, die die Welt beherrschte, das Schicksal der Menschen beeinflußte und den Zyklus der Jahreszeiten prägte.

Für die Alten war die Erde der Mittelpunkt des Universums. Um sie drehten sich Sonne, Mond, Merkur, Venus, Mars, Jupiter und Saturn; diese hafteten an Kristallkugeln, deren Bewegungen mehr oder weniger komplex waren. Jenseits davon befand sich die Sphäre der unverrückbaren Sterne: der Sternenhimmel. Dem bloßen Auge erschienen die Planeten lediglich als einfache, mehr oder weniger helle und farbige Punkte am Himmel, auf die die Menschen den Charakter ihrer Götter projizierten: dieser war launisch, jener kriegerisch, ein anderer heiter …

Der aufkommende Heliozentrismus, den man schon seit den Griechen erwartete, dessen Siegeszug aber aus theologischen Gründen zu lange hinausgezögert wurde, mußte diesem magischen, vollkommenen, ewigen und göttlichen Himmel die Totenglocke läuten. Die neue Vorstellung nahm der Erde ihre zentrale und privilegierte Stellung und wies ihr im Weltraum praktisch denselben Rang zu wie dem Mond und den Planeten.

Wer hat den Status, den die Planeten im Bewußtsein unserer Gesellschaft einnahmen, so nachhaltig verändert? Kopernikus, der in seinem berühmten Werk der Erde den Titel eines Zentrums des Universums entriß und uns das aktuelle Bild vom Sonnensystem hinterließ? Galilei, der als erster unser Planetensystem in

Seit der Mensch in den Sternenhimmel blickt, hat sich das nächtliche Schauspiel nicht verändert. Dagegen hat sich unsere Vorstellung von der Welt erheblich weiterentwickelt, und wir können nun Stellung und Entfernung einer Sternenwolke, der Planeten, der hellen, nahen Sterne und eines silbernen, fernen Bogens in der Milchstraße richtig bestimmen.

seiner damals bekannten Gesamtheit mit einem Fernrohr beobachtete und auf den Gedanken kam, daß die hellsten Sterne am Himmel ebenso wie die Erde in Wirklichkeit andere Welten waren? Neil Armstrong, der als erster die Oberfläche eines fremden Himmelskörpers in unmittelbarer Nähe einer dieser Welten betrat? Eine solch tiefgreifende Änderung der Perspektive geschieht sicherlich nicht an einem einzigen Tag, und weder die Veröffentlichungen von Kopernikus noch die von Galilei, noch die Fernsehübertragung des »kleinen Schrittes für den Menschen« konnten für sich allein unsere Vorstellung vom Universum umwälzen.

Die Entwicklung der Ideen vollzieht sich nicht monolithisch, sondern schreitet in unterschiedlich starken Wellen voran. Zwar haben Kopernikus und Galilei ihre Epoche beeinflußt und unseren Begriff vom Universum radikal verändert, doch ihre Ideen waren anfangs nur ganz wenigen Gebildeten, Philosophen, Politikern oder Prälaten bekannt, ehe sie sich langsam in die unteren Schichten der Gesellschaft ausbreiteten. Aber wen interessierte es im 17. Jahrhundert schon, ob sich die Erde nun um die Sonne drehte oder die Sonne um die Erde?

In den meisten Gesellschaftssystemen sind heute die Kenntnisse über Position und Zustand der Erde und der Planeten weit verbreitet. Ihr Wesen ist kein Mysterium mehr und kann keine philosophischen oder religiösen Überlegungen mehr auslösen: Diese Rolle ist jetzt der Lehre vom Urknall zugefallen, dem vermutlichen Ursprung des gesamten Universums, dem Punkt, in dem alle aktuellen metaphysischen Fragen zusammentreffen. Zwar zeugen die Astrologen, die Zeichen am Himmel sehen und an die Vorherbestimmung glauben, noch von der intellektuellen Trägheit unserer alten Menschheit und vom Einfluß der alten Vorstellungen, aber ihre immer symbolischer werdende Kunst entfernt sich endgültig von der Realität und hat sich völlig von der astronomischen Wissenschaft getrennt. Wenn es nach dem Jahr 2000 endlich keinen Grund mehr gibt für die chiliastische Angst, die einige unserer Mitmenschen arg bedrückt, wird sie verschwinden ... und später vielleicht unter anderen Vorzeichen und in neuer Form wieder erscheinen.

Die Planeten sind nur andere Erden. Diese beinahe angeborene Kenntnis unserer planetarischen Umgebung, die man heute insbesondere bei Kindern antrifft, verdanken wir möglicherweise nicht so sehr einem ostpreußischen Domherrn und Astronomen aus dem 16. Jahrhundert, einem italienischen Weisen aus der Zeit der Renaissance oder einem Testpiloten des 20. Jahrhunderts, als vielmehr Robotern, die im Laufe von nur zwei Generationen das gesamte Sonnensystem untersucht haben. Diese Maschinen, Früchte der hoch entwickelten Wissenschaft und Technik des ausgehenden Jahrtausends, sind mit Übertragungsantennen und elektronischen Kameras ausgerüstet und werden von der Erde gesteuert. Durch sie, oder vielmehr dank der Forscher und Ingenieure, die sie schufen, sind uns die Marswüsten und die Saturnringe ebenso vertraut wie die grandiosesten Landschaften auf unserem eigenen Planeten. Dessen Dimensionen haben sich in den letzten Jahrzehnten aufgrund der Telekommunikation per Satellit und des Aufschwungs der Luftfahrt gewissermaßen verkleinert, und er hat kaum noch exotische Landschaften zu bieten. Auch wenn die letzten Abenteurer mit ihren Berichten von den Durchquerungen der Sahara, des Himalaya oder der Antarktis noch unsere Phantasie anregen, merken wird doch sehr genau, daß der blaue

Planet keine Chancen für Erkundungsreisen mehr bietet. Das Abenteuer findet anderswo statt: auf dem Mond oder dem Mars und später vielleicht auf Io, Titan und Triton.

In der Erwartung, daß die Menschheit zu Beginn des dritten Jahrtausends auf den Mond zurückkehrt und daß sie – wahrscheinlich in etwa 30 Jahren – auf dem Mars landet, fliegen große Metallinsekten in alle Richtungen durch das Sonnensystem und lassen uns als ihre Urheber mitreisen. Und was für eine Reise! Ohne die Sonden Venera und Magellan wüßten wir nichts über die fremde Höllenwelt, die hinter den Wolken der Venus verborgen ist. Ohne die Sonden Mariner, Viking und nun Mars Observer könnten wir die künftige Reise des Menschen auf den roten Planeten nicht vorbereiten. Diese Sonden haben innerhalb von ungefähr 30 Jahren unser Wissen über das Sonnensystem mehr erweitert als 2000 Jahre astronomischer Beobachtung.

Diese erste Etappe der Erkundung des Sonnensystems erinnert auch an die großen See-Expeditionen der Vergangenheit. Wie Magellan, La Pérouse oder Darwin fahren unsere Raumschiffe für Jahre, ja sogar Jahrzehnte fort und gehen unterwegs verloren, verschlungen von den schwarzen Wellen des Weltraums. Andere bringen sich uns aus immer größerer Entfernung in Erinnerung. Sie sind so alt, daß zwei Generationen von Forschern sich bei ihrer Steuerung abgelöst haben. Die Sonde Pioneer 10, in den sechziger Jahren entworfen und 1972 von der Erde gestartet, hat das Sonnensystem inzwischen verlassen; sie befindet sich in einer Entfernung von etwa zehn Milliarden Kilometern, steht aber noch in Funkkontakt mit unserem Planeten. Einige Ingenieure, die sie heute mit der riesigen Antenne von Goldstone in der Mojave-Wüste in Kalifornien abhören, sind genauso alt wie sie …

Wie die bedeutenden Reisen der Naturforscher des 18. und 19. Jahrhunderts haben uns auch die Reisen der Raumsonden viel gelehrt und gelegentlich unsere Ansichten über die Welt verändert. Aus der Erforschung des Sonnensystems lassen sich zwei wichtige Lehren ziehen. Die erste war zu erwarten. Intuitiv hatten die Forscher sie vorausgeahnt, noch bevor die erste Rakete von der Erde abgehoben hatte. Es ist ein Naturgesetz, ja das Fundament der Wissenschaft. Das Gesetz besagt, daß dieselben Ursachen überall im Universum dieselben Wirkungen haben. Mit anderen Worten: die Gesetze der Physik sind auf Erde, Mars und Neptun dieselben. Die atmosphärischen und geologischen Phänomene sind nicht das alleinige Eigentum unseres blauen Planeten. Nebel, Wolken, Eis, der Zyklus der Jahreszeiten, Winderosion oder Vulkanismus sind universelle Phänomene.

Dagegen war die zweite Lehre bei der Erforschung des Sonnensystems eine Überraschung. Sie hat uns erkennen lassen, daß der Anwendungsbereich dieser fundamentalen planetologischen Gesetze nahezu unendlich ist. Mannigfaltigkeit und Komplexität sind seitdem die Hauptbegriffe, mit denen die Forscher die Welten des Sonnensystems charakterisieren. Denn im Gegensatz zu den Vorstellungen der Astronomen vor 20 Jahren kann man die Planeten nicht in einfachen Kategorien ordnen, nur weil sie verwandte physikalisch-chemische Eigenschaften haben. Die klassische Idee, daß die Himmelskörper mit einer geringen Masse sich kaum verändern, daß gerade sie in dem Zustand erstarrt sind, in dem sie vor 4,5 Milliarden Jahren gebildet wurden, hat sich als vollkommen falsch erwiesen. Es stellt sich heraus, daß gerade die kleinsten Körper am kompliziertesten sind und die überraschendsten Landschaften besitzen. Io und Europa beispielsweise, auch Enceladus, Titan, Miranda, Triton haben alle Berechnungen über den Haufen geworfen, die kühnsten Modelle der Spezialisten an Originalität und Fremdartigkeit übertroffen.

Die Überraschung der Astronomen läßt sich vielleicht teilweise durch ihre wissenschaftliche, sehr theoretische Kultur erklären, noch deutlich geprägt von zwei Jahrhunderten zähen Studiums der Himmelsmechanik. Denn für zahlreiche Forscher stellten die Planeten einst bloß Teilchen dar, die sich um die Sonne bewegen. Der geänderte Status der Planeten – aus ihnen wurden in nur wenigen Jahren Welten – hat die Wissenschaftler ebenso wie den Mann auf der Straße überrascht, der sich, den Blick zum Mond am nächtlichen Himmel erhebend, eines Abends im Sommer 1969 dessen bewußt wurde, daß zwei seiner Mitmenschen auf der Oberfläche dieser leuchtenden Scheibe spazierengingen. Es war das Ende des Märchens vom Mann im Mond, der immer an einen trauri-

Der Mensch hat die Erde verlassen. In der Umlaufbahn der Erde befinden sich seit ungefähr zwanzig Jahren ständig Astronauten, die unseren Planeten aus einem neuen Blickwinkel beobachten. Sie alle träumen von dem Tag, an dem andere Erforscher des Kosmos wieder auf den Mond zurückkehren und den Mars besuchen, bevor sie sich dort endgültig einrichten, um eine neue Zivilisation zu schaffen.

gen Clown mit einer bleichen Gesichtsfarbe erinnerte.

Heutzutage begreifen wir die Planeten anders. Um sie zu verstehen, müssen wir sie sowohl im Raum als auch in der Zeit untersuchen. Ihre aktuelle Gestalt zeugt von ihrer vergangenen Entwicklung, von Bedingungen, die in ihrer Umgebung vor ein, zwei, drei oder vier Milliarden Jahren herrschten, aber auch von den feinen Wechselwirkungen, in denen sie eventuell mit den anderen Himmelskörpern des Sonnensystems standen. Am Ende haben 4,5 Milliarden Jahre Entwicklung die Oberflächen der Planeten nicht gleich gemacht, die geologischen Unterschiede nicht abgeschwächt, die Landschaften nicht vereinheitlicht. Im Gegenteil: Jeder Himmelskörper des Sonnensystems ist anders. Haben Jupiter und Saturn auch eine sich ähnelnde Entwicklung hinter sich, so daß sie sich fast wie zwei Brüder ähneln, entstanden aus ihnen doch wunderbar vielfältige Monde. Zwar hatten die Venus und die Erde ursprünglich dieselben physikalischen, chemischen und geometrischen Eigenschaften, aber ihr jeweiliges Schicksal nahm anschließend einen so radikal anderen Weg, daß die beiden Himmelskörper heute nicht wiederzuerkennen sind und streng genommen nichts mehr gemein haben.

Mond und Venus in geschlossener Konjunktion beim Sonnenuntergang. Von der Erde aus betrachtet begegnen sich der Mond und die Planeten gelegentlich am Himmel. Diese scheinbaren, sehr eindrucksvollen Annäherungen sind natürlich lediglich einfache Wirkungen der Perspektive; die wirkliche Distanz zwischen den Himmelskörpern beträgt aber viele Millionen von Kilometern.

So sind die Planeten wie die Lebewesen dem Zufall unterworfen und unterliegen mehr oder weniger den Zwängen ihrer Umgebung. Ihre Geschichte nach ihrem gemeinsamen Ursprung läßt sich nicht vorhersehen. Lassen Sie den Film der Entwicklung des Sonnensystems einmal, hundertmal, tausendmal ablaufen, und er wird jedesmal von seiner vorhergehenden Version abweichen... Dies ist vielleicht die wichtigste Lehre aus dem Weltraumabenteuer: Auch wenn sich die großen Strukturen des Universums, Sternhaufen, Galaxien, Nebelflecke und Sterne, gleichförmig oder fast gleichförmig bis ins Unendliche wiederholen, die kleinsten und die komplexesten Strukturen des Kosmos – die Planeten – sind einzigartig. Abgesehen von allen Vermutungen darüber, ob im Weltraum andere Planetensysteme als das unsrige existieren, kann man heute doch mit großer Sicherheit behaupten, daß es im Universum viele Milliarden Galaxien gibt.

Und was ist von der Erde zu sagen? Unsere Welt ist gewissermaßen das Schnabeltier unseres Planetensystems. Denn auf dem blauen Planeten konzentrieren sich munter die seltensten und wunderlichsten Erscheinungen des Sonnensystems. Erstens bildet die Erde zusammen mit dem Mond ein Paar mit einzigartigen dynamischen Eigenschaften. Dann findet man auf ihrer Oberfläche buntgemischt sehr ungewöhnliche Merkmale: eine dichte Atmosphäre mit einem Treibhauseffekt, einen starken Vulkanismus, eine lebhafte Plattentektonik und das gleichzeitig in seinen drei Aggregatzuständen existierende Wasser. Wahrscheinlich hat das zufällige und eigenartige Nebeneinander dieser charakteristischen Züge auf dem blauen Planeten eine zügellose physikalisch-chemische Aktivität, das Leben nämlich, ermöglicht, vor allem aber das seltsamste Experiment der Natur: uns Menschen, das Bewußtsein um die Existenz...

Wenn die Wissenschaft den Planeten des Sonnensystems ihren Zauber und ihre Göttlichkeit genommen, wenn sie jedes Geheimnis dieses großen kosmischen, scheinbar unveränderlichen Uhrwerks gelüftet hat, so hat sie diesen Welten dafür auch mehr Realität gegeben, sie lebendiger, aber auch unvorhersehbarer und daher zerbrechlicher gemacht. Das Sonnensystem hat eine lange Geschichte, sein Ursprung liegt 4,5 Milliarden Jahre zurück. Von Jahr zu Jahr wächst unser Verständnis der aufeinanderfolgenden Episoden dieser stürmischen Evolution ein wenig. Wir wissen auch, daß das Sonnensystem schon lange erwachsen ist und daß es wie lebende Organismen ein Ende haben wird. Dieses Ende wird in ungefähr fünf Milliarden Jahren mit ziemlicher Heftigkeit eintreten, nachdem aus der Sonne ein roter Riese geworden ist, der schließlich explodiert. Bedeutet dies, daß die Geschichte unseres Planetensystems bereits geschrieben ist? Kann man jetzt schon die Entwicklung der Himmelskörper vorhersehen, aus denen es besteht?

Auf den Spuren von Auguste Comte haben die positivistischen Philosophen und Astronomen lange Zeit daran geglaubt. Doch die Theorie des Chaos, an der Jahrhundertwende durch eine Eingebung des Mathematikers und Physikers Henri Poincaré entstanden und seit den sechziger Jahren auf die Physik anwendbar, hat diese Denkrichtung matt gesetzt und diese kühne und überspannte Hoffnung zerstört. Die Theorie des Chaos ist ein komplexes und fruchtbares mathematisches Instrument, das nur mit dem Aufkommen extrem leistungsfähiger Rechner entwickelt und bestätigt werden konnte. Mit dieser Theorie wird die zeitliche Stabilität komplexer und periodischer physikalischer Systeme untersucht, beispielsweise die Zirkulation der Erdatmosphäre oder die Orbitalbewegung von Sternen in der Galaxie.

Angewandt auf die Himmelsmechanik – historisch gesehen die am meisten vom Determinismus bestimmte Wissenschaft –, läßt sich mit Hilfe der Theorie des Chaos zeigen, daß der künftige Zustand des Sonnensystems auf zeitlicher Ebene nicht vorhersehbar ist. Das von den Griechen überlieferte klassische Bild eines unveränderlichen Himmels mit vollkommen periodischen Bewegungen muß – diesmal endgültig – aufgegeben werden. Ebenso wie der Meteorologe, der es heutzutage bereits nicht mehr wagt, das Wetter der kommenden Woche vorherzusagen, verzichtet auch der Astronom nunmehr darauf zu berechnen, in welchem Zustand sich Mars und Pluto in 100 Millionen Jahren befinden werden.

Die moderne Physik rückt den Kosmos in eine schwindelerregende philosophische Perspektive. In unserem Jahrhundert wurde die Quantenmechanik begründet, die der Kenntnis des Mikrokosmos ebenfalls eine fundamentale Aussicht eröffnet. Das Aufkommen der Kosmologie der Expansion wies dem gesamten Universum eine historische, sich entwickelnde, unvorhersehbare Stellung zu, die es in der Geschichte der Wissenschaften niemals vorher besaß. Schließlich scheinen wechselnde, nicht vorherbestimmbare Phänomene auch die letzten astronomischen Objekte zu steuern, die man für unveränderlich hielt: die Planeten. Nachdem die Renaissance mit Giordano Bruno, Kopernikus und Galilei vor Jahrhunderten begann, den Menschen aus der erstickenden Umklammerung durch die Natur und Gott zu befreien, geht heute die Wissenschaft noch einen Schritt weiter, indem sie den Himmel selbst von den zu strengen Fesseln der Naturgesetze befreit. Verborgen hinter dem durch die Theorie des Chaos gezogenen Horizont der Vorhersagbarkeit ist seitdem die Zukunft des Sonnensystems, unsere Zukunft, offen.

Galaxien:

Bausteine des Universums

Intergalaktische Landschaft, von der Erde aus fotografiert, etwa 28 000 Lichtjahre vom Zentrum der Galaxie entfernt. Hinter dem gleichförmig mit Sternen besetzten Himmelsgewölbe erstrahlt ein Nebel, dessen leuchtende Gasspiralen sich vom schwarzen Samt des Himmels abheben. In weitaus größerer Entfernung, mehrere Millionen Lichtjahre entfernt, ist eine spiralenförmige, zerbrechlich wirkende Galaxie zu sehen, die sich silbern vor dem Hintergrund des Himmels abzeichnet.

Schwindelerregender Blick ins Weltall: Ein strahlender, naher Stern der Milchstraße funkelt vor einer fernen Galaxie. Geburt, Entwicklung und Tod der Sterne finden in den Galaxien statt.

Sie scheint zu leben. Unendlich langsam ihre silbrigen Spiralwindungen um ihr heißes und strahlendes Herz aufrollend, schwebt die Galaxie im Weltall. Sie sieht vielleicht aus wie eine dicke, einsame Flocke mitten in einem leeren, eisigen, feindlichen und grenzenlosen Universum. Man möchte sie in die Hand nehmen, ihr sanftes Licht einfangen, sie streicheln. Man könnte fürchten, sie zerschmelze oder zerbreche. Aber diese Zerbrechlichkeit ist nur eine Täuschung, denn der prächtige Himmelskristall, der sich seit mehr als zehn Milliarden Jahren um sich selbst dreht, hat die Ausdehnung eines Universums. In seinem Zentrum sind Milliarden Welten entstanden und wieder vergangen. Diese Galaxieflocke besteht in Wirklichkeit aus Sternen. Aus einer riesigen Menge, aus Myriaden von Sternen. So zahlreich, daß Millionen von ihnen zu durchsichtigen Sternhaufen verschmelzen, daß niemand sie je zählen wird, daß ihre Zahl selbst unwichtig ist. Und mitten zwischen Hunderten von Milliarden seiner himmlischen Brüder, man weiß nicht genau wo, strahlt sanft unser eigener Stern: die Sonne.

Die Galaxie ist eine der Grundzellen des Universums. In Erinnerung an das Altertum, nach dessen Vorstellung sie aus dem Schoß der Juno entsprang, bezeichnen die Astronomen auf dem Planeten Erde sie weiterhin als Milchstraße. Von jedem hypothetischen Planeten aus, der sich in ihr verbirgt, erscheint sie stets in derselben Form, als Nebelfetzen, Sternenhaufen, als ein Bogen am Himmelsgewölbe, als eine große einhüllende, beruhigende Gestalt, mit der wir auf geheimnisvolle Art verbunden sind. Die Milchstraße ist ein Element der planetarischen Landschaft.

Soweit man das Universum erforschen kann, bis in die zeitliche und räumliche Unendlichkeit hinein, wird es von Galaxien wie der unsrigen ausgefüllt. Alle bestehen in ähnlicher Weise aus Sternen, alle haben die gleiche Geschichte und haben bis heute die gleiche Entwicklung hinter sich. Die Galaxien erzählen uns die Geschichte des ganzen Universums. Die Kosmologie lehrt uns, daß sie sämtlich vor etwa zehn bis 15 Milliarden Jahren aus einem schweren und heißen gasförmigen Körper aus expandierender Materie entstanden sind, ähnlich, wie sich in einer erkaltenden Suppe Klümpchen bilden. Das sich ausdehnende heiße Gas entsprang seinerseits aus der Explosion eines einzigen Raum-Zeit-Punktes, dessen Eigenschaften man heute noch nicht kennt, buchstäblich der Ursprung des Universums: der

Weit hinter dem Sternbild Wasserschlange schwebt eine spiralförmige Galaxie in der eisigen Leere des Raums. Aus der Ferne muß unsere Galaxie, die Milchstraße, dieser zarten Flocke ähnlich sehen. Wie sie zählt auch diese Galaxie über 100 Milliarden Sterne, die in den feinen, langsam und majestätisch rotierenden Spiralarmen miteinander zu verschmelzen scheinen.

Es ist unmöglich, sich eine Vorstellung von der wirklichen Gestalt unserer Galaxie zu machen, da unser Planet direkt im Innern ihrer großen spiralförmigen Scheibe liegt. Von der Erde aus betrachtet hat die Galaxie die Form eines gewaltigen milchigen Bogens, der sich über das ganze Himmelsgewölbe spannt. Ihr zentraler Kern erscheint im Sternbild des Schützen.

Paradoxerweise ist gerade unsere Galaxie eine der wenigen, deren Mitte wir nicht sehen können. Denn da das Sonnensystem exakt in der Ebene der Galaxie liegt, ist die Visierlinie auf das Zentrum, eine Strecke von 28 000 Lichtjahren, vollkommen von Milliarden von Sternen und Spiralen interstellaren Gases versperrt.

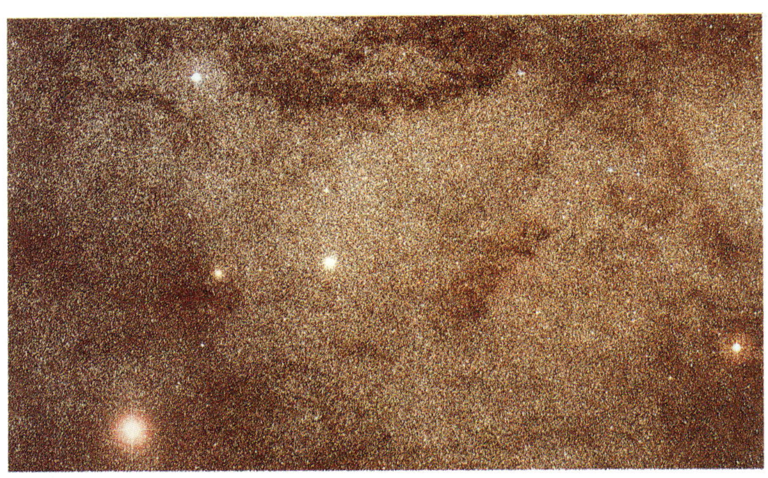

Durch das Teleskop betrachtet ist die Region, in der sich das Zentrum der Galaxie verbirgt, durch einen Vorhang aus Sternen verhüllt. Diese Milliarden von Himmelskörpern scheinen miteinander zu verwachsen. In Wirklichkeit sind sie durch Tausende von Milliarden Kilometern voneinander getrennt. Obwohl es nicht so aussieht, ist die Galaxie doch im wesentlichen leer.

Urknall. Die physikalische Wissenschaft am Ende des 20. Jahrhunderts ist nicht in der Lage, ein Modell dieser Ur-Explosion zu erstellen, ihre Ursache zu erkennen, wenn es denn eine solche gibt. Während man sich mit Teleskopen dem – asymptotischen – Ursprung des Universums immer mehr nähert, bleibt das Bild vom Ursprung dennoch verschleiert und nicht zu entschlüsseln. Das Universum widersteht all unseren technischen und begrifflichen Werkzeugen, und Astrophysiker, Philosophen und Theosophen werden möglicherweise bis an das Ende der Zeit über seinen Existenzgrund diskutieren. Aber hat das Universum überhaupt einen Sinn?

Doch nicht nur der Urknall – der heute nicht mehr als Theorie ist, selbst wenn sie inzwischen fast einmütig akzeptiert wird –, auch große Stücke der verstehbaren Geschichte des Universums liegen noch im Schatten. Wie sind die vier Naturkräfte – starke nukleare Wechselwirkung, schwache nukleare Wechselwirkung, Elektromagnetismus und Schwerkraft – entstanden, von denen die Welt gelenkt und durch die sie verständlich wird? Warum und wie sind in dem expandierenden flüssigen, kosmischen Gaskörper Schwankungen aufgetreten? Diese Fragen werden vielleicht am Ende des nächsten Jahrhunderts beantwortet. Die Entwicklungslinie der Materie nach der Ur-Explosion hat man sehr genau verfolgt. Seit zirka 15 Milliarden Jahren dehnt sich das Universum – die Raum-Zeit, die Energie-Materie – ständig aus. Ausgehend vom Augenblick Null wuchs mit der Ausdehnung stets seine räumliche Dimension, während seine Dichte und Temperatur abnahmen. Zuerst erschienen die Strahlung und die Elementarteilchen, dann, nach einer Million Jahre, die ersten Atome, Wasserstoff und Helium: dies sind die ursprünglichen Gase. Man nimmt an, daß sich diese Gase dann zu Galaxien verdichtet haben, eine Milliarde Jahre nach der anfänglichen Explosion. Seitdem in ständiger Expansion, kühlt das Universum ab und leert sich; doch diese Bewegung hin zum abstrakten Nichts wurde durch eine Tendenz zur stärkeren Organisation der Materie in Form von Galaxien kompensiert. Als wahrhaft aufnahmewillige Inseln in einem immer leerer und kälter werdenden Raum begannen die Galaxien, Sterne zu erzeugen. Aus ihrem atomaren Schmelztiegel gingen Kohlenstoff und Schwefel, Eisen und Silizium, Sauerstoff und Stickstoff hervor. In 150 Millionen Jahrhunderten folgten unzählige Generationen von Sternen aufeinander, und jede bereicherte den interstellaren Raum um die Atome, die sie erzeugt hatte. Die Galaxie vermischte dies alles, erstrahlte jedes Jahr durch den Glanz zwanzig weiterer Sterne und erblaßte alle hundert Jahre unter dem grellen Aufblitzen einer Supernova. Die Kernfusion im Innern der Sterne ist der Ursprung aller bekannten Elemente. Im Laufe der Zeit hüllte sich die Galaxie, die ursprünglich aus Wasserstoff und Helium bestand, in Schleier aus Sauerstoff. Ohne die langsame Arbeit der kosmischen Evolution gäbe es unseren Sonnenstern, die Planeten, die Erde nicht: und wie diese sind wir aus der fruchtbaren Asche uralter Sterngenerationen geformt.

Die Galaxie ist wahrhaft gigantisch: Die Reise des Lichtes durch ihre linsenartige Scheibe dauert bei einer konstanten Geschwindigkeit von 300 000 km/s etwa 80 000 Jahre.

Großaufnahme eines Nebels: Ein Gespinst aus Gas und Staub mit sehr hoher Dichte hebt sich vor dem gestirnten Hintergrund der Milchstraße ab. Diese schwarzen Wolken sind so undurchsichtig, daß sie das Licht der Sterne absorbieren. Solche unermeßlich großen, kalten und vereinzelten Wolken tauchen hin und wieder an den Armen der Galaxie auf. Hier entstehen eines Tages neue Sterne.

Ausgedrückt in einer von den Astronomen verwendeten Einheit für Entfernungen mißt sie also etwa 80 000 Lichtjahre. Es hätte nicht viel Sinn, diese Dimension in eine dem Menschen verständliche Einheit, den Kilometer, zu übersetzen: 800 000 000 000 000 000 Kilometer. Die einzige tiefere Bedeutung dieser Dimension ist die, daß sie es uns ohne Zweifel für immer unmöglich macht, durch die Galaxie zu reisen und, mehr noch, sie zu verlassen. Wir werden daher niemals ihr wirkliches Aussehen kennenlernen; nur aus großer Entfernung können wir ihren milliardenfachen Widerschein im Universum beobachten.

Man weiß nicht genau, wieviele Sterne die Galaxie zählt, doch schätzt man aufgrund von Studien ihrer globalen Masse und ihrer Bewegung ihre Zahl ganz grob auf 200 Milliarden. Unsere Sonne fällt inmitten dieses quasi unendlichen Sternenwirbels nicht auf. Sie ist ein Stern mittlerer Größe und Helligkeit, der von den Astrophysikern in der Regel als Bezugspunkt gewählt wird; sie wird auf ihrer Bahn durch die Galaxie von zehnmal kleineren Sternen begleitet, die eine Million Mal schwächer leuchten als sie. Diese blassen roten Zwerge haben eine fast unbegrenzte Lebensdauer: 50 oder 100 Milliarden Jahre. Die Tatsache, daß es im Universum anscheinend keine ebenso alten Sterne gibt, betrachten die Astrophysiker als zuverlässigen Beweis für die Genauigkeit der Theorie des Urknalls. Neben der fast unsichtbaren Schar der roten Zwerge funkeln wahrlich kosmische Leuchtfeuer, so seltene und so helle Sterne, daß sie jemandem, der den Weltraum durchqueren wollte, gut als

Geburt, Leben und Tod einiger Sterne vollziehen sich gewaltsam. Hier, mitten im Nebel des Sternbildes Kiel des Schiffes, zeugen gründlich durcheinander gewirbelte Gaswolken vom chaotischen Atem des stellaren Sturms, der sich unter dem Einfluß eines gigantischen Sternes

interstellare Baken dienen könnten, da sie in der ganzen Galaxie zu sehen sind. Deneb, Rigel, Saïph, Canopus, Bellatrix oder der Polarstern – jeder dieser Sterne leuchtet so hell wie etwa 100 000 Sonnen!

Die 200 Milliarden Sterne der Galaxie drehen sich langsam um ihren Kern, und zwar um so langsamer, je weiter sie vom Zentrum entfernt sind. Die Sonne, ungefähr 28 000 Lichtjahre von der Rotationsachse der Galaxie entfernt, benötigt für einen Umlauf etwa 250 Millionen Jahre. An den Himmel der Erde projiziert erscheint die Scheibe der Galaxie sehr dicht, als wären die Sterne aneinander geklebt. Diese Illusion entsteht aufgrund der Perspektive: Der durchschnittliche Abstand zwischen den Sternen beträgt drei Lichtjahre, also 30 000 Milliarden Kilometer! Wollte man versuchen, ein Bild von der Galaxie zu geben, müßte man folgendes Experiment durchführen: Stellen wir uns vor, jeder Stern der Milchstraße würde durch ein Sandkorn dargestellt; bei diesem Maßstab hätte die Scheibe der Galaxie einen Durchmesser von 300 000 Kilometern! Der Inhalt eines Sandkastens über die Entfernung Erde-Mond ausgestreut: Die Galaxie besteht vorwiegend aus leerem Raum.

Nach galaktischem Maßstab ist die Sonne ein junger Stern. Die erste Sternengeneration der Galaxie entstand vor rund 15 Milliarden Jahren aus den Urelementen Wasserstoff und Helium, doch unser eigener Stern ist anders. Er besteht aus dem Gas, das von den ersten Sternengenerationen erzeugt und hinausgeschleudert wurde, und ist reicher an schweren Elementen, beispielsweise Kohlenstoff, Sauerstoff oder Stickstoff. Unser Stern wurde vor genau 4,55 Milliarden Jahren in den wattierten Windeln eines Nebels geboren. Wie alle Sterne entstand die Sonne unter dem Gravitationskollaps einer Gaswolke. Im Zentrum eines der Nebel, die bei jedem Durchgang eines Spiralarms der Galaxie zyklisch im Weltraum entstehen, fiel eine Gaskugel größerer Dichte langsam in sich zusammen. Dabei nahm sie ganz natürlich die Form einer rotierenden Scheibe an, in deren Herz eine immer heißer und dichter werdende Gaskugel zusammenzustürzen begann. Der ungleiche Kampf zwischen der Gravitationskraft – die die Materie ins Zentrum zieht – und dem Gasdruck endete mit dem Sieg der Schwerkraft, in der blitzschnellen Auslösung der Kernfusionsreaktionen im Herzen des Himmelskörpers: Die Sonne war geboren.

Eine gewaltsame Geburt: Der junge, instabile und tobende Stern bläst die Fetzen des Nebels, der ihn erzeugt hat, in den Weltraum, er schleudert mit unglaublicher Energie Materie aus sich heraus, während sich um ihn herum die Scheibe aus Gas und Asche zum Sonnensystem formt. Über

erhob, dessen Masse vielleicht hundertmal größer ist als die der Sonne in unserem Planetensystem. In 10, 1000 oder 100 000 Jahren wird dieser Stern explodieren, und sein flammendes Ende wird noch in einer Entfernung von Milliarden Lichtjahren wahrzunehmen sein.

diese fast vollkommen glatte Scheibe fegt der Sonnenwind hinweg, ein Plasma aus Partikeln, die der glühenden Atmosphäre des Sterns entstammen. Die leichtesten Elemente wie Wasserstoff und Helium werden nach außen getragen, während die schweren Atome sich gleichmäßig über die Scheibe des entstehenden Planetensystems verteilen. Die Partikel mit der größten Dichte, Staubteilchen aus Graphit und Silikat, ballen sich zusammen und erzeugen – innerhalb einiger tausend Jahre – Planetenembryos, große unregelmäßige und zerbrechliche Blöcke. Immer wirkungsvoller fegen sie den Raum leer, weil ihr Querschnitt entsprechend der Vergrößerung ihrer Masse wächst; so »reinigen« sie das Sonnensystem. Es ist ein langwieriger und äußerst komplexer Prozeß: Jedes sich bildende Objekt kann durch den Zusammenprall mit einem anderen Planetoiden teilweise oder ganz zerstört werden und befrachtet auf diese Weise den umgebenden Raum erneut mit Staub.

Auf die Dauer jedoch kristallisieren sich in wachsender Entfernung zur Sonne sichere Zonen heraus, in denen die heutigen Planeten entstehen. Jedes Objekt hat abhängig von seiner Masse die interplanetare Materie eingefangen oder diese nach außen geschleudert. In der Nähe der Sonne befinden sich die kleinen Planeten mit sehr hoher Dichte, Merkur, Venus, Erde und Mars. Weiter weg liegen die Giganten Jupiter, Saturn, Uranus und Neptun. Es ist ein ungewisser und gefährlicher Zeitabschnitt: Der Merkur, von einem Asteroiden mit voller Wucht erschüttert, wird beinahe zerstört. Planetoiden, die aufgrund zu starker Schwerkraftgradienten in verbotene Zonen eindringen, explodieren im Umkreis der Giganten und zeichnen prächtige Ringe um diese herum. Von Jahrtausend zu Jahrtausend verfeinert sich die Architektur des Sonnensystems. Die Planeten fangen kleine Körper ein und umgeben sich mit Satelliten, der Raum leert sich, die Kollisionen werden allmählich seltener, das Sonnensystem nimmt die ruhige Gestalt an, die heute an ihm wahrzunehmen ist.

Die jungen Planeten entwickeln sich schnell. Ihr Kern wird von radioaktiven Elementen aufgeheizt, er wird flüssig, und langsam konzentrieren sich die schwersten Atome in ihm. An der Oberfläche bildet sich eine Schale aus leichteren Elementen, deren Kruste völlig von Einschlagskratern durchlöchert ist; aus unzähligen Vulkanen quellen schmelzende Materie und aus der Tiefe geschleuderte Gase hervor. Die ersten Atmosphären entstehen auf Venus, Erde und Mars – zweifellos gespeist durch den Fall von Kometen. Hin und wieder wird ein Planet durch den Einschlag eines Asteroiden erschüttert, der seine neue Landschaft verwüstet und dabei

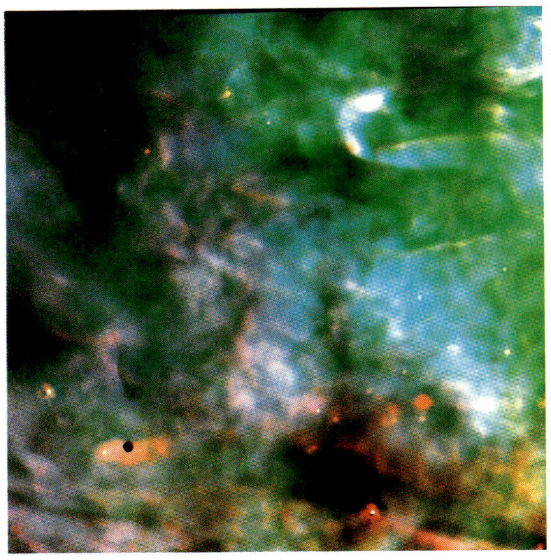

Der berühmte Nebel M 42 aus dem Sternbild Orion zeigt hier im Weltraumteleskop Hubble seine komplexen Gasspiralen. Dieses Gebiet des Himmels ist sehr jung, Sterne entstehen dort seit einigen tausend Jahren zu Hunderten.

eine Flut von Felsen und Lava aufwirft, die sich über Millionen Quadratkilometer ergießt.

In größerer Entfernung im Sonnensystem sehen wir das gleiche Schauspiel, wenn auch die Zusammensetzung der Planeten anders beschaffen ist: Die vier Riesen bestehen im wesentlichen aus Gas, sie haben einen Teil des Gases des Ursprungsnebels eingefangen. Die kleinen, abgelegenen Körper wie Pluto, Triton und Titan setzen sich zu einem großen Teil aus den leichten Elementen Wasser, Stickstoff und Methan zusammen. Dennoch sind diese Himmelskörper selbst in einer Entfernung von fünf Milliarden Kilometern von der Sonne von Einschlagskratern übersät, die genauso aussehen wie diejenigen, von denen der Mond oder der Merkur gezeichnet sind. Das Sonnensystem gewann seine Gestalt unter der ständigen Bombardierung durch Milliarden von Asteroiden.

Die klassische Astronomie vor den Anfängen der Eroberung des Weltraums kennt neun Planeten im Sonnensystem. In der Reihenfolge ihrer Entfernung zur Sonne sind dies: Merkur, Venus, Erde, Mars, Jupiter, Saturn, Uranus, Neptun und Pluto. Um diese Planeten kreisen etwa 50 Satelliten mit einem Durchmesser von zehn Kilometern bis 5 280 Kilometern, wie Atlas, Phobos, der Mond oder Ganymed. Tatsächlich sind viele von ihnen aufgrund ihrer Masse, ihrer Dimensionen und ihrer physikalisch-chemischen Eigenschaften zu einem großen Teil mit den Planeten verwandt, einige sind sogar größer als die klassischen Planeten. Es ist üblich, den Begriff Planet oder Satellit unterschiedslos für die größten dieser Himmelskörper zu verwenden, und so verfahren wir auch in diesem Buch. Dagegen unterscheiden sich die Asteroiden und Kometen, die das Sonnensystem zu Tausenden bevölkern, sehr von den Planeten. Da sie zum größten Teil sehr klein sind, ist ihre Masse zu gering, als daß die Gravitationskraft sie wie einen richtigen Planeten formen könnte: Ihre Gestalt ist sehr unregelmäßig und hat nicht die Form einer perfekten Kugel; sie haben keinen differenzierten Aufbau, das heißt, sie besitzen weder einen geschmolzenen Kern, noch eine Schale oder eine Kruste. Als einzige intakte Zeugen der Entstehung des Sonnensystems gelten den Planetologen diese großen Steine, die seit 4,5 Milliarden Jahren bedrohlich zwischen den Planeten umherirren.

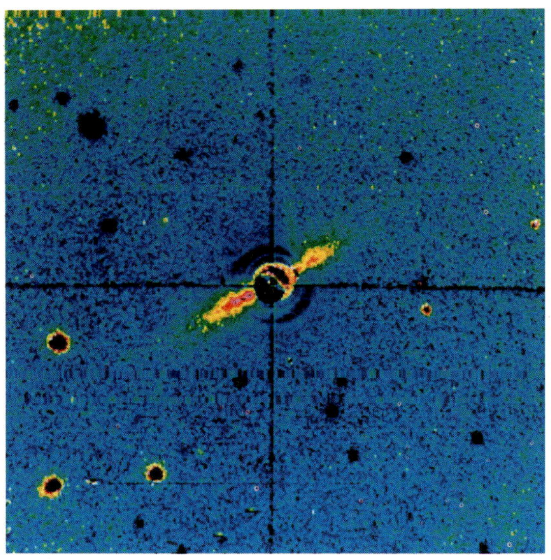

Bis heute weist nur ein Stern ein Planetensystem auf: der unsrige. Dennoch ist diese sich drehende Staubscheibe, die man um den Stern Beta Pictoris entdeckt hat, vielleicht ein Zeichen dafür, daß Planetensysteme im Universum keine Seltenheit sind.

Vom Sirius aus betrachtet fallen die Planeten des Sonnensystems gar nicht auf: Es existiert nur die Sonne, deren warmes und lebendiges Licht in einer Entfernung von zig Lichtjahren noch wahrzunehmen ist. Denn die Sonne hat bei ihrer Entstehung 99,9 Prozent der Gesamtmasse des Sonnensystems an sich gezogen! Ihre Masse ist tausendmal größer als die des größten Planeten, Jupiter, und 333 000mal größer als die der Erde. Wie die Milchstraße ist auch das Sonnensystem im wesentlichen leer. Die Sonne in seinem Mittelpunkt hat einen Durchmesser von 1,4 Millionen Kilometern. Der erste Planet, der Merkur, befindet sich in einer Entfernung von 58 Millionen Kilometern, Neptun und Pluto, die beiden letzten, in einer Entfernung von 4,5 und 5,9 Milliarden Kilometern. Würde man die Sonne als eine Orange darstellen, wäre die Erde nur eine winzige Kugel von einem Millimeter, elf Meter von der Orange entfernt! Der Saturn wäre eine Kugel mit einem Zentimeter Durchmesser in einem Abstand von 100 Metern, und Pluto befände sich in einer Entfernung von 400 Metern (mittlerer Abstand). Alle Planeten drehen sich um die Sonne in derselben Richtung, praktisch in einer Ebene und auf einer fast kreisförmigen Bahn. Sie sind dem Gesetz der allgemeinen Schwerkraft unterworfen und werden um so mehr von der Sonne angezogen, je näher sie dieser sind. Durch ihre eigene Geschwindigkeit, die ihnen die Tendenz gibt, sich von der Sonne zu entfernen, gleichen die Planeten die Anziehungskraft der Sonne genau aus, die bestrebt ist, sie auf sich niederstürzen zu lassen. Daher nimmt ihre Umlaufgeschwindigkeit proportional zur Entfernung von der Sonne ab. Der Merkur vollendet seinen Umlauf in nur 88 Tagen, Pluto benötigt für seinen Umlauf, der in der Tat 102mal länger ist, 250 Jahre! Die Geschwindigkeit des Merkur beträgt 48 km/s, die des Pluto etwa 4,7 km/s.

Die Sonne ist lediglich einer der 200 Milliarden Sterne, die die Galaxie bevölkern. Bei ihrer Entstehung entstand zugleich ein Planetensystem. Bedeutet dies, daß zu jedem Stern ein Gefolge von Planeten gehört? Wir wissen es nicht. Außerhalb unseres Sonnensystems wurde bisher noch kein Planet entdeckt. Für die Astronomen ist das Problem kaum zu überwinden: Die Sterne leuchten von sich aus, während ihre möglicherweise vorhandenen, winzigen Planeten nur

Entdeckung: Gegen Ende des Jahres 1992 wurden mit dem Weltraumteleskop Hubble im Orionnebel kleine, eiförmige, heiße und leuchtende Kugeln großer Dichte ausgemacht. Bei diesen winzigen Objekten aus stellarer Masse, die sich vor Wolken aus Wasserstoff und Helium abzeichnen, könnte es sich sehr gut um entstehende Planetenscheiben handeln.

das Licht der Sterne reflektieren. Das Verhältnis zwischen der Helligkeit dieser beiden Typen von Himmelskörpern beträgt etwa 1 zu 10 Milliarden! Ebensogut könnte man versuchen, aus einer Entfernung von zehn Kilometern zu entdecken, ob ein Glühwürmchen vor dem Licht eines Leuchtturms vorbeifliegt.

Zwar gibt es Methoden, die Existenz von Planeten indirekt nachzuweisen. So werden zum Beispiel Unregelmäßigkeiten der Bahn eines Sterns in der Galaxie gemessen, die von Gravitationsstörungen seiner Planeten verursacht werden. In den achtziger Jahren meinten die Astronomen, in einer Entfernung von 50 Lichtjahren einen riesigen, um den Stern Gamma Cephei kreisenden Planeten entdeckt zu haben. Diese Beobachtung kann erst in den kommenden Jahren mit dem Einsatz leistungsfähigerer und genauerer Techniken bestätigt werden. Dagegen gilt die Entdeckung eines sich bildenden Planetensystems um den Stern Beta Pictoris, ebenfalls in einer Entfernung von 50 Lichtjahren, als gesichert. Die Staubscheibe, die den jungen Stern im Sternbild der Malerstaffelei umgibt, wurde sogar fotografiert! Weitere Entdeckungen können gemacht werden, und mit den Teleskopen des beginnenden 21. Jahrhunderts wird man in der Lage sein, die Planeten außerhalb des Sonnensystems systematisch zu erforschen.

Dennoch scheint das Fehlen von Hinweisen auf die Existenz von Planeten um die der Sonne am nächsten liegenden Sterne wie Proxima Centauri oder Barnards Stern im Sternbild Schlangenträger anzudeuten, daß die Bildung einer protoplanetarischen Scheibe um die Sterne nicht sehr häufig ist. Es steht außerdem fest, daß sich aus Gas- und Staubscheiben wie derjenigen, die man um Beta Pictoris entdeckt hat, nicht systematisch Planeten entwickeln. Zahlreiche Sterne sind ganz einfach zu klein, als daß sie Materie um sich herum festhalten könnten. Wieder andere sind zu vergänglich oder zu explosiv. Doch selbst wenn man alle Sterne ausschließt, die aus verschiedenen theoretischen Gründen die Bildung von Planeten um sich herum nicht zulassen, bleiben in der Galaxie wahrscheinlich noch mehrere Milliarden Sterne, die geeignet sind, ein Planetensystem zu erzeugen. Und unter diesen gibt es vielleicht mehrere Millionen, die mit der Sonne vollkommen identisch sind!

Angesichts dieser Vielzahl möglicher Welten fragen sich die Astronomen, ob nicht anderswo Planeten existieren, die dem Mars, dem Jupiter oder der Erde ähneln. Da die Naturgesetze im gesamten Universum dieselben sind, ist diese Hypothese vernünftig. Von daher kommt die bohrende Frage: Gibt es in der Galaxie andere bewohnte Erden, andere denkende Wesen, die, ihre Nasen beziehungsweise die Antennen in den Himmel gerichtet, nach dem Ursprung und dem Daseinsgrund des Universums fragen? Einige Wissenschaftler sind sich dessen so sicher, daß sie die NASA davon überzeugen konnten, ein ehrgeiziges Programm zur Erforschung außerirdischer Intelligenz, SETI, aufzulegen. Bis zum Jahr 2000 und sicherlich im Laufe der folgenden Jahrzehnte soll mit gigantischen radioastronomischen Antennen versucht werden, ein aus dem Weltraum stammendes künstliches Signal aufzufangen. Da der interstellare Raum für Radiowellen durchlässig ist und deren Einsatz nur geringen Aufwand erfordert, hoffen die Astronomen, daß andere Zivilisationen diesen breiten Abschnitt des elektromagnetischen Spektrums benutzen, um ebenso wie wir miteinander zu kommunizieren oder das Weltall abzuhorchen. Andere Forscher sind der Meinung, daß diese Suche niemals Erfolg haben wird und machen zahlreiche Einwände geltend. Der erste Einwand ist technischer Art: Selbst wenn die Galaxie tatsächlich bewohnt sein sollte, so ist sie zu groß, sind die Sterne zu zahlreich, als daß man mit realistischer Wahrscheinlichkeit – in Raum und Zeit – auf einen Wellenstrahl einer anderen Zivilisation stoßen könnte. Der zweite Einwand geht weiter: Nichts deutet darauf hin, daß die Erscheinung des Lebens auf einem Planeten ein alltägliches und häufiges Phänomen ist. Es ist im Gegenteil eher äußerst selten. Der wirkliche, entscheidende Einwand lautet jedoch anders: Die Geschichte der Entwicklung der Erde und der Arten, die auf ihr leben, ist ein außerordentlich vielgestaltiger und komplexer Strang, der in seiner Gesamtheit vom Zufall geprägt ist – und sich nicht auf die einfachen deterministischen Gesetze der Physik zurückführen läßt. Die Entstehung einer selbstbewußten Spezies ist ein zufälliges Ereignis in der Geschichte der Galaxie. Es ist unwahrscheinlich, daß sich dasselbe Szenario an einem anderen Ort wiederholt hat.

Ein gigantischer Reaktor:

Die Sonne

Eine Sonnenprotuberanz steigt vom Rand unseres Sterns auf. Solche Phänomene geschehen fast täglich auf der Oberfläche der Sonne.
Die Protuberanzen, die mit einer Geschwindigkeit von mehreren hundert Kilometern pro Sekunde Plasma in die Leere des Weltraums hinausschleudern, können einige hunderttausend Kilometer hoch sein. Sie sind eine flüchtige Erscheinung und fallen schnell auf die Sonne zurück oder lösen sich langsam im Raum auf.

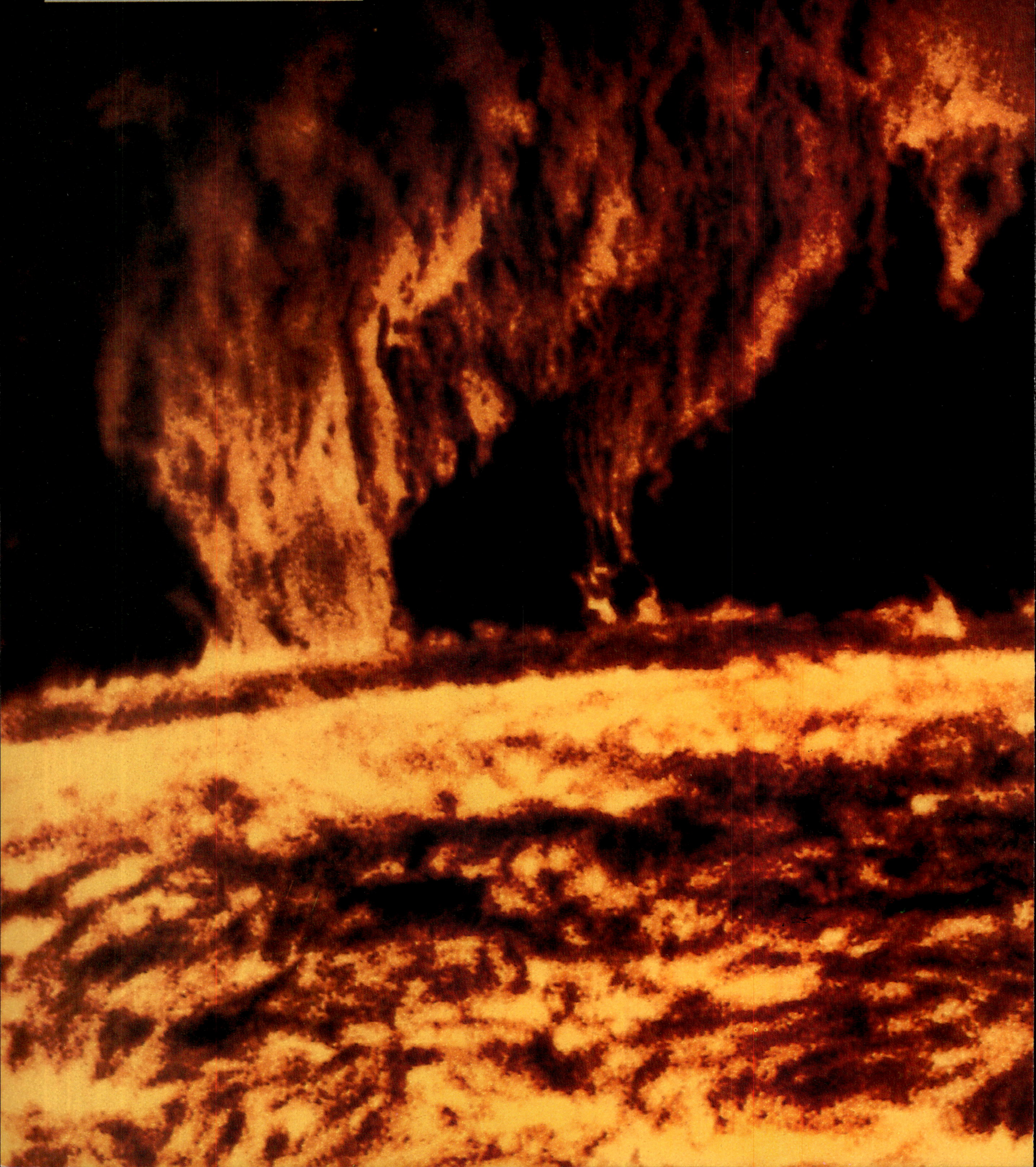

Die Temperatur an der Oberfläche der Sonne beträgt etwa 5500 Grad Celsius. Aus den Sonnenflecken, die schwarz erscheinen, aber in Wirklichkeit ganz grell sind, schießen die Kraftlinien des magnetischen Feldes des Sterns.

Nehmen wir an, da sei ein Ort irgendwo im Weltraum, nur wenige Millionen Kilometer vom Zentralstern eines Planetensystems entfernt, auf dessen drittem Planeten eine lebende und intelligente Spezies wohnt, die begonnen hat, den interplanetaren Raum zu erforschen. Diese Spezies hat es bisher nie gewagt, ihre Weltraumroboter in die Nähe des Sterns zu bringen, in die wirkliche Todeszone im Sonnensystem: Es ist eine öde Strahlenwüste, an der man besser vorbeigeht, leergefegt durch den mächtigen Atem des gigantischen Sterns, in Gas verwandelt durch die Energie, die er in den Weltraum abstrahlt; nichts bleibt in der Nähe der Sonne bestehen. Ab und zu streifen Asteroiden die Flammen des Sterns und verschwinden, verkohlt, in ruhigere Gefilde. Manchmal kommen Kometen dem Himmelskörper zu nahe und fallen auf ihn, verwandeln sich in Gas oder explodieren.

Die Protuberanz erhebt sich langsam über dem Schmelzofen der Sonne. Sie steigt mit einer Geschwindigkeit von 1000 km/s geradlinig in die Höhe und scheint daher das außergewöhnliche Anziehungsfeld der Sonne verlassen zu können. Traumhafte Vision: Die absolute Stille des Weltraums tilgt jegliches Gefühl für die Gewalt, die auf dem Stern entfesselt wird. Unmöglich, die Oberfläche der Sonne direkt zu betrachten, ohne zu erblinden. Die tödlichen Strahlen aus den Tiefen des Himmelskörpers sind dagegen unsichtbar, würden jedoch ihre vernichtende Wirkung entfalten, wenn man ihnen nur wenige Minuten direkt ausgesetzt wäre. Eingetaucht in die unerträgliche Sonnenstrahlung steigt die große eruptive Protuberanz weiter auf und ist erst über dem Rand des Sterns sichtbar, wo sie sich vor dem fast schwarzen Hintergrund des Weltraums abhebt.

Nach einer vertikalen Bewegung von etwa einer Million Kilometern scheint der in zartem Rosa leuchtende Plasmastrahl langsamer zu werden. Die Protuberanz beginnt sich allmählich zu krümmen, sie wird rund und zieht dann einen Feuerbogen, der scheinbar unbeweglich und zögernd über der Oberfläche der Sonne schwebt. Doch nach einigen Minuten löst sich ein Fetzen ätherischer Materie und setzt seine Bewegung in den leeren Raum fort, während die Protuberanz sich schließlich auf den Stern niedersenkt. Die Gaswolke, die der Anziehungskraft des Himmelskörpers entkommen ist, durchquert den Raum, wobei sie sich mit der Zeit zerfasert und verflüchtigt. Einige ihrer Atome fegen über die trostlose Oberfläche des Merkur oder tauchen in die

Die Sonne ist trotz ihres explosiven Zustands ein recht stabiler Stern. Um ihr thermodynamisches Gleichgewicht über eine gewisse Zeit zu bewahren, verliert sie bei der Verbrennung des Wasserstoffs eine Masse von etwa vier Millionen Tonnen pro Sekunde. Mit diesem Rhythmus kann sie noch ein oder zwei Milliarden Jahre lang unverändert existieren, ehe sie sehr langsam in das Stadium eines roten Riesen übergeht.

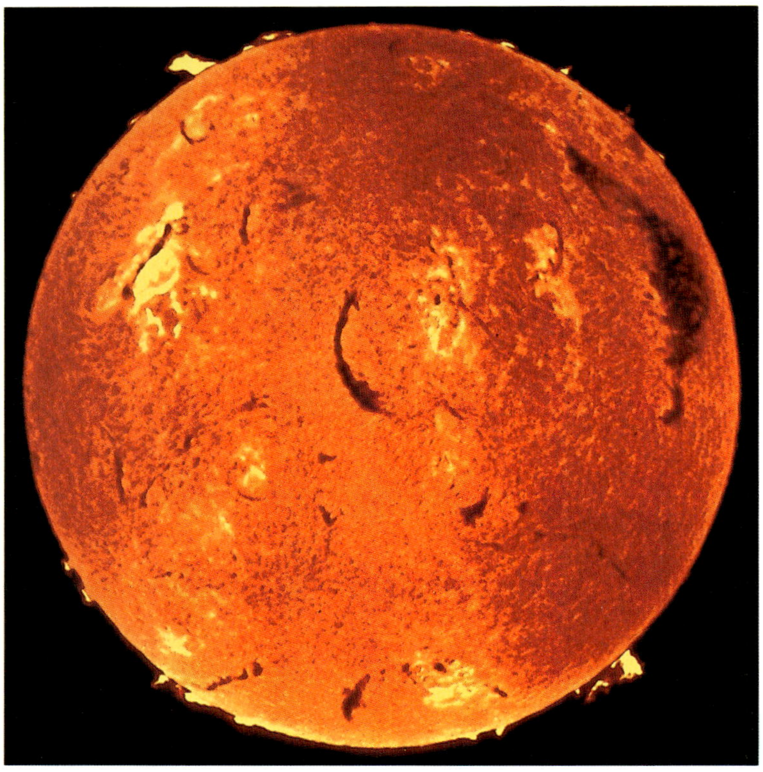

Betrachtet man die ganze Sonnenscheibe mittels eines besonderen Filters, kann man wie hier ihre Chromosphäre beobachten. Sehr heiße, aktive Zentren unseres Sterns sowie Protuberanzen über dem Rand der Scheibe erscheinen hellgelb. Die großen, sehr dunklen Flammen auf der Oberfläche sind ebenfalls Protuberanzen.

überhitzte Atmosphäre der Venus ein. In einigen Tagen, rund 150 Millionen Kilometer von der Sonne entfernt, wird der nächtliche Himmel des Planeten Erde unter dem Schimmer farbenprächtiger Nordlichter aufleuchten, die durch den Partikelsturm hervorgerufen wurden.

Die Sonne: einer der 200 oder 300 Milliarden Sterne, die unsere Galaxie bevölkern. Sie ist zwar keine anormale Erscheinung, aber auch nichts Gewöhnliches. Im Vergleich zu allen Himmelskörpern der Milchstraße ist die Sonne ein eher massiver und strahlender Stern. Die meisten Sterne haben eine zehnmal geringere Masse, sie sind zehnmal kleiner, sie strahlen zehn, hundert, tausend oder eine Million mal weniger als sie. Lediglich ein paar Milliarden von ihnen sind massiver und heller. Die Sonne entstand vor 4,55 Milliarden Jahren unter dem Gravitationskollaps einer Wolke aus Wasserstoff und Helium. Als der Gasdruck im Zentrum des schwangeren Sterns – für uns kaum vorstellbar – einen 100 Milliarden mal höheren Wert als den der Erdatmosphäre erreicht hat, überschreitet die Temperatur des Gases zehn Millionen Grad Celsius. Unter diesen extremen physikalischen Bedingungen ist die thermische Bewegung der Elementarteilchen so stark, daß bei einer starken Erschütterung Kernfusionen auftreten können. Durch die Verschmelzung von vier Wasserstoffatomen entsteht ein Heliumatom, wobei ein kleiner Teil der Masse der vier ursprünglichen Atome in Strahlung umgewandelt wird. Im Herzen der Sonne geschehen solche Kollisionen milliardenfach pro Sekunde: In jeder Sekunde werden vier Millionen Tonnen solaren Wasserstoffs vollständig in Strahlung umgesetzt! Unser Stern ist ein gigantischer thermonuklearer Reaktor. Genauer, die Sonne erzeugt mit ihrer Leistung von $3{,}9 \cdot 10^{26}$ Watt soviel Energie wie eine Milliarde mal eine Milliarde Kernkraftwerke. Natürlich ist diese Masse von vier Millionen Tonnen, die pro Sekunde verlorengehen, im Sonnenmaßstab ohne Bedeutung, und die Sonne kann ihre Energieverschwendung über Milliarden Jahre mit dieser Geschwindigkeit fortsetzen. Die Energieabgabe der Sonne hat sich seit 4,55 Milliarden Jahren wenig verändert; ihre Stabilität ist sicherlich eine Ursache für die Entstehung und den Fortbestand des irdischen Lebens.

Die Sonne ist eine gewaltige Gaskugel mit einem Durchmesser von 1,4 Millionen Kilometern. Ihre scheinbar sehr deutlich zu erkennende Oberfläche bezeichnet man als Photosphäre: Es ist die erste, transparente Gasschicht, die die Strahlung aus dem Herzen des Sterns durchläßt. Betrachtet man die Photosphäre durch ein Teleskop, das über einen leistungsfähigen Filter verfügt, so erscheint diese als eine kochende Flüssigkeit, netzartig, übersät mit Millionen kleiner, regelmäßiger Gaszellen, jede so groß wie Frankreich, die nach ihrem Auftauchen sofort wieder in die Sonne einsinken. Oberhalb der Photosphäre erheben sich zwei weitere transparente und dünne Gasschichten, die Chromosphäre und die Korona. Diese »Sonnenatmosphären« sind schwierig zu beobachten, denn sie werden in der Regel vom unerträglichen Licht des Sterns überstrahlt. Auf dem Merkur oder auf dem Mond gibt es keine Atmosphäre, die sein Licht streut; dort sind Chromosphäre und Korona zu sehen, wenn

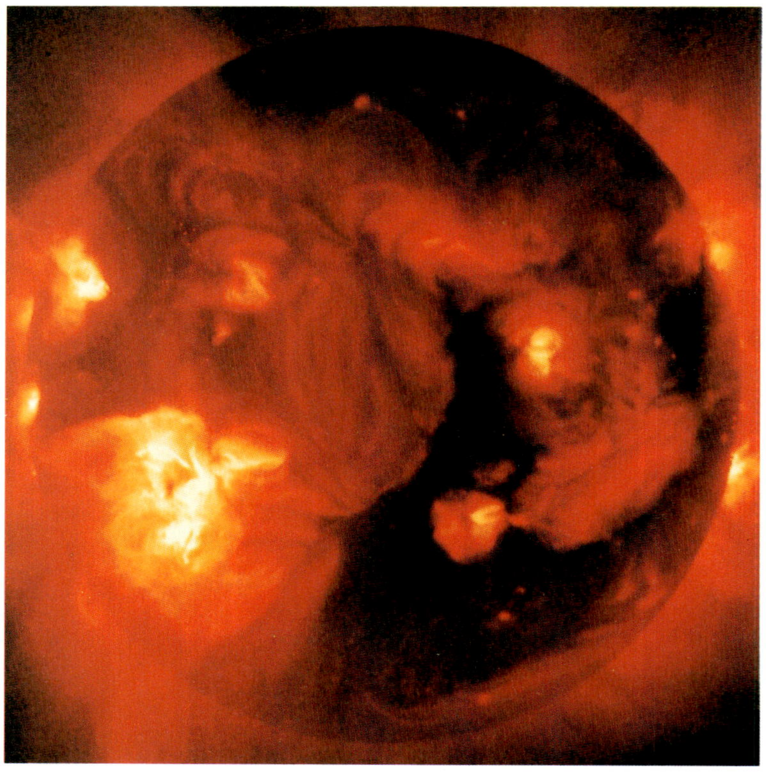

Die Sonnenkorona, eine sehr heiße Sphäre äußerst geringer Dichte, wird hier von einem Satelliten aus betrachtet, der mit einem Röntgenteleskop ausgerüstet ist. Die Korona liegt Millionen Kilometer von der Sonne entfernt. Wenn ihre energiereichsten Teilchen in das Magnetfeld der Erde eindringen, wird der Sauerstoff der Luft ionisiert, und an den Polen leuchten prächtige Polarlichter.

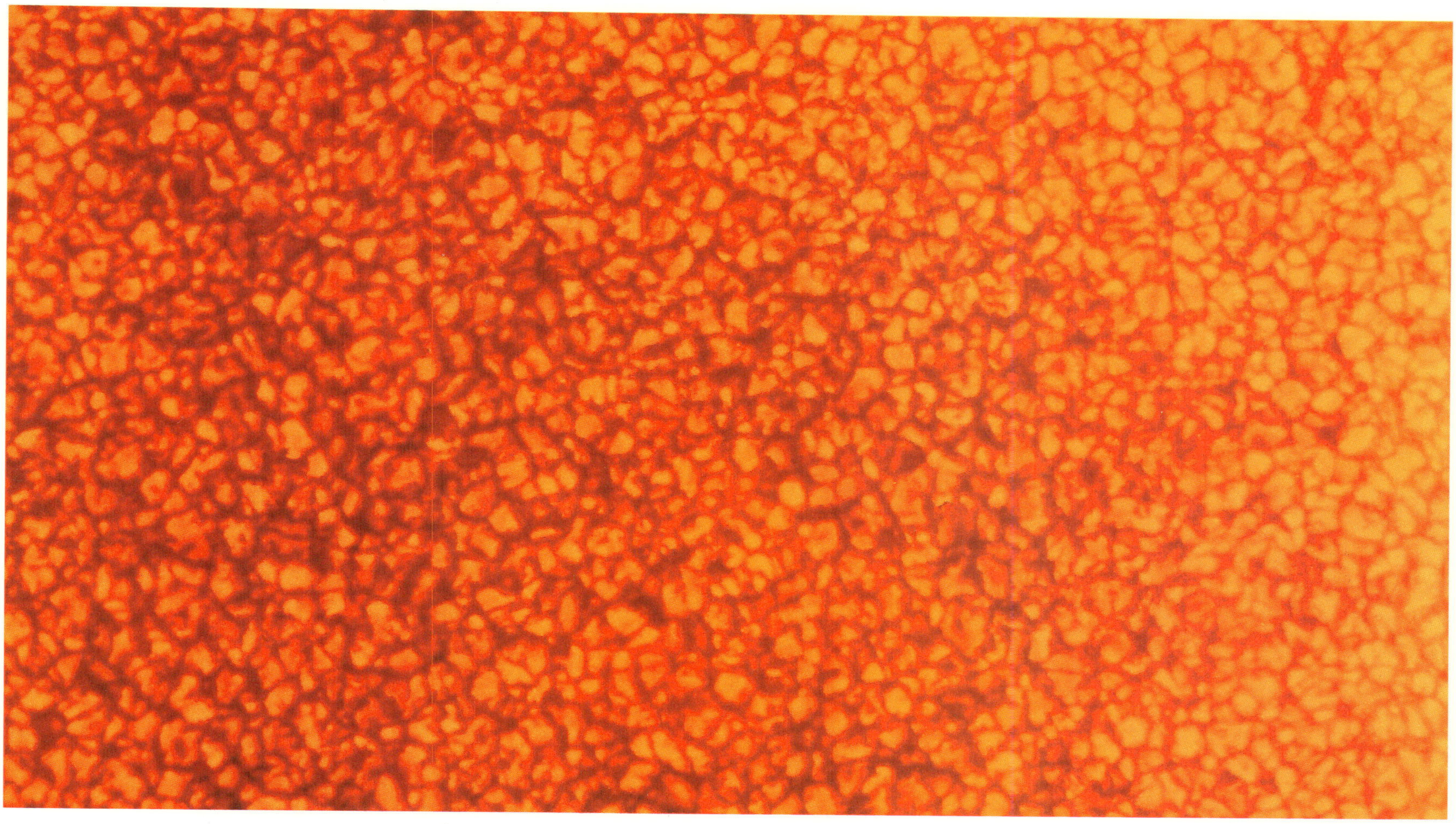

Tiefflug über der Photosphäre. Die Betrachtung mit einem speziellen astronomischen Fernrohr läßt hier die Granulation der Sonne erkennen, Gaszellen, die an die Oberfläche des Sterns steigen. Jede dieser Zellen hat einen Durchmesser von ungefähr 1000 Kilometern. Diese Aufnahme ist eine der deutlichsten, die bisher von der Photosphäre gemacht werden konnten.

die Scheibe der Sonne hinter einem fernen Felsen verschwindet. Der blaue Himmel der Erde ist zu hell, hier ist es wirklich nicht leicht, die Sonnenkorona zu bewundern, denn man muß ein äußerst seltenes Ereignis ausnutzen: eine totale Sonnenfinsternis!

Die Masse der Sonne – sie entspricht 333 000 Erdmassen (oder $1{,}98 \cdot 10^{33}$ g) – ist etwa tausendmal größer als die aller Planeten des Sonnensystems. Die mittlere Dichte der Sonne liegt kaum über der des Wassers: 1,4 Gramm pro Kubikzentimeter. Sie besteht wie alle Sterne im Zentrum zu 35 Prozent aus Wasserstoff, zu etwa 63 Prozent aus Helium und zu zwei Prozent aus schweren Atomen wie Kohlenstoff, Stickstoff, Sauerstoff, Neon, Eisen.

Die physikalischen Bedingungen, denen die Materie in der Sonne unterworfen ist, sind je nach Tiefe sehr unterschiedlich. Die Temperatur im Herzen des Sterns beträgt heute ungefähr 15 Millionen Grad Celsius, die Dichte überschreitet hier nicht den außerordentlich niedrigen Wert von 150. Anders ausgedrückt, ein Liter Sonnengas, dem Herzen der Sonne entnommen und unverändert auf die Erde gebracht, wöge »nur« 150 Kilogramm. Zum Vergleich: auf unserem Planeten wiegt dasselbe Volumen in Gold 20 Kilogramm. Das durcheinandergewirbelte Gas, das langsam an die Oberfläche steigt, kühlt allmählich ab und erreicht in einer Entfernung von 700 000 Kilometern vom Zentrum, in Höhe der Photosphäre, 5500 Grad Celsius.

Die Sonne wird nicht bis in alle Ewigkeit ihr Licht und ihre Wärme über die Planeten des Sonnensystems verteilen. Unmerklich ändern sich die Eigenschaften des Sonnengases. Die Sonne wird seit 4,55 Milliarden Jahren ärmer an Wasserstoff und reicher an Helium. Zur Zeit läuft die thermonukleare Fusion im Kern der Sonne mit gleichbleibender Geschwindigkeit ab, eine Geschwindigkeit, die unser Stern noch etwa vier oder fünf Milliarden Jahre durchhalten kann. Am Ende dieses Zeitraums hat die Sonne den Wasserstoff in ihrem Zentrum fast vollständig in Helium umgewandelt, und die Erzeugung nuklearer Energie verlangsamt sich. Der unwahrscheinlich hohe, bis zu diesem Zeitpunkt durch die Kernfusion erzeugte Gasdruck sinkt tatsächlich, der Heliumkern, der dann nur noch der Schwerkraft unterworfen ist, bricht langsam in sich zusammen. Diese Kontraktion erzeugt ihrerseits einen Druck und eine Temperatur, die ausreichen, neue nukleare Reaktionen auszulösen. Bei 100 Millionen Grad Celsius verbrennt das Helium zu Kohlenstoff, anschließend, bei 200 Millionen Grad Celsius, verbrennen Helium und Kohlenstoff zu Sauerstoff. Die Kontraktion des Kerns geht mit einer Ausdehnung der verschiedenen Sonnenatmosphären einher. Die Sonne verwandelt sich in einen gigantischen Himmelskörper mit einem Durchmesser von mehr als 100 Millionen Kilometern, der in der ganzen Galaxie sichtbar ist: ein roter Riese, tausendmal heller als unser heutiger Stern. Danach beginnt ein unumkehrbarer Prozeß, der das Ende des solaren Abenteuers markiert. Der Riesenstern bläht sich auf, bis er seine nächsten Planeten, Merkur und Venus, verschluckt. Auf der Erde – aber wer wird in fünf Milliarden Jahren auf der Erde leben? – verdampft der Sonnensturm die Atmosphäre und die Ozeane in wenigen Augenblicken, verbrennt er Berge und Kontinente. Für etwa eine Milliarde Jahre geht jeden Morgen eine blutrote, flammenumkränzte Kugel über einer Wüste aus Asche auf. Dann beginnt die Sonne unter den immer stärker werdenden inneren Spannungen langsam wie ein müdes Herz zu schlagen. Bei jedem ihrer langen Atemzüge belecken ihre Protuberanzen die Oberfläche unseres toten Planeten. Schließlich zerplatzt die Sonne in einer heftigen Explosion, sie stößt einen großen Teil ihrer Masse in den Weltraum hinaus, vernichtet dabei das Gefolge ihrer Planeten und schleudert die neue Materie, die sie in zehn Milliarden Jahren erzeugt hat, Verheißung künftiger Sternengenerationen, in alle Richtungen der Galaxie.

Merkur:

im Bann des Sonnenfeuers

Dieser Planet, der keine Atmosphäre besitzt, ähnelt dem Mond. Wie jener ist er von drei bis vier Milliarden Jahre alten Einschlagkratern übersät. Das pausenlose Bombardement der Partikel hat seine Landschaft allmählich eingeebnet. Die physikalischen Bedingungen, die an der Oberfläche herrschen, sind extrem: Zwischen Tag und Nacht schwankt die Temperatur um 600 Grad Celsius.

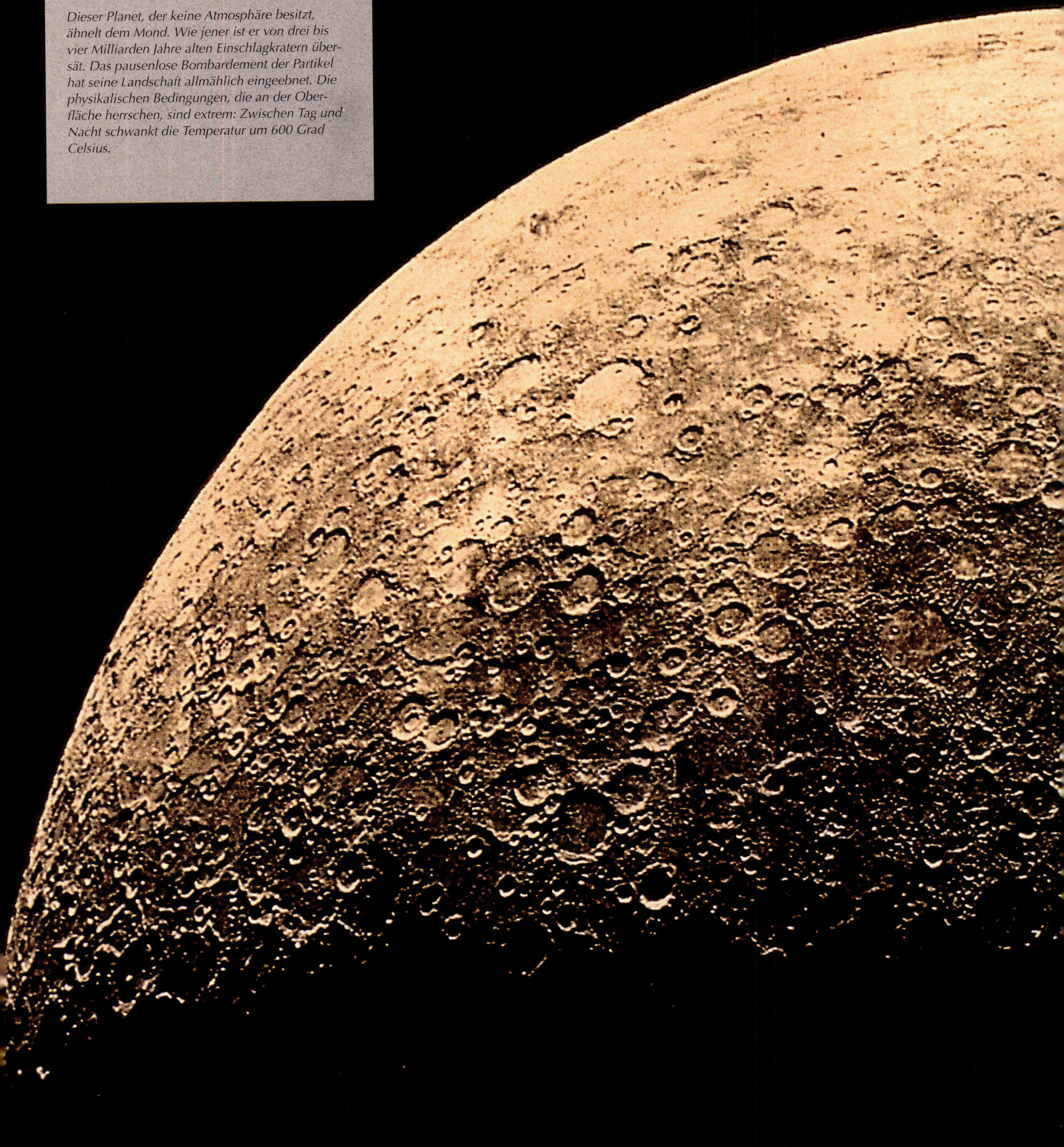

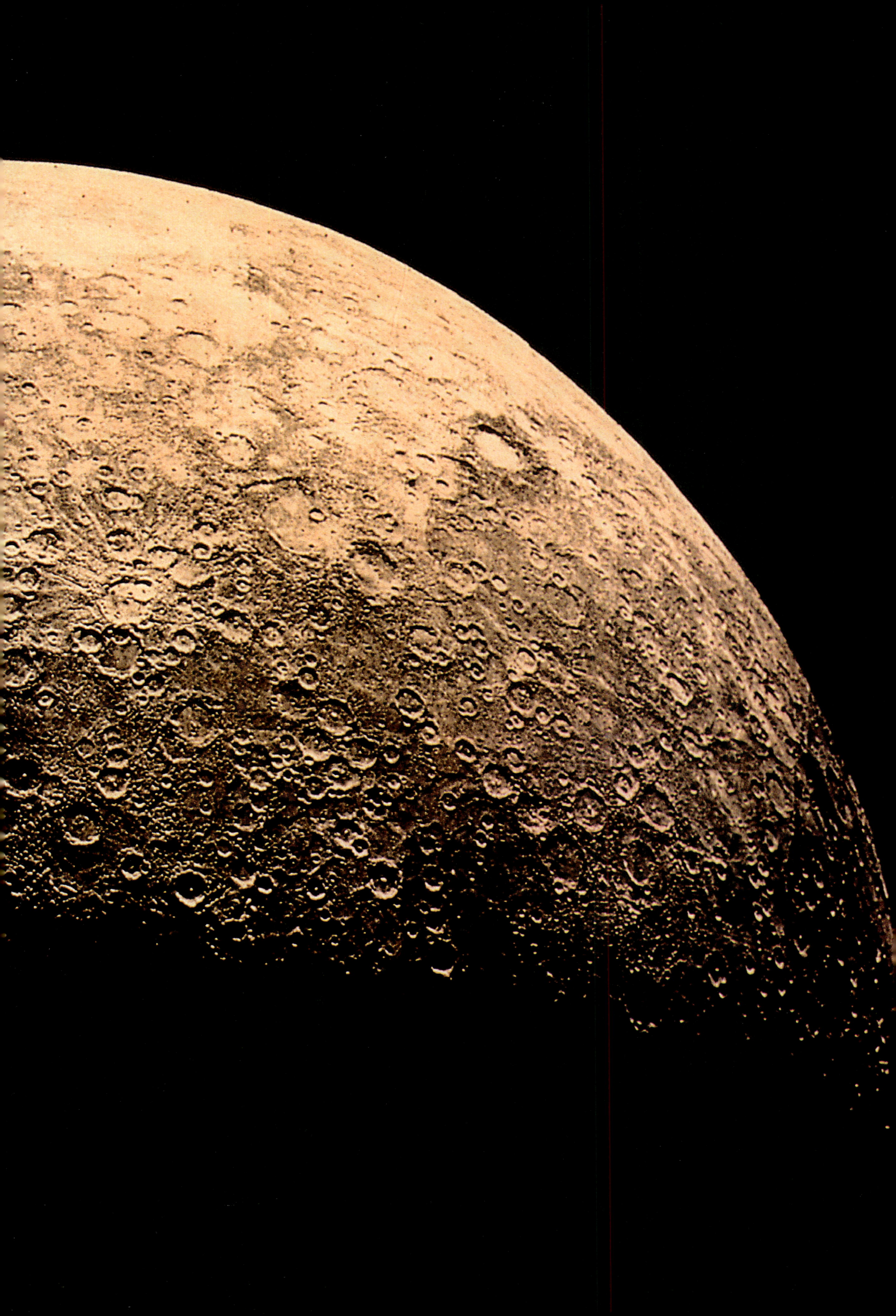

Der Planet Merkur ist der sonnennahste Himmelskörper. Er kreist auf einer sehr exzentrischen Bahn und nähert sich unserem Stern manchmal bis zu einer Entfernung von nur 46 Millionen Kilometern.

Kein Stern zeigt sich am tiefschwarzen Himmel, allein das grelle, unerträgliche Licht der Sonne scheint hier zu existieren. Der zum Greifen nahe Stern strahlt im Zenit eine nicht auszuhaltende Glut aus. In der von der Sonne zermalmten Landschaft gibt es nicht den kleinsten Stein und keinen Schatten. Überall sind die kupfern leuchtenden Hügel mit der gleichen pulverigen Asche bedeckt. Hier und da durchbrechen winzige Krater die Ebene. Unter einem irdischen Himmel wäre das weite Gebiet des Mare Caloris grau und fahl, die Sonne aber läßt es schimmern wie eine Fläche aus Kreide oder wie Schnee am Mittag.

Die Sonne ist bereits seit einem Monat über dem Merkur aufgegangen. Erst in zwei Monaten wird sie wieder untergehen. Unmöglich, den Himmel zu betrachten: Das Tagesgestirn, hier viermal größer als auf der Erde, strahlt zehnmal mehr Energie ab, und das ist nicht alles. Da es keine Atmosphäre gibt, wird der kleine Planet von den gefährlichen Strahlen – Gammastrahlen, Röntgenstrahlen und ultravioletten Strahlen – in einen Strom tödlicher Energie getaucht. Dieser Ort ist genauso unbewohnbar wie das Herz eines Atomkraftwerks. Die Landschaft ist langsam verschlissen unter der unerbittlichen Strahlung, die schon seit mehr als vier Milliarden Jahren anhält. Die Reliefs sind stumpf geworden, die Felsen zerbröckeln und zerfallen zu Staub. Heute erreicht die Temperatur am Boden beinahe 430 Grad Celsius. Würde man ein Stück Blei oder einen Gegenstand aus Zinn auf die Asche des Merkur legen, er würde vor unseren Augen in wenigen Minuten schmelzen. In der nächsten Nacht, also in zwei Monaten, wenn die Sonne untergegangen ist, sinkt das Thermometer schwindelerregend schnell; der Planet strahlt dann die ganze während des Tages gespeicherte Energie in den Weltraum ab. Nach einem Monat totaler Dunkelheit unter einem der schönsten Himmel des Sonnensystems ist der Boden auf –170 Grad Celsius gefroren. So schwankt die Bodentemperatur in der Region Mare Caloris zwischen Tag und Nacht um 600 Grad Celsius. Auf keinem anderen Planeten unseres Sonnensystems gibt es ähnlich extreme thermische Bedingungen. Der Merkur ist der sonnennahste Planet. Er bewegt sich mit 50 km/s und umkreist unseren Stern auf einer sehr exzentrischen Bahn in nur 88 Tagen: Länger ist sein Jahr nicht. Die Eigenrotation des Merkur dauert 59 Tage, also genau zwei Drittel seiner Umlaufzeit. Aufgrund dieser sehr speziellen Verknüpfung von Um-

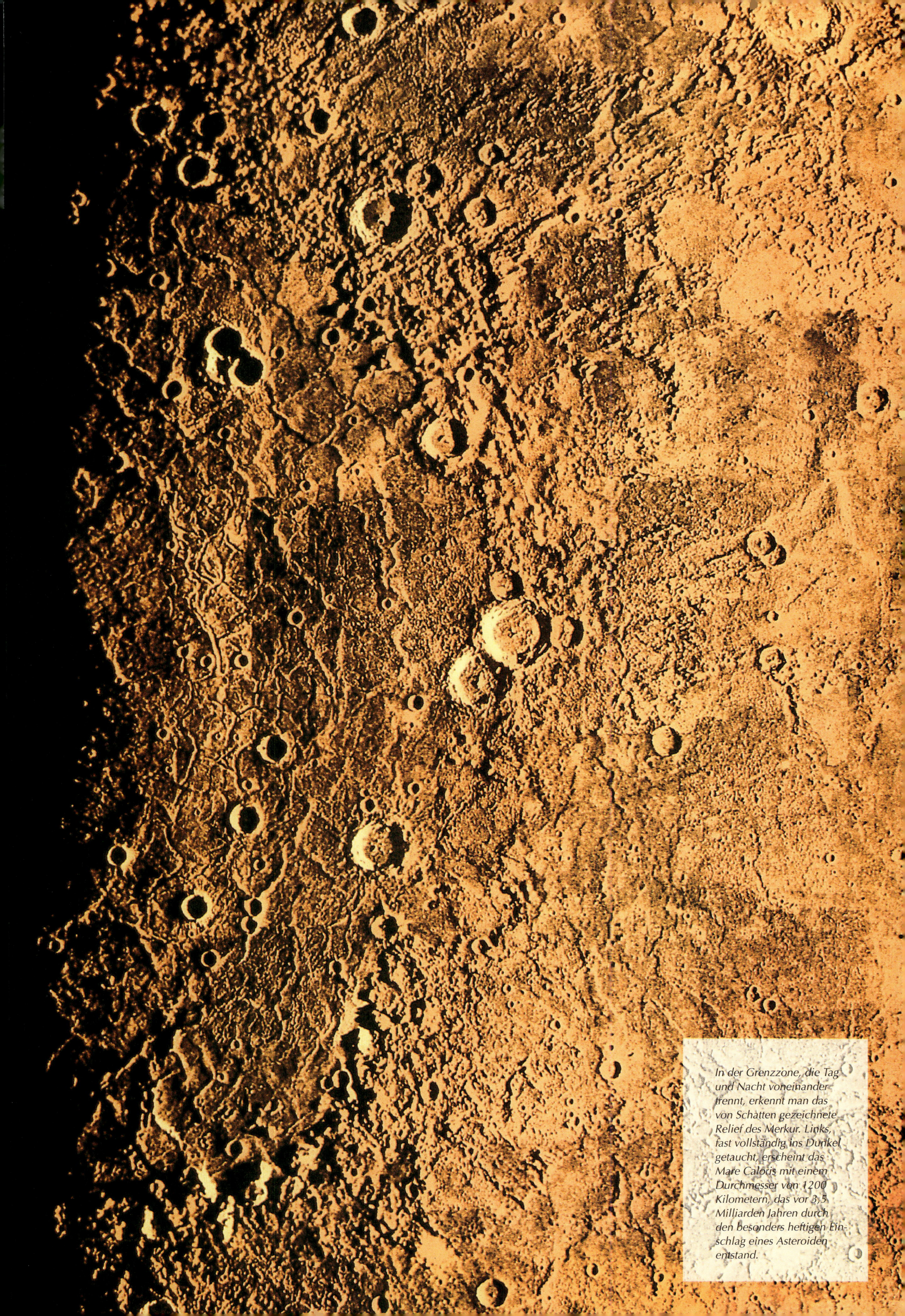

In der Grenzzone, die Tag und Nacht voneinander trennt, erkennt man das von Schatten gezeichnete Relief des Merkur. Links, fast vollständig ins Dunkel getaucht, erscheint das Mare Caloris mit einem Durchmesser von 1200 Kilometern, das vor 3,5 Milliarden Jahren durch den besonders heftigen Einschlag eines Asteroiden entstand.

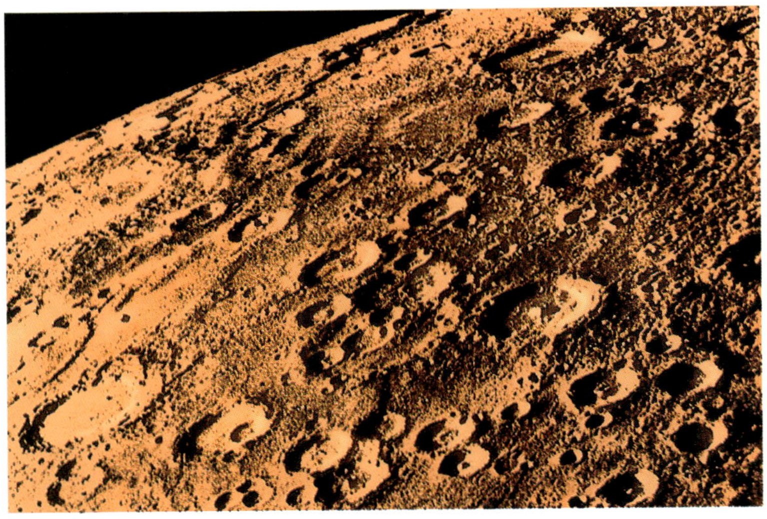

Bestimmte Polarregionen des Merkur sind ständig in den Schatten der Krater getaucht. Diese sehr eigenartigen Zonen, die nie vom Sonnenlicht erwärmt werden, liegen in einer eisigen Kälte: –170 Grad Celsius. Im Jahr 1992 meinten Astronomen, in diesen besonderen Regionen große Mengen Eis entdeckt zu haben.

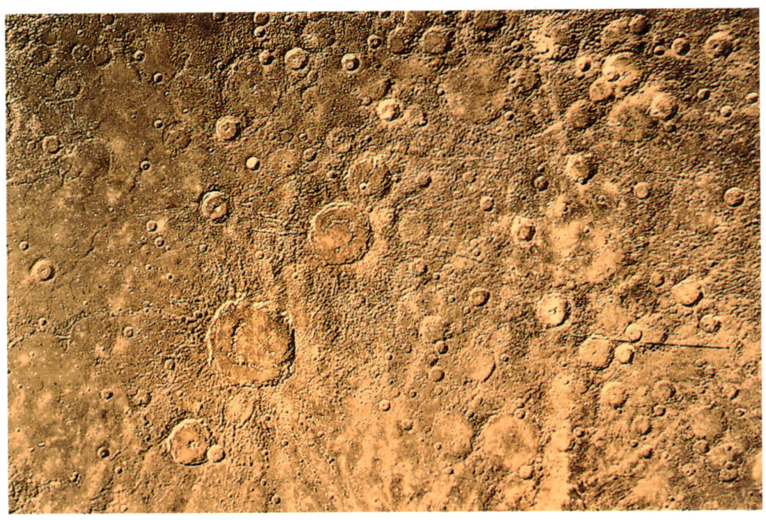

Auf dieser Aufnahme erkennt man einen der größten Krater: Strindberg, mit einem Durchmesser von 165 Kilometern. Rechts darüber befindet sich ein weiterer Krater, Ahmad Baba, der 115 Kilometer mißt. Diese großen Einschlagstellen weisen eine innere, ringförmige Struktur auf, die davon zeugt, daß beim Aufprall der Planetoiden auf den Merkur die Materie hochgeschleudert wurde.

kreisung und Rotation ist der wirkliche Sonnentag auf dem Merkur fast drei Monate lang. Im Aphel, dem sonnenfernsten Punkt auf der Bahn des Planeten, beträgt die Entfernung zwischen Sonne und Merkur 70 Millionen Kilometer. Im Perihel, also im sonnennahsten Punkt, beträgt die Entfernung zwischen dem Merkur und dem Zentralstern nur 46 Millionen Kilometer!

Von den neun klassischen Planeten unseres Systems ist der Merkur mit einem Durchmesser von nur 4880 Kilometern, also etwa einem Drittel des Erddurchmessers, einer der kleinsten. Der Planet Merkur ist größer als Pluto, größer als unser Erdenmond, als die Monde Triton, Io und Europa, aber kleiner als Ganymed und Titan. Sein Durchmesser ist bis auf wenige Kilometer identisch mit dem des Kallisto, einem der größeren Satelliten des Jupiter. Bei gleichem Durchmesser ist der Unterschied in der Masse jedoch beträchtlich: Die Masse des Merkur ist dreimal so groß wie die des Kallisto, da er nach der Erde die höchste Dichte besitzt: 5,45 Gramm pro Kubikzentimeter. Zum Vergleich: Die Masse der Erde beträgt 5,52, die des Mondes 3,34, die des Kallisto 1,80, und die Masse einiger kleiner Satelliten des Saturn liegt bei etwa 1, das heißt, der Dichte des Wassers!

Die hohe Dichte der Bestandteile des Merkur wird sicherlich durch seine Nähe zur Sonne verursacht. Bei der Bildung des Sonnensystems wurden die leichten Elemente wie Wasserstoff, Helium oder Sauerstoff nach außen gedrückt, während die schweren Atome wie Metalle und die Silikate in geringer Distanz zum entstehenden Stern blieben. Der Merkur ist daher beinahe eine metallische Kugel; sein Eisenkern, in bezug auf seine Masse der größte von allen Himmelskörpern des Sonnensystems, hat einen Durchmesser von mehr als 3500 Kilometern, während der Gesamtdurchmesser des Planeten, wir erinnern uns, 4880 Kilometer beträgt. Bei der Entstehung des Merkur wurden die schweren Elemente in geschmolzenem Zustand zum Mittelpunkt gezogen und bildeten den Kern, der vielleicht 80 Prozent der Masse des Planeten darstellt, und ein leichterer Mantel aus Silikaten breitete sich an seiner Oberfläche aus.

Die Oberfläche des Merkur ist eine der ältesten des Sonnensystems. Sie ist so sehr von Kratern überzogen, daß sich die Einschlagstellen oftmals überschneiden; dennoch weist sie stellenweise glattere Ebenen auf, die von etwa vier Milliarden Jahre alten Lavaströmen zeugen: beispielsweise das Mare Caloris, eine der jüngsten Regionen des Merkur. Dieses Becken von 1200 Kilometern Länge ist vor 3,5 Milliarden Jahren durch den ungewöhnlich heftigen Einschlag eines Asteroiden mit einem Durchmesser von mehreren zig Kilometern entstanden. Der Aufprall hat den Planeten vollkommen erschüttert und konzentrisch angeordnete Gebirgsringe von 2000 Metern Höhe aufgeworfen; seismische Wellen durchliefen den Planeten und ließen ihn wie eine Stimmgabel ertönen. Beim Durchlauf der seismischen Wellen wurde die Rinde des Himmelskörpers hochgewirbelt, und an dem Punkt, an dem die Wellen zusammentrafen, also am Gegenpol zur Einschlagstelle, wurde die Oberfläche verwüstet: Es ist eine von Gräben und Brüchen zerfurchte Trümmerlandschaft, die alten Krater sind stellenweise nicht mehr zu erkennen, sie sind auseinandergerissen, ausradiert von einem heftigen »Erdbeben«, das wahrscheinlich tausendmal gewaltiger war als Erdbeben auf unserem Planeten heute. Der Merkur hat von der Erde nur durch die amerikanische Sonde Mariner 10 Besuch erhalten, die den Planeten dreimal überflogen hat, im März 1974, im September 1974 und noch einmal im März 1975. Nach einem Defekt umkreist sie seitdem die Sonne, ohne weitere Signale abzugeben. Kein irdischer Roboter ist jemals auf dem Merkur gelandet, um das sich dort darbietende Panorama zu fotografieren. Die äußerst harten thermischen Bedingungen, denen er ausgesetzt wäre, haben die großen Weltraumorganisationen bislang von einem solchen Unternehmen abgeschreckt. Viel weniger noch kann man sich die Landung von Astronauten auf einem Himmelskörper vorstel-

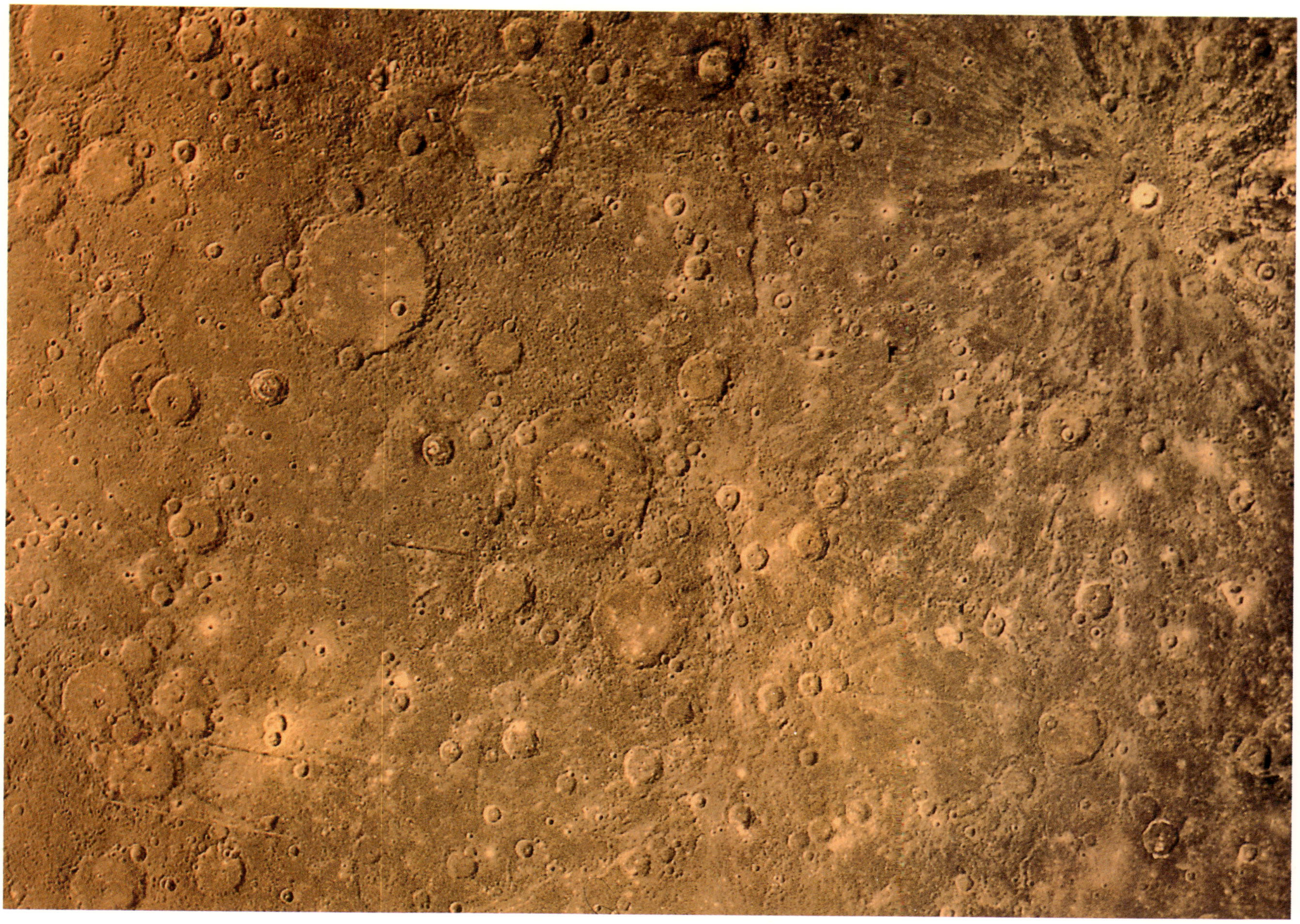

Auf dieser Aufnahme sind zahlreiche Krater unterschiedlicher Gestalt zu sehen. Oben rechts erkennt man noch die hellen, sternförmigen Auswürfe des jüngsten unter ihnen. Er ist kreisförmig, von hohen, sehr deutlichen Wänden umgeben und hat in der Mitte eine Bergspitze. Die ältesten Einschlagstellen sind dagegen sehr erodiert und deformiert.

len, der dem tödlichen Feuer der Sonne so nahe ist.

Später Nachmittag auf dem Merkur nach einem langen Sonnentag von fast drei irdischen Monaten. Die Schatten, die der Stern auf die glühend heißen Felsen wirft, verlängern sich ins Maßlose, und die Temperatur beginnt allmählich zu sinken. Die Dämmerung, wenn man diesen seltsamen Zeitraum so bezeichnen kann, in dem eine riesige Sonne nicht untergehen will, bietet auf dem Merkur ein Schauspiel von unerhörter Schönheit. Nach 48 Stunden des Sinkens verschwindet die grelle Scheibe der Sonne schließlich hinter dem Rücken der fernen Gebirge. Dennoch ist der Stern über Hunderte von Stunden weiterhin gegenwärtig und präsentiert dem Betrachter seine leuchtende Korona, deren Strahlen ihr Licht in einem Winkel von etwa vier oder fünf Grad werfen. Bisweilen ist dieser Schein genau im Augenblick des Sonnenuntergangs von eruptiven, zartroten Protuberanzen begleitet, die sich langsam in einem Winkel von etwa einem Grad im schwarzen Himmel abzeichnen und von der nun offensichtlichen Bewegung des Sterns fortgezogen werden oder einfach in ihn zurückfallen. Viel höher am Himmel verliert sich ein ausgedehntes, schwaches Leuchten im Raum. Es ist das Zodiakallicht, eine verschwimmende Wolke interplanetarischer Staubteilchen in der mittleren Ebene der Planetenbahnen, die das Sonnenlicht streut. Weder am Tag noch in der Nacht läßt sich auf dem Merkur die geringste Atmosphäre nachweisen: Bis auf den fahlen Schimmer des Zodiakallichts und der Milchstraße ist der Himmel über dem sich scharf abzeichnenden, wie mit einem Rasiermesser geschnittenen Horizont vollkommen schwarz. Dennoch kann man winzigste Spuren von Gas auf der Oberfläche des Merkur nachweisen. Dieses Gas, das vorwiegend aus Helium besteht, hat seinen Ursprung zweifellos im Sonnenwind und wird für einen Moment von der Schwerkraft des Merkur eingefangen, ehe es sich befreit und in den Raum hinausgetragen wird.

Endlich ist es Nacht. Nachdem die Oberfläche drei Monate lang von der Sonne erdrückt wurde, kühlt sie jetzt schnell ab. 400 Grad Celsius, 300, 200, 100, 0 Grad, −100 Grad Celsius. Das Thermometer fällt innerhalb weniger Minuten, bis es bei etwa −170 Grad Celsius stehenbleibt. Die Dunkelheit dauert drei Monate. Doch nach dem Anbruch der Nacht bietet der Merkur den schönsten Blick auf das gesamte Sonnensystem, den man sich vorstellen kann: Vor dem bloßen Auge gehen über dem Horizont im Osten nacheinander Venus, Erde, Mars, Jupiter und Saturn auf. Diese fünf hellen und farbigen Planeten strahlen mit einer beständigen Helligkeit am Himmel. Jupiter und Saturn, gelb und unauffällig, erscheinen hier ungefähr ebenso wie am Himmel der Erde. Der orangefarbene Mars ist kaum heller als der Saturn. Die Erde, ein in der Sonne glänzender Türkis, zieht den Blick unwiderstehlich auf sich. Neben ihr ist der winzige und dunkle Mond kaum wahrnehmbar. Aber die Merkurnacht wird vor allem durch das fast anormale, beunruhigende Licht der Venus dominiert, die direkt von der Sonne erhellt wird. Ihr gelber Glanz ist so intensiv, daß der Planet bleiche Schatten auf die trostlose Landschaft wirft.

Venus:

Rendezvous in der Hölle

Die Venus ist dem Anschein nach eine Zwillingsschwester der Erde, denn sie gleicht ihr hinsichtlich Größe, Masse und chemischer Zusammensetzung. Da die Venus der Sonne jedoch viel näher ist als unser blauer Planet, hatte sie ein ganz anderes Schicksal. Sie verbirgt ihre öde Oberfläche, die von einer unglaublich dichten und glühend heißen Atmosphäre erdrückt wird, stets hinter mächtigen Wolken, und kein Mensch wird sich wohl je dorthin wagen.

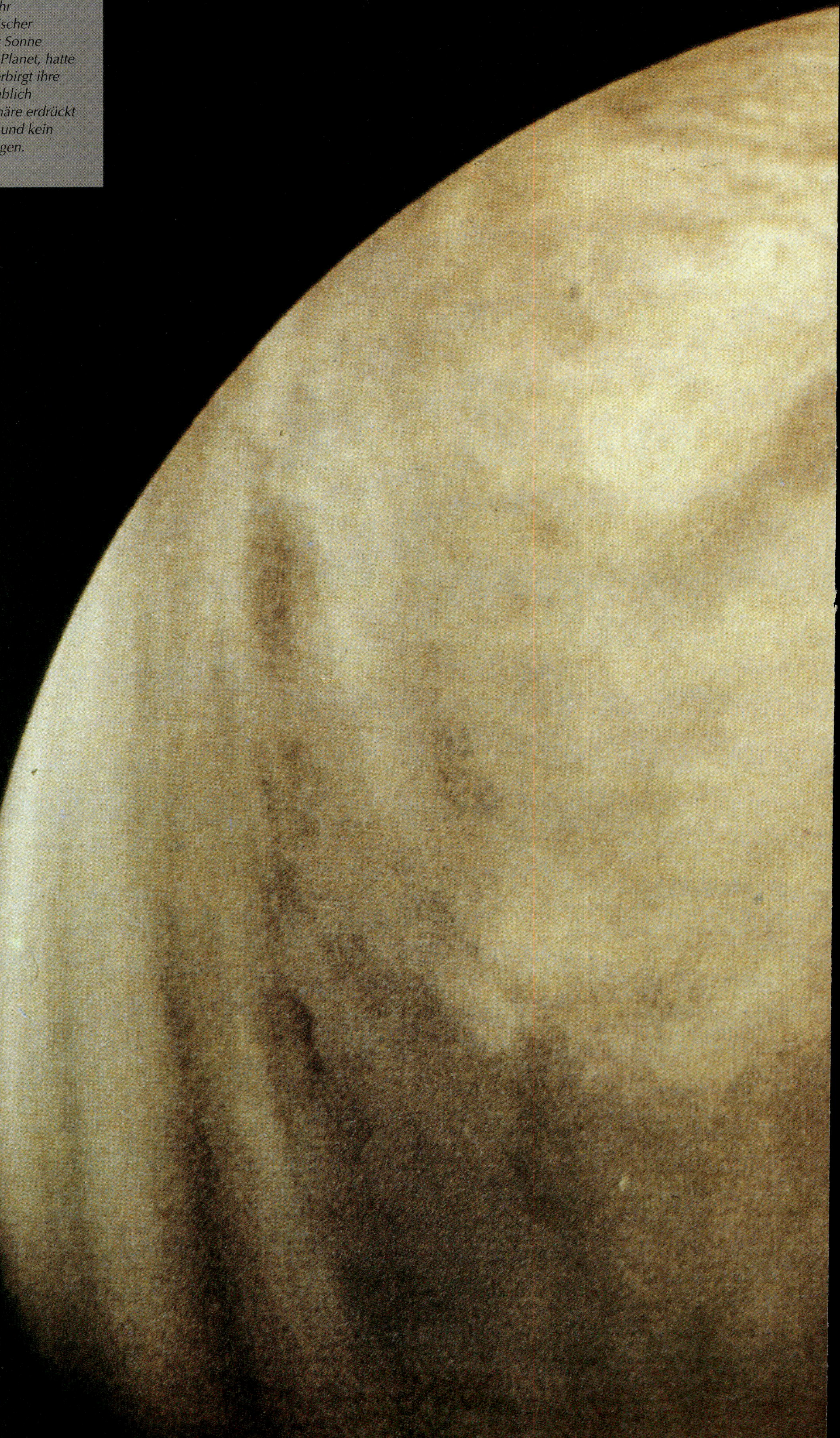

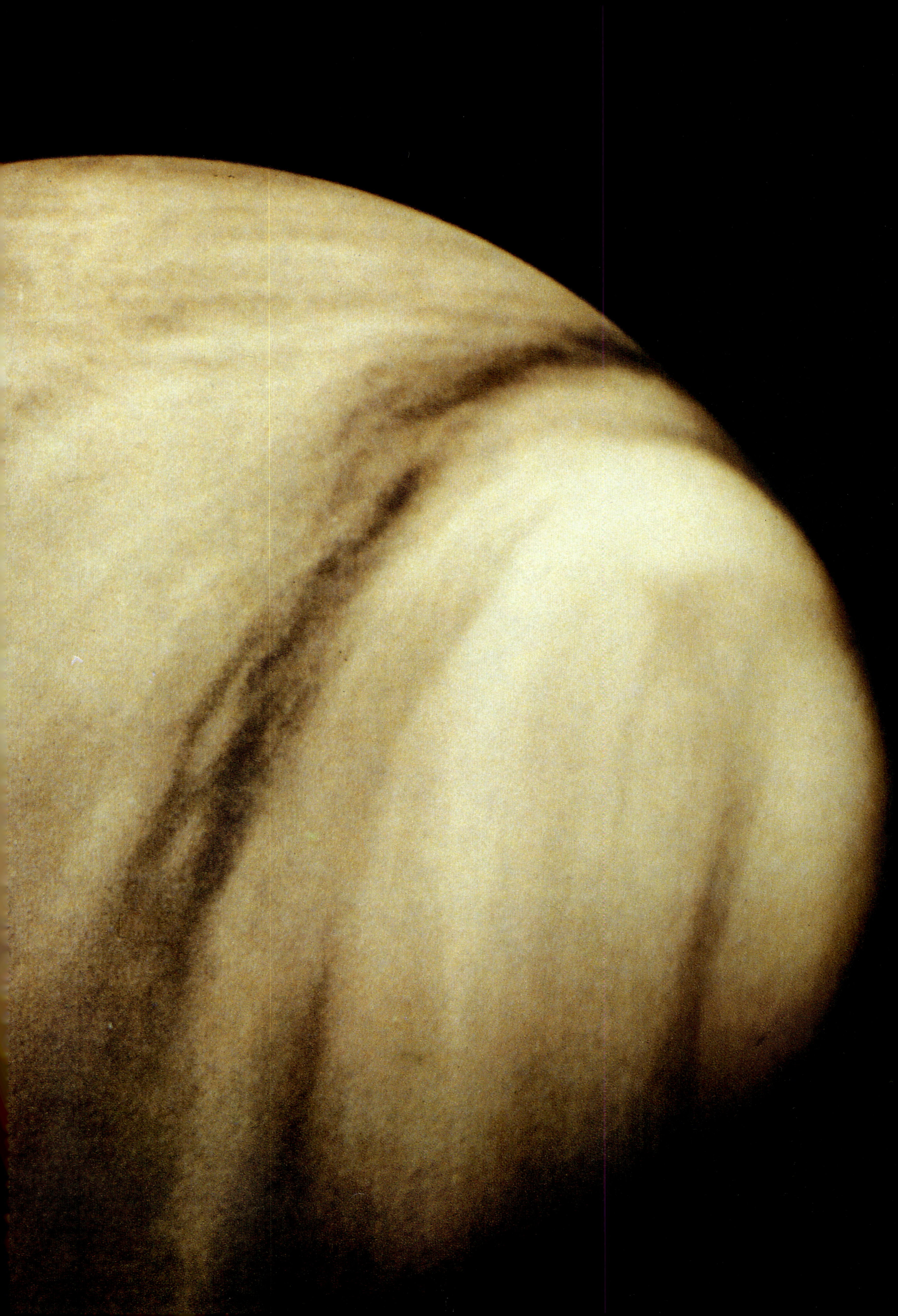

Vor mehreren Millionen Jahren strömte ein Lavafluß durch die Region Denitsa auf dem Planeten Venus. Der Strom aus sehr flüssiger Lava grub sein ein bis vier Kilometer breites Bett über eine Strecke von 120 Kilometern.

Nebel und Himmel verschmelzen miteinander. Die Landschaft hier ist verschwommen, sie flimmert unter den langsamen, unruhigen Wolken. Der Boden ist wie mit Steinfliesen belegt, gepflastert mit großen, feinen Felstafeln, die sich sehr bald im Dunst verlieren. Eine ruhige, unbewegte Atmosphäre ohne den leisesten Luftzug. In der Ferne kündet dumpfes Donnergrollen von einem unsichtbaren Gewitter. Der Horizont löst sich im Nebelschleier auf, über den felsigen, orangefarbenen Boden ist ein grober, brauner Sand gestreut. Die Sonne ist verborgen, doch der Himmel verbreitet ein gleichförmiges, gelbliches Licht, das zu schwach ist, Schatten zu werfen. Seit einem Erdmonat ist es jetzt Tag, und erst in einem Monat wird es auf dem Planeten Venus wieder Nacht werden. Das Licht wird dann langsam schwächer, und die Dämmerung zieht sich über etwa zehn Stunden hin. Die dunkle Silhouette der niedrigen Berge der Umgebung zeichnet sich noch einige Zeit vor dem Hintergrund des ins Graue spielenden Himmels ab, dann ist es Nacht. Eine totale, erstickende Dunkelheit in einer absoluten Stille, gelegentlich unterbrochen durch das ferne Rollen eines Donners. Noch vier Monate ist es Nacht, ohne daß jemals der Himmel aufreißt, um den Glanz der Sterne durchzulassen. Vier Monate ohne Sonne, und dennoch sinkt die Temperatur nicht. Ein großer metallischer, schwarzer Mistkäfer ruht auf dem sandigen Boden und den Felsplatten, die durch den Aufprall bei seiner Landung zerbrachen. Sein schimmernder Panzer zersetzt sich langsam. Das große Insekt kam aus dem Weltraum und steht dort seit dem Erdenjahr 1982. Vor ihm hatten 25 Raumsonden versucht, die Geheimnisse der Venus zu ergründen. Die meisten hatten den Boden des Gestirns nicht in funktionsfähigem Zustand erreicht. Das gelang erst Venera 13 und dann Venera 14. Ungefähr eine Stunde lang übertrugen sie elektromagnetische Meldungen an den Planeten Erde, und bevor sie ihren Geist aufgaben, hatten sie noch die Zeit, warnend darauf hinzuweisen, daß auf der Venus die Hölle ist.

Die Venus ist, von der Sonne aus gesehen, der zweite Planet unseres Sonnensystems. Sie bewegt sich auf der gleichmäßigsten Bahn in einem fast perfekten Kreis um die Sonne. Im kleinsten Abstand, dem Perihel, nähert sie sich dem Stern auf 107 Millionen Kilometer; im Aphel beträgt die Entfernung nur 109 Millionen Kilometer. Das Venusjahr dauert 225 Erdentage. Die Venus besitzt wie der Merkur keinen Satelliten. Dieser felsige Planet hat wie der Merkur und die

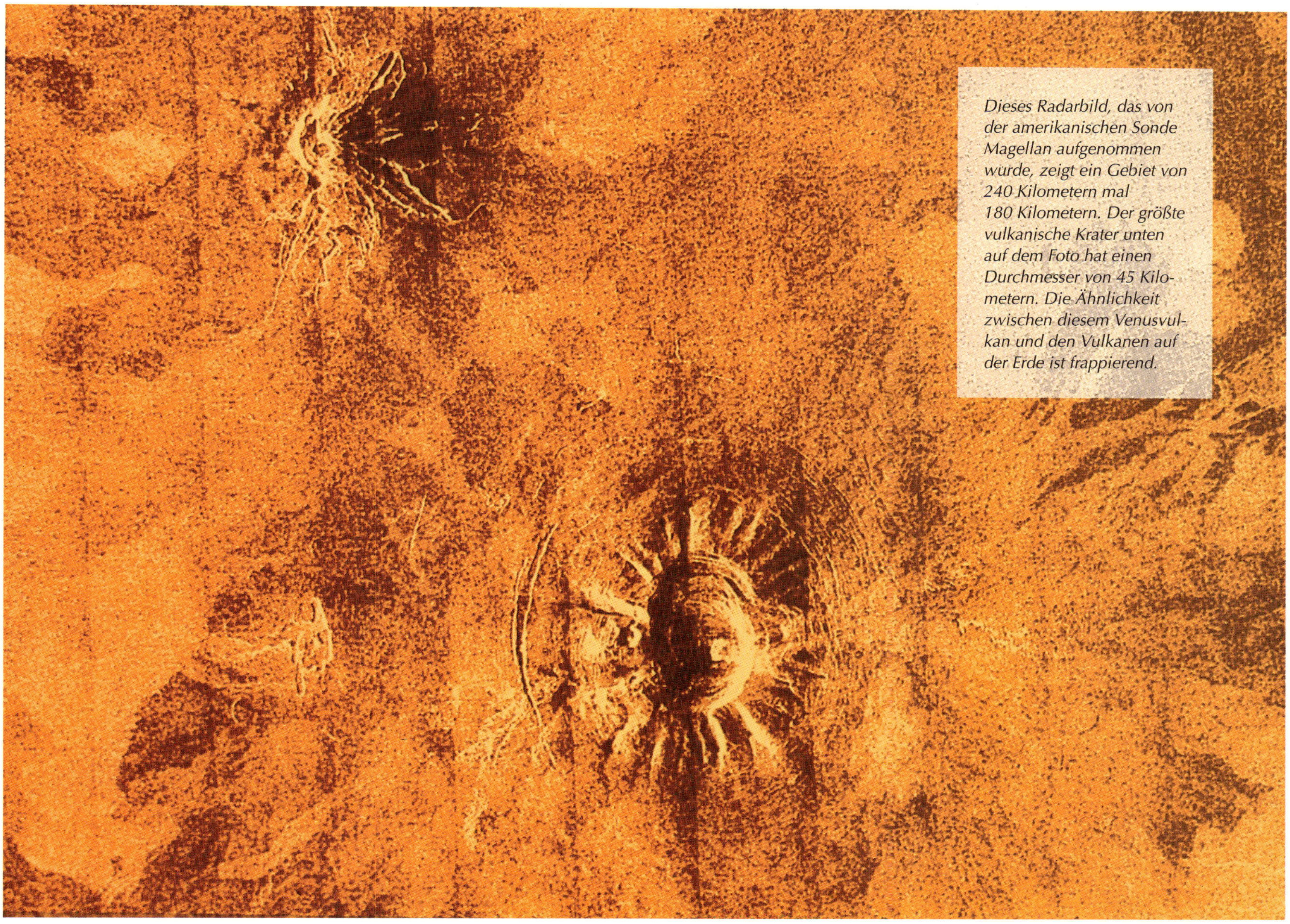

Dieses Radarbild, das von der amerikanischen Sonde Magellan aufgenommen wurde, zeigt ein Gebiet von 240 Kilometern mal 180 Kilometern. Der größte vulkanische Krater unten auf dem Foto hat einen Durchmesser von 45 Kilometern. Die Ähnlichkeit zwischen diesem Venusvulkan und den Vulkanen auf der Erde ist frappierend.

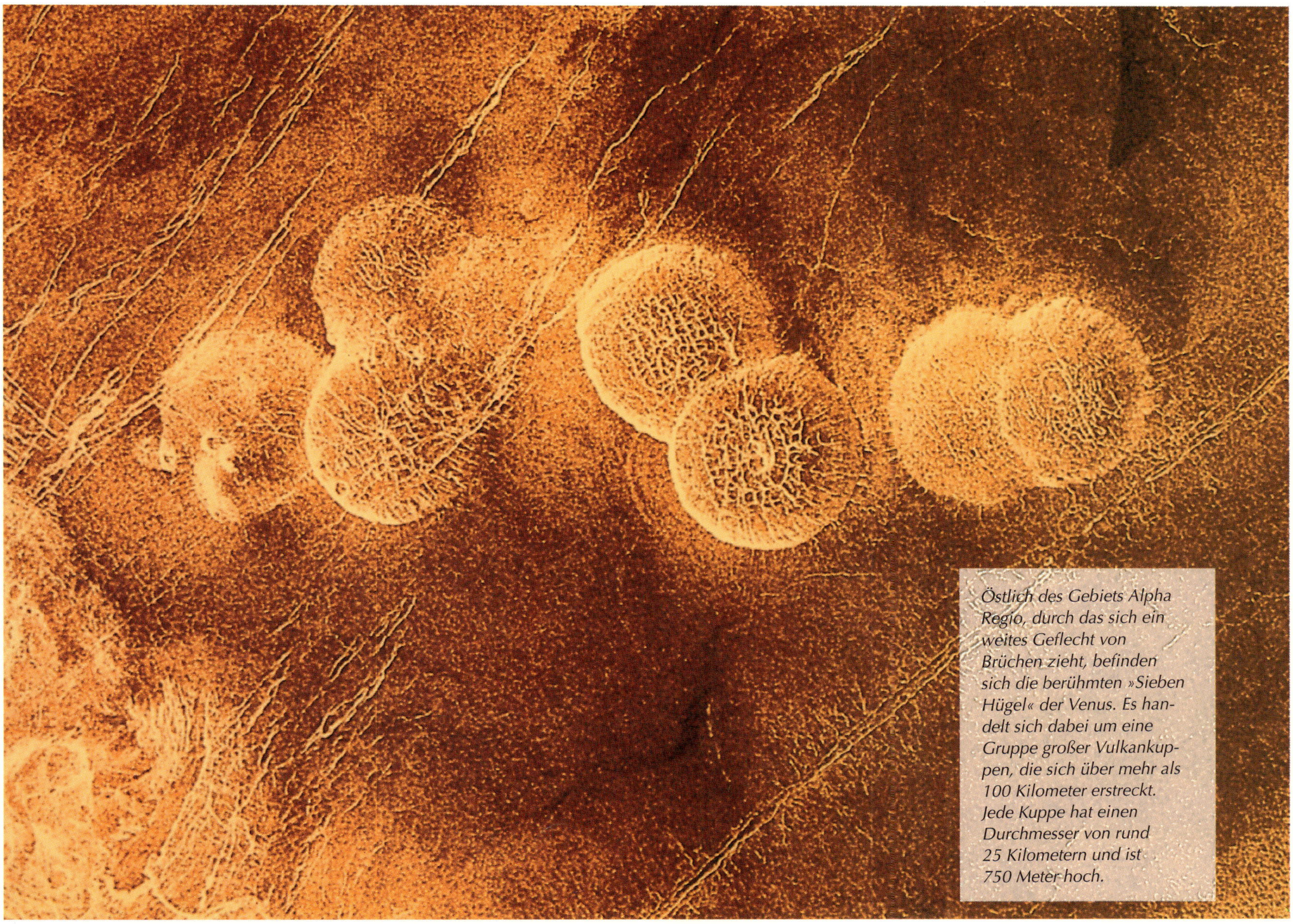

Östlich des Gebiets Alpha Regio, durch das sich ein weites Geflecht von Brüchen zieht, befinden sich die berühmten »Sieben Hügel« der Venus. Es handelt sich dabei um eine Gruppe großer Vulkankuppen, die sich über mehr als 100 Kilometer erstreckt. Jede Kuppe hat einen Durchmesser von rund 25 Kilometern und ist 750 Meter hoch.

Diese beiden außergewöhnlichen Fotos wurden im März 1982 von den sowjetischen Sonden Venera 13 und 14 unter den extremen atmosphärischen Bedingungen gemacht, die auf der Venus herrschen. Vor dem sägezahnartigen Rand der Sonden liegen sichelförmige

Erde eine sehr hohe Dichte: 5,25 Gramm pro Kubikzentimeter gegenüber 5,45 beziehungsweise 5,52. Die Venus ist scheinbar die Zwillingsschwester der Erde. Sie hat die gleiche Dichte und fast den gleichen Durchmesser, 12 100 Kilometer, gegenüber 12 756. Wie die Erde verfügt sie über eine Atmosphäre, und schließlich bewegt sie sich auf einer benachbarten Umlaufbahn. Theoretisch müßten die Bedingungen an der Oberfläche der beiden Himmelskörper also ähnlich sein. Wäre die Erde von der Sonne genauso weit entfernt wie die Venus, würde ihre mittlere Temperatur »nur« um 20 Grad Celsius steigen. Ist also die Venus ein Planet des ewigen Sommers, wo sich riesige Reptilien in von Farnen umsäumten tropischen Lagunen tummeln?

Rückkehr zur Hölle: Wer würde es wagen, sich in diese grausige Welt zu begeben, die in ewige Dämmerung getaucht ist, in der der Himmel niemals aufheitert, um das Licht des Sonnensterns durchzulassen? Seit vier Milliarden Jahren ist die Venus ein Schmelzofen, in dem die Temperatur am Tage wie in der Nacht nie unter 460 Grad Celsius fällt. In Phoebe Regio, einer eintönigen Steinfläche, die im gelblichen, den ganzen Planeten bedeckenden Nebel versinkt, ist die Atmosphäre so dicht, daß sie mit Händen zu greifen wäre. An der Oberfläche des Planeten, die noch heißer ist als die des Merkur, schmelzen Blei und Zinn augenblicklich. Und wenn die Atmosphäre bemerkenswert ruhig ist, dann deshalb, weil die Venusatmosphäre außerordentlich schwer ist. Die kleinste Bewegung läuft hier in Zeitlupe ab. Die heftigsten Böen der »Stürme«, die sich insbesondere während des unsichtbaren Sonnenuntergangs erheben, erreichen auf der Oberfläche der Venus eine Geschwindigkeit von nur ein bis vier km/h.

Die untere Atmosphäre der Venus hat Ähnlichkeit mit einem tiefen, brennend heißen Ozean. Der atmosphärische Druck an der Oberfläche des Planeten gleicht dem eines irdischen Ozeans in einer Tiefe von 1000 Metern. Dieses Medium ist uns so fremd, daß die Russen, die bis heute als einzige eine funktionierende Raumsonde auf die Venus bringen konnten, mehr als ein Dutzend Sonden verloren, ehe sie begriffen, daß man diese tatsächlich wie U-Boote oder Taucherkugeln konstruieren mußte, die außerdem in einem gleichsam schmelzenden Ozean überleben konnten. Die Atmosphäre der Venus ist so dicht, daß die letzte Generation

Gebilde: die Schutzkappen der Kameras. Auf der oberen Aufnahme von Venera 13 ist ein schwenkbarer Arm ausgefahren, der die Oberfläche sondiert. Der Luftdruck ist hier hundertmal höher als auf der Erde, und die Temperatur beträgt etwa 460 Grad Celsius.

sowjetischer Sonden keine Fallschirme benötigte, um die letzten 50 Kilometer bis zum Boden zurückzulegen! Diese Atmosphäre besteht zu 96 Prozent aus Kohlendioxid, zu weniger als vier Prozent aus Stickstoff und aus Spuren anderer Gase. Sie ist der des Mars sehr ähnlich, doch sie ist 10 000 mal dichter! Die Atmosphäre ist hoffnungslos trocken: Es gibt hier kein Wasser und auch keinen Wasserdampf. Der mittlere atmosphärische Druck beträgt 90 Bar gegenüber einem Bar auf der Erde und 0,01 Bar auf dem Mars. Merken wir uns: Wasser bliebe bei diesem gewaltigen Druck bis zu einer Temperatur von 380 Grad Celsius flüssig! Wie konnte ein Planet, der der Erde scheinbar so verwandt ist, ein derart unterschiedliches Schicksal erleiden?

Bei der Entstehung von Erde und Venus vor 4,55 Milliarden Jahren waren die beiden Himmelskörper einander wahrscheinlich ähnlich; ihre von Asteroiden gesteinigten Oberflächen ließen die Gase entweichen, aus denen sich ihre Atmosphäre entwickeln sollte. Auf der weniger warmen, da von der Sonne weiter entfernten Erde konnte sich das Molekül des Wassers bilden, zunächst als Dampf, der dann zu flüssigem Wasser kondensierte. Das Kohlendioxid, in gewaltigen Mengen aus den Vulkanen getrieben, wurde von den ersten Meeren aufgelöst und in Silikat- und Karbonatgestein wie dem Kalkstein eingeschlossen. Dieses Gas (CO_2) hat einen Treibhauseffekt. Das Prinzip des Treibhauseffekts ist einfach: Atmosphäre und Oberfläche absorbieren einen Teil der Sonnenstrahlung und heizen sich auf. Normalerweise gibt der Boden des Planeten während der Nacht die tagsüber gespeicherte Wärme wieder in den Weltraum ab. Die Treibhausgase, die für Infrarotstrahlen undurchdringlich sind, absorbieren und bewahren diese Strahlung, so daß die Atmosphäre eine gewisse thermische Trägheit behält. Da das Kohlendioxid in der Atmosphäre der Erde in Spuren – nur 0,03 Prozent – enthalten ist, konnte die Erde eine milde Temperatur beibehalten und das Wasser gleichzeitig in seinen drei Stadien, fest, flüssig und gasförmig, existieren. Die mittlere Temperatur auf der Erde beträgt 15 Grad Celsius. Ohne das CO_2 wäre unser Planet bei einer Temperatur von etwa –20 Grad Celsius völlig erfroren und öde.

Die Geschichte der Venus ist ganz anders. Die mittlere Temperatur an der Oberfläche des Planeten lag von Anfang

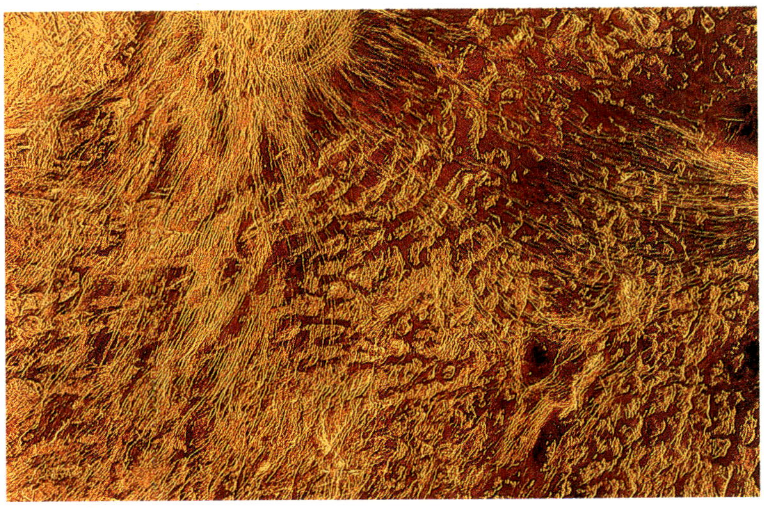

Das in seiner Gesamtheit von der Sonde Magellan beobachtete Gebiet Ovda Regio ist ungefähr 600 Kilometer mal 500 Kilometer groß. In dieser alten Ebene, die scheinbar von Lavaströmen überschwemmt wurde, ist ein unentwirrbares Geflecht aus Falten und Gräben zu sehen. Solche Bilder geben den Planetologen Auskunft über die Gesamtbewegungen der Venuskruste.

an um ungefähr 20 Grad über der der Erde. Wasserdampf und Kohlendioxid, die von der Kruste der Venus freigesetzt wurden, sammelten sich in der Atmosphäre, bedeckten sie mit Wolken und erzeugten einen besonders wirkungsvollen Treibhauseffekt, der sich allmählich verstärkte. Gab es kurz nach der Entstehung des Planeten, als seine atmosphärischen Bedingungen denen der Erde ähnelten, Meere auf der Venus? Wir wissen es nicht. Wenn dies so war, muß das Wasser sehr schnell verdampft sein, die leichten Wasserstoffatome entwichen in die obere Atmosphäre, dann in den Weltraum, und machten dem Kohlendioxid Platz, das den Planeten mit einer undurchdringlichen und erstickenden Haube zudeckte. Langsam stieg die Temperatur an der Oberfläche. Vor mehr als drei Milliarden Jahren müssen die Strahlen der Sonne die Oberfläche der Venus gestreichelt haben; war die Venus vielleicht in dieser längst vergangenen Epoche ein wahres Paradies? In den friedlichen Meeren der Erde, mitten im Proterozoikum, entwickelten sich riesige Kolonien von Blaualgen. Was geschah aber auf dem Nachbarplaneten? Da heute keine Spur dieser weit zurückliegenden Vergangenheit mehr vorhanden ist, werden wir es wahrscheinlich niemals erfahren. Das ganze in der Atmosphäre der Venus enthaltene Wasser würde sich heute an ihrer Oberfläche als eine lediglich einen Zentimeter starke, gleichförmige Schicht niederschlagen, auf der Erde wäre diese Schicht dagegen mehrere Kilometer dick. Seit vier Milliarden Jahren steigt die Temperatur der unteren Venusatmosphäre, ein echtes Meer aus Kohlendioxid, zunehmend an. 50 Grad Celsius, 100, 200, 300, 400 Grad. Das thermische Gleichgewicht hat sich zur Zeit auf den Wert von 460 Grad Celsius eingestellt, und es gibt nun keinen Grund mehr für ein Steigen oder Fallen des Thermometers. Die Oberfläche der Venus ist endgültig unter einer mehrere Dutzend Kilometer dicken Atmosphäre verborgen und wird die Sonne niemals wiedersehen…

Die Atmosphäre der Venus ist nicht nur sehr schwer und dicht, sondern auch sehr dick: Die Spitze der Wolken befindet sich in einer Höhe von 70 Kilometern; diese Wolkendecke beobachten die Astronomen oder die Raumsonden wie Mariner 10 oder Pioneer Venus, die sie in den siebziger Jahren ausgiebig untersuchten. Da die Wolken das Sonnenlicht stark reflektieren, strahlt die Venus, von weitem gesehen, etwa vom Merkur oder der Erde aus, mit einer außergewöhnlichen Helligkeit. Die Atmosphäre der Venus verdünnt sich wie die der Erde mit wachsender Höhe. Auf der Erde konzentrieren sich 90 Prozent der atmosphärischen Masse in den ersten zehn Kilometern. Der Luftdruck, auf Meereshöhe ein Bar, beträgt in einer Höhe von 5500 Metern nur noch 0,5 Bar und auf dem Gipfel des Mount Everest, in 8848 Metern Höhe, nur 0,3 Bar. Sobald man eine Höhe von 7000 oder 8000 Metern erreicht hat, läßt sich die Luft praktisch nicht mehr atmen. Auf dem Gipfel des höchsten Bergmassivs der Venus, Maxwell Montes, dessen höchste Spitzen 11 000 Meter über der mittleren Höhe des Bodens liegen, beträgt der Druck rund 70 Bar, die Temperatur liegt bei 400 Grad Celsius. Weit über den höchsten Gipfeln, in einer Höhe von 15 000 Metern, fällt der Druck unter 40 Bar, und die Temperatur grenzt an 360 Grad Celsius.

Noch höher, in einer Höhe von 45 Kilometern, gibt es in der Atmosphäre der Venus eine Zone, in der der atmosphärische Druck dem Druck an der Oberfläche der Erde genau gleicht: ein Bar. Die Russen setzten dort im Jahr 1985 von den Raumsonden Vega 1 und 2 zwei Ballonsonden ab, die in mehr als 40 Stunden 11 000 Kilometer der Venusoberfläche überflogen. Diese Region birgt für einen hypothetischen – und unvorsichtigen – Reisenden schlimme Überraschungen: Der Dunst ist so dicht, daß die Sicht gleich Null ist, die Lufttemperatur beträgt etwa 100 Grad Celsius, der Wind weht mit einer Sturmgeschwindigkeit von 300 km/h, und vor allem der Niederschlag ist schrecklich: Der Venusregen besteht aus Schwefelsäuretropfen!

Nicht weit von der Spitze der Wolken erreicht die Temperatur schließlich Werte, die denen auf der Erde vergleichbar sind: in 60 Kilometern Höhe ist die At-

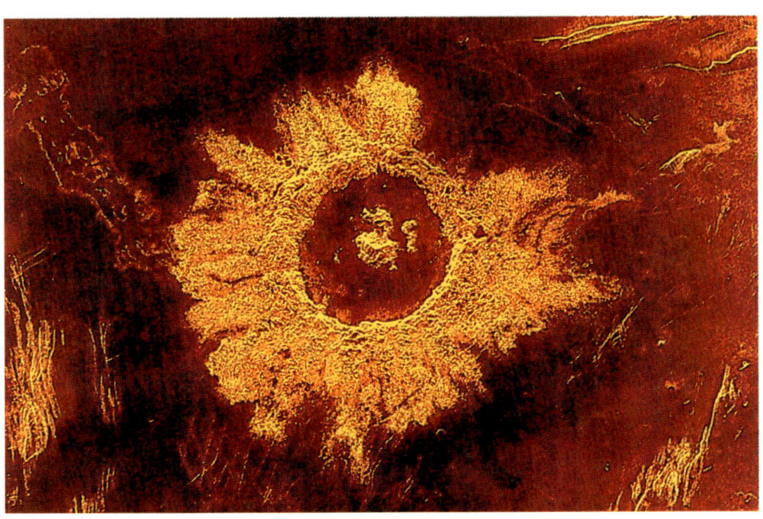

Nach dem Einschlag eines Asteroiden vor mehreren hundert Millionen Jahren entstand der Krater Danilova mit einem Durchmesser von 48 Kilometern. Er besitzt die typischen Eigenschaften der Einschlagskrater auf der Venus. Gebremst von der extrem dichten Atmosphäre, gingen die Trümmer in großer Nähe zum Krater nieder und zeichnen sich hier als helle Blätter ab.

Zwischen 1990 und 1993 kartierte die amerikanische Sonde Magellan per Radar den gesamten Planeten Venus, der deshalb hier ohne seine mächtige Atmosphäre zu sehen ist. Der Nordpol des Planeten liegt in der Mitte des Bildes. Das helle Gebilde unterhalb des Pols sind die Maxwell Montes, das gewaltigste Gebirgsmassiv des Planeten. Es erreicht eine Höhe von 11 000 Metern.

mosphäre – natürlich tödlich für menschliche Lungen, die von den Schwefelsäurewolken augenblicklich verbrannt würden – mit einem Druck von 0,5 Bar ebenso dicht wie auf der Erde in 5500 Metern Höhe; die Temperatur beträgt hier null Grad Celsius. Gäbe es auf der Venus einen Bewohner und wollte er zum ersten Mal seinem Planeten entfliehen, so müßte er dessen völlig undurchsichtige Atmosphäre durchqueren, ehe er endlich aus den Wolken auftaucht und verblüfft das Schauspiel des in der Sonne glitzernden Wolkenmeeres entdeckt … Er hätte dann eine Höhe von 70 Kilometern erreicht und würde sich in einer extrem dünnen und mit einer Temperatur von minus 40 Grad Celsius eisigen Luft bewegen. Die Zirkulation der Atmosphäre auf der Venus weist starke Unterschiede auf. In Höhe des Bodens schwer und dicht wie Melasse, ist die bemerkenswert stabile Atmosphäre der Rotation des Planeten unterworfen. Dieser dreht sich sehr langsam, in 243 Tagen, um sich selbst; der Wind an der Oberfläche der Venus geht kaum über vier km/h hinaus, wie wir gesehen haben. Dagegen ist die obere, hundert- bis tausendmal dünnere Atmosphäre vom Planeten vollkommen unabhängig und gleitet buchstäblich auf den unteren atmosphärischen Schichten. Sie bewegt sich in nur vier Tagen in einer parallel dem Äquator verlaufenden Hauptströmung um die Venus.

Die Oberfläche der Venus ist uns nur durch die vier sowjetischen Venera-Sonden bekannt, die die Wüstenlandschaft, in der sie landeten, fotografieren konnten, ehe sie von der erdrückenden, aggressiven und verbrennenden Atmo-

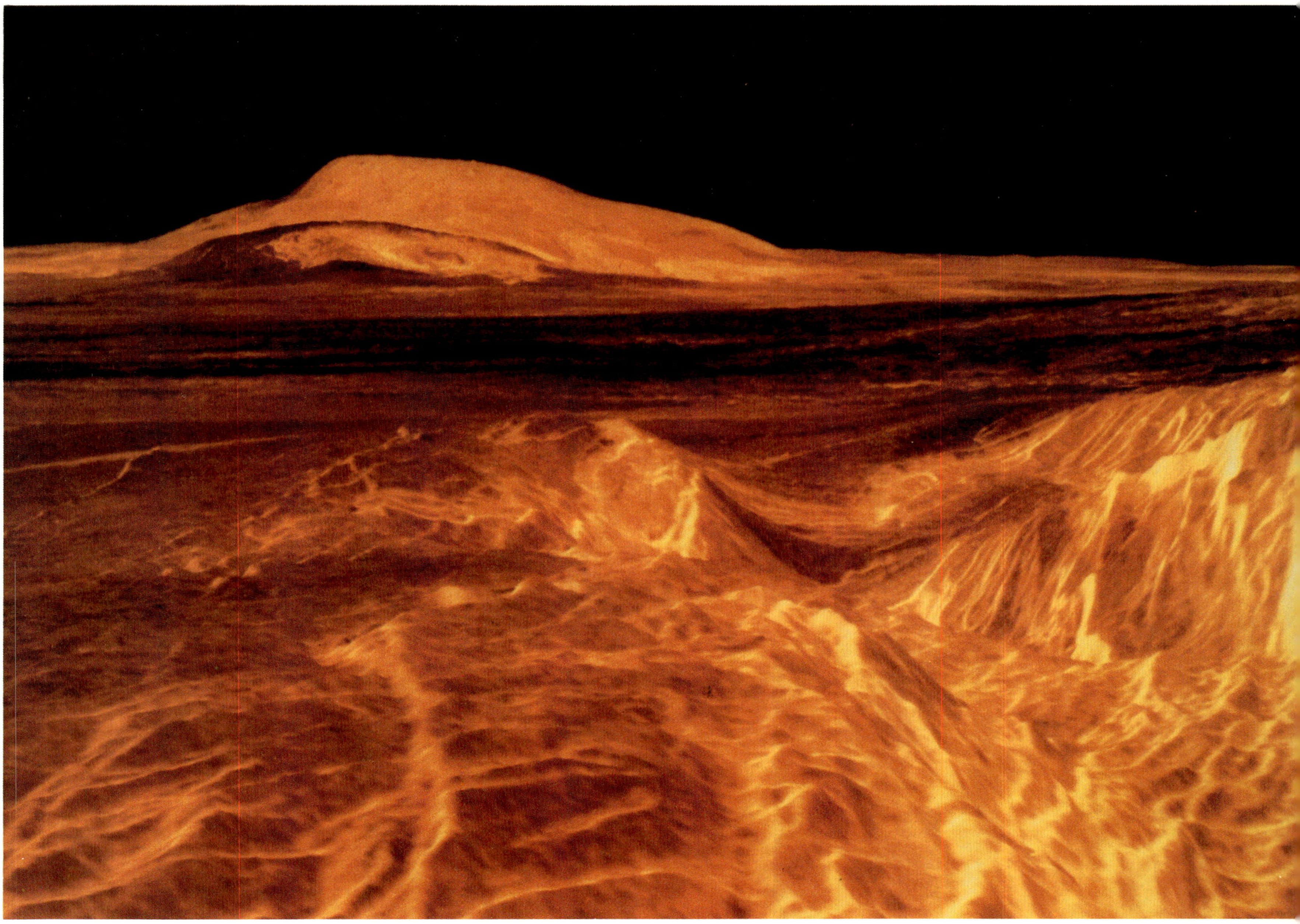

Dieses Venuspanorama rekonstruierten die amerikanischen Planetologen mit dem Computer unter Verwendung der Radardaten der Magellan-Sonde. Rechts am Horizont liegt Gula Mons, ein Vulkan, der über 3000 Meter

sphäre besiegt wurden. Die Feindlichkeit der Venus kann man anhand der Lebensdauer der dort gelandeten Sonden ermessen. Venera 9 und 10 überlebten 53 und 65 Minuten. Bei Venera 13 und 14 waren es 57 und 127 Minuten. Zum Vergleich: Die zweite der Marssonden Viking 1 und 2, amerikanische Pendants der Venera, funktionierte auf dem Planeten Mars dreieinhalb Jahre lang, die erste sogar fast sieben Jahre. Um den Schleier der Venus endlich zu lüften, starteten die Amerikaner im Jahr 1989 die Magellan-Sonde. Mit einem Radargerät, das Radiowellen ausstrahlt, denn nur diese gelangen durch die undurchdringlichen Wolken, war es Magellan möglich, zwischen 1990 und 1993 endlich die komplette Oberfläche des Planeten zu fotografieren.

Die Oberfläche der Venus ist eine unermeßliche, monotone Ebene, eine weite, flache Wüste aus Basaltfelsen mit einem bemerkenswert gleichmäßigen Niveau: Ungefähr 70 Prozent der Oberfläche des Planeten liegen auf derselben Höhe, die natürlich, da es keine Meereshöhe gibt, als Nullpunkt des Planeten gilt. Hier und da sind niedrige Hügel, Hochebenen von einigen Hundert Metern Höhe über die Wüste verstreut, durch die ansonsten zahlreiche Netze aus parallelen oder rechtwinkligen Spalten laufen, die ein feines Kreuznetz aus Schluchten und Graten zeichnen, Zeugnis einer starken inneren Aktivität des Planeten. Drei bedeutende Bergmassive ragen aus dieser trostlosen Ebene hervor: Aphrodite Terra, das sich über ungefähr 3000 Kilometer längs des Äquators erstreckt und seine größte Höhe mit 5000 Metern erreicht; Beta Regio, in 30 Grad nördlicher Breite, das bis auf 4000 Meter ansteigt; schließlich, nicht weit vom Nordpol der Venus, Ishtar Terra, ein sehr hohes, steil aufragendes Plateau, das so groß ist wie ein irdischer Kontinent. Dieses Plateau liegt etwa 5000 Meter über der mittleren Höhe des Planeten. Einige Spezialisten betrachten dies als Zeichen dafür, daß sich auf der Venus eine Plattentektonik wie auf der Erde entwickelt. Ishtar Terra trägt eines der größten Gebirge des Sonnensystems, Maxwell Montes, 750 Kilometer breit und 11 000 Meter hoch. Nicht weit vom Gipfel des Gebirges liegt ein Krater mit einem Durchmesser von 105 Kilometern: Cleopatra; dort beginnt das Bett eines alten Lavaflusses. Dieser Krater entstand vor mehreren hundert Millionen Jahren durch den Aufschlag eines Asteroiden. Die flüssig gewordene Kruste der Venus hat sich dabei über die Gebirgshänge ergossen. Verglichen mit dem Merkur, dem Mond oder dem Mars gibt es auf der Venus sehr wenige Krater. Man hat einige hundert Einschlagspuren entdeckt, was einem Krater pro einer Million Quadratkilometer entspricht; die Kraterbildung ist also 1000 mal geringer als die auf dem Merkur oder dem Mond. Die kleinsten Krater haben einen Durchmesser von mehr als zwei Kilometern, diese Mindestgröße läßt sich durch die dichte Atmosphäre der Venus erklären. Diese spielt in der Tat die Rolle eines sehr wirksamen Schutzschirms. Auf dem Mond und selbst auf der Erde können Meteoriten mit einem Durchmesser von nur wenigen Dezimetern oder Metern den Boden erreichen und dort »Bombentrichter« von einigen Metern Durchmesser ausheben. Auf der Venus werden die

hoch ist. Die faltigen Hügel im Vordergrund sind möglicherweise alte, seit langem erstarrte Lavaströme. Links ein Vulkan in Form eines Schildes, Sif Mons, mit einer Höhe von 2000 Metern.

kleinsten Meteore aus dem Weltraum beim Eindringen in die Atmosphäre zerstört. Die meisten erreichen den Boden nur als Meteoritenstaub, da sie von der Schwefelsäure verbrannt wurden. Aufgrund der beobachteten Krater muß man annehmen, daß wahrscheinlich nur Asteroiden mit einer Größe von mehr als 50 Metern den Eintritt in den Schmelzofen der Venus überstehen können. Der durch den Einschlag geformte Auswurf weist selbst einige Besonderheiten auf; er zeichnet sich in Form dicker Blätter ab, denn die beim Einschlag herausgeschleuderte Materie wird von der dichten Luft des Planeten gebremst. Aber die Seltenheit der Einschlagskrater mit einem Durchmesser von mehr als zwei Kilometern läßt sich nicht nur mit dem atmosphärischen Schirm der Venus erklären. Die Oberfläche der Venus ist geologisch nämlich noch sehr jung und zweifellos heute noch aktiv. Von Norden nach Süden überzieht den Planeten ein unentwirrbares Netz aus Gräben und Spalten, ein Hinweis auf komplizierte Kompressions- und Extensionsbewegungen der Kruste.

Am Äquator des Planeten befinden sich Hunderte von vulkanischen Gebilden mit bizarren Formen. Im Gebiet Alpha Regio tragen sieben breite, von Rissen durchzogene Kuppen mit einem Durchmesser von 25 Kilometern kleine Abzugsöffnungen auf ihren konvexen Gipfeln, die nur 750 Meter hoch sind. Etwas weiter, westlich von Ishtar Terra, liegt Sacajawea Patera, ein gewaltiger Kessel, der von einem kreisförmigen Gebirge umgeben ist. Diese Senke mit einem Durchmesser von mehr als 200 Kilometern und einer Tiefe von 2000 Metern liegt über einem alten unterirdischen Lavareservoir. Und überall auf dem Planeten schlängeln sich die Betten alter Lavaströme, 500 Meter bis 1500 Meter breit, säumen die Berge und füllen die Täler. Diese Feuerflüsse im wahrsten Sinne des Wortes ziehen ihre Schleifen über eine Strecke von Hunderten von Kilometern. So hat man auf der Venus auch den längsten Lavastrom des Sonnensystems entdeckt: im Gebiet Niobe Planitia erstreckt er sich über mehr als 7000 Kilometer!

Die von wenigen Kratern gezeichnete, ständig von Vulkanen umgebildete Basaltoberfläche der Venus ist sicherlich keine 500 Millionen Jahre alt. Die Planetologen sind außerdem davon überzeugt, daß diese vulkanische Aktivität noch heute andauert, auch wenn Magellan bisher noch keinen Vulkanausbruch, keinen Lavastrom direkt fotografierte.

Obwohl die Oberfläche der Venus der der Erde erstaunlich ähnlich ist, hat sich herausgestellt, daß es sich doch um eine ganz fremde Welt handelt. Ein geringfügig anderer Abstand zur Sonne genügte, um diesen Planeten in eine unglaubliche Hölle zu verwandeln. Nirgendwo im Sonnensystem gibt es etwas Ähnliches wie diese trostlosen Landschaften mit abgeschliffenen Felsen, die in eine erstickende und erdrückende Luft getaucht sind. Wenn eines Tages ein hoch ausgerüsteter Astronaut mit einer seltsam verlangsamten Bewegung durch die Wüste dieser anderen Welt schreitet, wird er sicher nicht ohne Schwindelgefühle daran denken, daß unser eigener Planet am Ende dasselbe Schicksal hätte erleiden können.

Die Erde:

ein lebender Planet

Die Erde ist unstreitig das Juwel des Sonnensystems. Bewundert man dieses zarte, blaue, einer Seifenblase ähnliche, im Unendlichen schwebende Gebilde vom Weltraum aus, erscheint der Name nicht sehr treffend gewählt: die Oberfläche unseres Planeten ist nämlich zu drei Vierteln von Meeren bedeckt. Das Vorhandensein von flüssigem Wasser auf einem Planeten ist im Universum vermutlich ein äußerst seltenes Phänomen.

Im äußersten Norden der Erde fallen die Gletscher der Halbinsel Kamtschatka direkt in den Pazifischen Ozean: Eis, Wasser und Wolken, oder das kostbare H_2O in seinen drei Aggregatzuständen.

Der Wind hat noch an Stärke zugenommen. Der Pulverschnee steigt ungestüm in den königsblauen Himmel, das ganze Gebirge scheint zu dampfen. Der eisige Wind, der seit mehreren Wochen ständig weht, hat den Gipfel des Machhapuchhare mit Mustern aus Schnee verziert, und auf den Steilhängen aus Eis, die an seinem Gipfelgrat entlang laufen, sind wundervolle, erstarrte Wellen gezeichnet. Es ist Winter auf dem heiligen Berg Nepals. In einer Höhe von 7000 Metern zeigt das Thermometer eine Temperatur von –50 Grad Celsius. Die granitene Spitze ist unter einigen Quadratmetern blauen, schneebedeckten Eises verborgen. Diese winzige Eisplattform zwischen Himmel und Erde mit einer prächtigen Aussicht, nach Norden auf die Kette des Himalaya, nach Süden auf die heißen und feuchten Ebenen Indiens, ist vielleicht noch ungastlicher als der Planet Mars.

Derselbe Planet, allerdings viel weiter westlich: Die im Zenit stehende Sonne tilgt jeden Schatten und erdrückt die Landschaft, die Hitze verschlingt alles. Der Himmel ist hier weiß, der Horizont ist verschleiert, undeutlich, in den Luftspiegelungen verschwunden. Kein Luftzug, brennend heißer Sand, soweit das Auge reicht unbewegliche Wellen aus Dünen, tiefste Wüste. Im Sand keine Spuren, die Umgebungstemperatur erreicht am Boden fast 60 Grad Celsius. In der Ferne tanzen die Dünen und Felsen in der drückenden Luft. Keine Bewegung, lediglich die Sonne deutet langsam ihren Untergang im Westen an: Man fragt sich auch an dieser Stelle, welcher Besucher dieses verlorenen Winkels mitten in der Sahara auf dem Grund des Kessels von Ouan Rechla glauben könnte, daß die Erde ein bewohnter Planet sei. Und doch, dort hinten, versperrt von einem Riegel dunkler Felsen, der es vor der Winderosion schützt, wartet ein großes, vor 8000 Jahren graviertes Fresko auf seine Entdeckung. Es enthält Darstellungen von großen Tieren, Jagd- und Kultszenen. Die vollendete Ausführung, in der sich das Bildliche mit dem Abstrakten verbindet, die große Sensibilität, die sich in der Zeichnung widerspiegelt, zeugen von einer entwickelten Spezies, die sich ihrer eigenen Existenz bewußt ist. Etwas weiter, in einem Unterschlupf unter dem Fels, erscheinen langsam ebenso alte, vom Sand begrabene Bilder. Hat das Leben diesen Planeten verlassen?

Weit weg von der Sahara und dem Himalaya und noch weiter westlich bläht sich eine dicke Gewitterwolke auf und steigt langsam in eine schwüle, elektrisch geladene Atmo-

Der unerreichbare Gipfel des Machhapuchhare mit einer Höhe von 7000 Metern. Der heilige Berg Nepals, gebleicht vom Monsun, ragt über die Schluchten des Flusses Modi Khola, der den Kali Gandaki speist, seinerseits Nebenfluß des Ganges. Seit Urzeiten formen Berge und Flüsse das Antlitz der Erde und vollziehen den ewigen Kreislauf des Wassers.

Aus einer Entfernung von 150 000 Kilometern machten die Astronauten von Apollo 11 auf dem Weg zum Mond diese spektakuläre Aufnahme von ihrem Heimatplaneten. Weite Gebiete Afrikas, Europas und Asiens sind hinter den Wolkenspiralen sichtbar, die ständig einen Teil der Erde bedecken.

sphäre. Der Südwind hat nachgelassen, und zum dritten Mal fällt heute Regen. Temperatur: 29 Grad Celsius, Luftfeuchtigkeit: 90 Prozent. Schwach deutet sich im Osten durch den andauernden Sprühregen hindurch ein Regenbogen an. Dunstfetzen und Sonnenstrahlen, bald wird hier der Tag enden. Nichts bewegt sich. So wenigstens scheint es: Unter dem Laubwerk des unberührten Waldes leben Milliarden von Insekten und Gliederfüßern, Skorpionen, Vogelspinnen und Riesenkäfern. Tukane, Aras und Ibisse, Kaimane und Boas, Anakondas, Leguane und Schildkröten, Piranhas, Jaguare und Faultiere, Tapire, Gürteltiere und Goldhasen verstecken sich, fliehen und jagen sich im Mangrovenwald des Amazonas, der in der Nacht versinkt.

Wir befinden uns auf dem dritten Planeten der Sonne. Nichts scheint diesen Himmelskörper von den anderen Gestirnen des Sonnensystems zu unterscheiden: Dieser Planet ist weder der größte noch der kleinste. Zwar hat er keinen Kranz aus Ringen wie die Riesen unter den Planeten, doch besitzt er dafür einen großen Satelliten. In physikalisch-chemischer Hinsicht ist die Erde gewöhnlich, und sie hat viele Eigenschaften mit den anderen Himmelskörpern des Sonnensystems gemein. Ihr Durchmesser? 12756 Kilometer, praktisch der der Venus. Ihre Dichte? 5,52 Gramm pro Kubikzentimeter, ungefähr die von Venus und Merkur. Ihre chemische Zusammensetzung und ihr innerer Aufbau? In groben Zügen mit denen von Mond, Merkur, Venus und Mars identisch. Ihre Dynamik? Wie die meisten Planeten bewegt sich die Erde auf einer annähernd kreisförmigen Bahn und in der mittleren Ebene des Sonnensystems um die Sonne. Ihre Drehung um sich selbst in 24 Stunden hat sie mit dem Mars gemein. Ihre Rotationsachse schließlich ist ebenso wie die des Mars um 24 Grad geneigt.

Dennoch ist die Erde anders. Ihre Atmosphäre hat eine geringere Dichte als die der Venus, sie ist aber viel mächtiger als die des Mars und hat im großen und ganzen Ähnlichkeit mit der Atmosphäre des geheimnisvollen Titan. Ihre Zusammensetzung allerdings ist im gesamten Sonnensystem einmalig: 78 Prozent Stickstoff, 21 Prozent Sauerstoff und weniger als ein Prozent Kohlendioxid, Argon, Methan, Ozon. Vor allen Dingen aber schützt die Atmosphäre bei einem mittleren Druck von 1013 Millibar das vielversprechendste Molekül des Weltalls, H_2O. Zwei Wasserstoffatome, verbunden mit einem Sauerstoffatom: Wasser. Dieses Molekül ist im Sonnensystem nicht selten: Man findet es auf dem Mars, auf Europa, Enceladus und anderswo, auf der Oberfläche von Kometen, in den Saturnringen ... ja, fast überall, aber stets als hartes, festes, unbewegliches und steriles Eis.

Der Zufall wollte es, daß der dritte Planet einen einzigartigen Platz im ganzen Sonnensystem einnimmt: denn die Umlaufbahn der Erde liegt genau in einem außerordentlich engen Torus, in dem Wasser in flüssigem Zustand existieren kann. Bei minimalem Abstand ist die Erde 147 Millionen Kilometer von unserem Stern entfernt; die maximale Entfernung beträgt 152 Millionen Kilometer. Nur 15 Millionen Kilometer näher zur Sonne wäre aus unserem Planeten allmählich eine Venus-Hölle geworden. 15 Millionen Kilometer weiter weg, und die Erde wäre schon längst eine Welt aus Eis. Die Verknüpfung von idealer Entfernung zur Sonne mit einer idealen Masse und einer Atmosphäre idealer Dichte hat unsere Erde zum Juwel des Sonnensystems gemacht. Blauer Planet, Meeresplanet, lebender Planet – unter dem Einfluß der kostbaren und wohltätigen Flüssigkeit ändert, entwickelt und verjüngt die Erde sich ständig.

Zwar ist die Erde so alt wie das Sonnensystem, 4,55 Milliarden Jahre, doch im geologischen Sinne ist sie – neben Io – der jüngste der um unseren Stern kreisenden Himmelskörper. Hier hat alles genauso angefangen wie auf den anderen Planeten: Im jungen Sonnensystem liegt die soeben geformte Erde, glühend heiß und in eine dichte, warme und undurchsichtige Atmosphäre gehüllt, unter ständigem Beschuß durch Meteore, die den Weltraum in allen Richtungen durchqueren. Im Zentrum der Erde bildet sich der Kern aus Eisen und Nikkel, um ihn herum entsteht die aus Silikaten bestehende Magmaschale und schließlich die Kruste, eine dünne Eierschale, nur wenige Dutzend Kilometer dick. Millionen Vulkane speien Wolken aus Kohlendioxid, Stickstoff und Wasserdampf in den Himmel. In den Senken und auf dem Grund der Krater entsteht der erste Ozean, und nur ein enormer Druck verhindert, daß er zu kochen beginnt und verdampft. Aus den Tiefen dringt das Magma durch gewaltige Narben

Während auf dem nebenstehenden Foto Ägypten und das Rote Meer winzig klein sind, liegen sie hier nah und deutlich vor den Augen der Astronauten des amerikanischen Raumschiffs. Links erkennt man den Nil und den Suez-Kanal, in der Mitte das Sinai-Gebirge, rechts Saudi-Arabien und oben rechts Israel und das Tote Meer.

An der Grenze zwischen Algerien, Niger und Mali erstrecken sich die unendlichen Dünenfelder und Sandsteinblöcke der Sahara. Diese schwarzen Felsen, die heute teilweise von Sandwogen überschwemmt sind, standen einst im stillen Wasser eines großen Sees. Für die Menschen der Neusteinzeit müssen die Ufer des Sees von Ouan Rechla ein wahres Paradies gewesen sein.

der Erdkruste hervor, die ständig durch den Fall von Meteoriten verletzt wird. Von dieser Entwicklungsstufe der Erde ist nichts übriggeblieben. Lediglich die Datierung der chemischen Elemente, die Untersuchung der Fülle wertvoller Metalle wie Gold, Platin, Uran sowie die vergleichende Planetologie gestatten es, diese Vorgeschichte der Erde, das Proterozoikum, zu rekonstruieren. Danach verschwanden alle Einschlagskrater und alle vulkanischen Systeme aus der Anfangszeit; Atmosphäre und Ozean wandelten sich grundlegend. Die Erde änderte sich mehr als jeder andere Himmelskörper des Sonnensystems: Wir leben buchstäblich nicht mehr auf demselben Planeten.

Die Entwicklung unserer Welt hat seit ihren Anfängen niemals stillgestanden. Die Erdkruste ist beweglich, sie besteht aus harten Platten, die ständig durch die Bewegungen der darunter liegenden Schale verschoben werden: eine unter den Planeten unseres Systems wohl einmalige Erscheinung. Wenn ein außerirdischer – und geduldiger – Filmemacher die Erde seit 4,55 Milliarden Jahren von weitem gefilmt hätte und wir diesen Film verkürzen und in wenigen Minuten abspielen könnten, würde der dritte Planet des Sonnensystems einen ungeahnten und faszinierenden Anblick darbieten. Nach der stürmischen Genesis der Erde hinter einem dichten, gräulichen Dunstschleier klärt sich die Atmosphäre, und die Urgeschichte des Planeten – markiert von schrecklichen Kollisionen – kann beginnen.

Die junge Erde ist ganz vom dunklen, grünlichen, unbewohnten Ur-Orzean bedeckt. Stellenweise sind die zentralen Bergspitzen und die gewaltigen Stufen der größten Kessel noch vorhanden. Dann bilden sich die ersten Granitsockel heraus und treten aus der Erdkruste hervor, rasch verschlungen von den Meeren, die als gigantische Gezeiten planetarischen Ausmaßes vordringen und wieder zurückfließen. Im Laufe der Zeit dringen die Fluten in ganze Kontinente ein, sie ziehen sich dann während endloser Winter zurück, in denen sich Packeis und Gletscher ins Unermeßliche auftürmen. Unter dem Druck von Eis und Fels werden aus dem Granit des höher ragenden Landes tiefe Täler ausgehoben und ausgewaschen, als das Eis den Flußläufen weicht. Diese transportieren die vom Wind in den Wüsten abgelagerten Sedimente ins Meer. Die ursprünglichen Kontinente, von der Bewegung der sie tragenden Platten fortgerissen, fallen auseinander, verschwinden im Bereich der großen ozeanischen Verwerfungen in den Tiefen der Schale, tauchen an anderer Stelle wieder auf. Am Ende des Präkambriums erscheint der erste benannte Kontinent: die Pangäa. Diese zerfällt wieder, und aus ihr gehen ihre Kinder, Laurasien und Gondwana, hervor, die später ihrerseits Eurasien, Amerika und Afrika gebären. Noch später lösen sich Kontinentalplatten wie Madagaskar, Australien, die Antarktis und Indien und überqueren die Meere; gleichzeitig brechen die Vulkane der langen, bebenden Gebirgskette, die sich an Amerika entlangzieht, ständig aus, säen Verwüstung, fegen alte Gebirge hinweg, errichten plötzlich andere. Mitten im Pazifik, noch unsichtbar, erkennt man unter dem Meer eine weitere Kette, den Archipel von Hawaii, an den unaufhörlich speienden Vulkanen, die 9000 Meter über dem Grund des Ozeans zu immensen Vulkanschilden aufquellen, auf denen zwischen zwei Eruptionen Eis und Schnee liegenbleiben. In einem anderen Gebiet erzeugt der gewaltige Zusammenprall zwischen dem asiatischen Kontinent und Indien Faltengebirge, Formen, die im ganzen Sonnensystem einmalig sind. Die am Berührungspunkt der Kontinentalschollen zusammengepreßte Erdkruste zittert, leistet Widerstand, dann faltet sie sich und schüttet ungestüm ihren Gneis und Granit auf, errichtet hier den Pamir, dort den Himalaya. In einem geologischen Augenblick – in 10, 20 oder 30 Millionen Jahren – verwandelt die mächtige Gebirgsbarriere einen Kontinent, versperrt den herrschenden Winden den Weg, wälzt das Klima um, hebt ein riesiges, ödes Plateau empor, macht tausend Täler fruchtbar. Namenlose Berge, die den Himmel berühren oder wenigstens beinahe, die eines Tages Machhapuchhare, Annapurna oder Daulaghiri heißen, werden von Schnee und Eis bedeckt.

Das große Fresko von Ouan Rechla, seit 8000 Jahren hinter den Felsen verborgen und vor Sandstürmen geschützt, zeigt die Sensibilität der Künstler in der Sahara.

Die Wüste aus der Vogelperspektive. In der Zentralsahara formt der Wind die Sandflächen zu gewaltigen Dünenfeldern. Zwar hat die große Fauna der Neusteinzeit, Giraffen, Elefanten, Nashörner und Großkatzen, diese wenig gastfreundlichen Gefilde verlassen und ist in die Savannen und die Wälder des Südens ausgewandert, aber noch immer klammert sich Leben an diese dem Mars ähnelnde Landschaft.

Die Biosphäre: Durch eine dünne atmosphärische Schicht vor Meteoriten und tödlicher Sonnenstrahlung geschützt, hat das Leben die gesamte Erde erobert: von den Tiefen der Meere bis auf die schneebedeckten Gipfel. Es hat den Planeten aber auch grundlegend verändert: Der Sauerstoff der Atmosphäre steht uns dank der Photosynthese der Pflanzen in Hülle und Fülle zur Verfügung.

In den Mangrovenwäldern des Amazonas verbergen sich Milliarden von Lebewesen. Springende Fische, die sich bis auf die Zweige vorwagen, Milliarden von Insekten, die in das Laubwerk eindringen und über seltene Baumarten herfallen, Säugetiere und Reptilien, die jagen und sich um ihre Beute streiten, Lurche und Vögel, die bei Einbruch der Nacht quaken und schreien.

Die Kreatur hat sich langsam aus dem schlammigen Grund befreit, in dem sie vergraben war, und läßt nur ihre Fühler und zwei große, trübe, ausdruckslose Augen herausragen. Der ovale, gepanzerte Kopf kommt hervor, bald danach der dreiteilige, gegliederte Körper, der mit drei Stachelpaaren bewehrt ist. Das Tierchen schlängelt sich in fünf Metern Tiefe durch die Büschel von Graptolithen und die Felsen. Über ihm, nicht weit von der Oberfläche, bewegt sich eine durchsichtige Qualle gleichmütig im lauwarmen Wasser. Der Ozean ist vollkommen leer, bis auf diese winzige, nicht sehr tiefe Küstenzone. An der Erdoberfläche aber ist gar nichts. Eine Wüste aus grauem Granit, riesige, von den gleichmäßigen Kegeln der Vulkane dominierte Basaltflächen, deren Gipfel in eine heiße, dicke und schwere Atmosphäre eingehüllt sind, die kaum das Licht des Vollmondes durchläßt – eines seltsam nahen Mondes. Wäre dieser Meeresgrund, in dem sich erstes Leben regt, nicht der des Planeten Erde, könnten wir mit Recht glauben, auf einer anderen Welt zu sein. Wir befinden uns, in einer schönen Nacht, 570 Millionen Jahre vor Christus, am Anfang der Geschichte der Erde, am Beginn des Paläozoikums, des ersten Erdzeitalters. Davor liegt die Vorgeschichte: das Proterozoikum, das Zeitalter ohne Erinnerung. Die längste Periode der Erdgeschichte hat sehr wenige Spuren hinterlassen: keinen bekannten Kontinent, unbekannte atmosphärische Bedingungen und Jahreszeiten, die von kosmischen Katastrophen erschüttert wurden, deren Ausmaß und Folgen wir nicht kennen. Am Himmel stehen namenlose Sternbilder, Sterne werden auf dem Grund der Milchstraße geboren, von Zeit zu Zeit leuchtet der Blitz einer Supernova auf und wirft sein stahlblaues Licht in die Nacht der Wüste. Zahllose Sonnenaufgänge ohne Zeugen.

Das Leben erschien auf diesem Planeten vor rund 3,5 Milliarden Jahren zu Beginn der Urzeit im Urozean. Wir wissen noch nicht, wie die kompliziertesten Moleküle sich miteinander verbanden, um Aminosäuren, Proteine und Nukleinsäuren zu erzeugen, die schließlich das erste lebende Wesen ergeben, eine einzigartige Verbindung, die fähig ist, sich zu schützen, sich zu reproduzieren und an die Umgebung anzupassen. Das Kohlenstoffatom, seine erstaunliche Verbindungsfreudigkeit und das Wasser, dank seiner auflösenden Potenz und seiner starken thermischen Trägheit ein ideales Aufnahmemedium, haben die Herstellung dieser immer komplexer werdenden chemischen Mixturen ermöglicht. Das Leben ist ein Kind des Wassers: Aber wurde es im Lehm der Ufer der ersten Kontinente oder in den kochenden Geysiren unter dem Meer in einer Tiefe von 5000 Metern geboren? Wir wissen es nicht. Werden wir ohne Kenntnis der Bedingungen, die anfangs herrschten, ohne Kenntnis einer anderen Lebensform im Sonnensystem oder anderswo im Universum, je wissen, wie das erste Bakterium entstand? Fast während der ganzen Vorgeschichte der Erde bauten Bakterien und Blaualgen, die Zyanophyzeen, auf dem Meeresgrund geduldig die Stromatolithen, die ersten bekannten fossilen Strukturen. Die Stromatolithen, seltsame Gebilde, die etwa 15 Meter hoch vom Grund des Ozeans aufragen, waren für zwei Milliarden Jahre praktisch die einzigen lebendigen Formen auf unserem Planeten. Mit der Entstehung der eukaryontischen Zellen und danach der geschlechtlichen Reproduktion erscheinen vor rund einer Milliarde Jahren die ersten Tierformen. Die Geographie ist nicht bekannt, das Gestein wurde völlig verändert, Fossile sind äußerst selten und schlecht erhalten: Die Archive dieser Epoche sind praktisch vernichtet. Geologisch gesehen beginnt die Geschichte daher im Unteren Kambrium; Datierung: vor weniger als 570 Millionen Jahren. Seit dem Beginn des Lebens sind drei Milliarden Jahre vergangen.

Für die Paläontologen ist diese Epoche die vielfältigste, die außergewöhnlichste und auch die geheimnisvollste der gesamten Erdgeschichte. Die dünnen Schichten der Ablagerungen zeigen plötzlich einen Überfluß an Fossilien in einem überraschend gut erhaltenen Zustand. In dieser Epoche werden aus einer Laune des Lebens heraus das Außen-

Seit mindestens 3,5 Milliarden Jahren gibt es Leben auf dem Planeten Erde. Blind schlug es die ungewöhnlichsten Entwicklungswege ein und nahm so im Laufe der Zeit immer seltsamere und komplexere Formen an, um sich hier einem neuen Klima, dort dem Aufeinanderprallen zweier Regionen anzupassen, die durch die Trift der Kontinente zusammengeführt wurden.

Zum Archipel der Bahamas gehören mehr als 700 Inseln, hingetupft in den Atlantischen Ozean vor Florida, Kuba und Hispaniola. Im Vordergrund erkennt man hier die tiefen Gründe vor der Insel Andros, links liegt Nassau, und im Hintergrund sieht man Korallenbänke der Inseln Eleuthera und Exuma.

Am Ende des Sommers 1992: Der Wirbelsturm Iniki überquert langsam den Pazifischen Ozean. Vom Weltraum aus betrachtet, fasziniert das Schauspiel seiner majestätischen Wolken, die sich, zusammengeballt, in Spiralen bewegen. Aber unter den Wolken setzen schäumende Wogen von sechs Metern Höhe und Windstöße mit Geschwindigkeiten von fast 250 Stundenkilometern dazu an, die Küste Hawaiis zu verwüsten.

skelett, die Muschel, das Kalkgehäuse erfunden, die in den fossilhaltigen Schichten ziemlich gut erhalten sind. Aber vor allem nach dem Kambrium blüht das Leben in nicht einmal einem Prozent der gesamten Dauer seiner Existenz auf der Erde, wirklich auf, strahlt es phantastisch in alle möglichen Richtungen. Im Kambrium entstehen fast alle großen Stämme, die später sämtliche, in den nächsten 500 Millionen Jahren aufeinander folgende Lebensformen hervorbringen. Von dieser Epoche an haben sich die Umrisse der anatomischen Organisation gefestigt: Unsere Wirbelsäule (die wir mit Haien, Fröschen, Alligatoren, Elefanten und Dompfaffen gemein haben …) verdanken wir dem Vorläufer der Fische, *Pikaia gracilens,* und dessen Nachfolgern, die im Silur umherschwammen. Hohltiere, Ringelwürmer, Weichtiere, Stachelhäuter, Gliederfüßer, Chordatiere, mehr als 10 000 Arten von Trilobiten und eine unglaubliche Zahl phantastischer Kreaturen, die wir mangels fossiler Spuren niemals kennenlernen werden, gehen aus dieser Überfülle des Lebens hervor, deren mögliche Ursache in dem schwachen Selektionsdruck zu suchen ist, der in den Meeren des Kambriums, später des Ordoviziums, des Silurs und des Devon herrschte.

Die ausgedehnten, großzügigen, manchmal unerforschten ökologischen Nischen des Paläozoikums ermöglichten das Entstehen unzähliger seltsamer oder bekannter Arten, deren Schicksal mehr oder minder berühmt ist, wie die Beispiele *Pikaia gracilens* und *Olenellus nevadensis* zur Genüge zeigen. Das erste Lebewesen bildete den Ausgangspunkt der Wirbeltiere, das zweite verschwand in den Abgründen der Zeit. *Olenellus,* so heißt der Trilobit, den wir oben bereits entdeckten, als er aus dem

Im Jahre 1989 starteten die im Orbit befindlichen amerikanischen Astronauten an Bord der Raumfähre Discovery die Sonde Magellan zum Planeten Venus. Nach einem Sonnenuntergang, der auf der Umlaufbahn um die Erde stündlich geschieht, machten sie dieses eindrucksvolle Bild von der Zwillingsschwester der Erde, die gerade in der oberen Atmosphäre auftauchte.

Schlamm im Meer des Unteren Kambriums hervorkroch. In der Regel gebührt dieser besonderen Spezies die Ehre, den Beginn des ersten Erdzeitalters zu markieren. Vor dem *Olenellus* liegt die Vorgeschichte; sobald er in den geologischen Formationen auftaucht, begeben wir uns in das moderne Zeitalter. Von diesem Zeitpunkt an geht alles schneller: Im Devon, vor 400 Millionen Jahren, verläßt ein Quastenflosser, eher eine Randerscheinung, das Wasser. Er besitzt starke, kurze Flossen, Kiemen, eine Andeutung von Lungen und kann sich unbeholfen von einem Pfuhl zum anderen bewegen. Wenn diese austrocknen, gräbt er sich in den noch lockeren Schlamm ein, der um ihn herum hart wird. So kann er über Monate, ja sogar Jahre schlafen.

Im Devon, im Karbon und schließlich im Perm nimmt unser Planet eine vertrautere Gestalt an. Unermeßliche Wälder baumartiger Farne beherbergen eine Fauna oft riesiger Insekten und Lurche: Die Flügel der Libelle *Meganeura* haben eine Spannweite von nicht weniger als 70 Zentimetern, bestimmte Tausendfüßer erreichen eine Länge von zwei Metern, sie streiten sich mit der *Megarachne,* einer Spinne mit einem Durchmesser von 50 Zentimetern, um Beute... Es gibt jedoch schon Räuber, die es auf diese Gruseltiere abgesehen haben, die ersten Reptilien nämlich, die sich vor 350 Millionen Jahren vom Wasser befreien und die ganze Pangäa erobern. Am Ende des Perms, vor 240 Millionen Jahren, scheint die Zukunft der Erde besiegelt zu sein: ein Planet mit einem ewig währenden tropischen Klima, auf immer von Insekten und Reptilien bevölkert. Im einzigen Meer streifen bereits die Vorfahren der Haie und die Trilobiten umher, deren Entwicklungspotential nach etwa 320 Millionen Jahren der Anpassung erschöpft zu sein scheint; sie entwickeln sich zu den einfachen Formen des Kambriums zurück. Sie verschwinden am Ende des Perms, und mit ihnen endet das Paläozoikum. Der Übergang vom ersten zum zweiten Erdzeitalter – dem Mesozoikum – ist nicht einfach eine bequeme Übereinkunft der Wissenschaft: Dieser Abgrenzung entspricht eine grundlegende ökologische Umwälzung unseres Planeten. Denn gegen Ende der Urzeit sind mehr als 90 Prozent der lebenden Arten von der Erdoberfläche verschwunden. Was war die Ursache dieses massenhaften Aussterbens? Wurde es durch geologische und klimatische Veränderungen wie die Auffaltung von Gebirgen und das Zurückweichen der Meere ausgelöst? Kam der Tod vom Himmel herab, etwa durch die Explosion einer außergewöhnlich nahen Supernova oder vielleicht durch den Sturz eines Kometen auf die Erde? Wir wissen es nicht.

Die Entwicklung des Lebens, demonstriert an drei Trilobiten. Von oben nach unten, Olenellus, *der den Anfang der Urzeit markiert,* Modocia, *typische Spezies des Kambriums, und schließlich* Aulacopleura, *der vor 420 Millionen Jahren lebte. Die Klasse der Trilobiten starb am Ende der Urzeit aus.*

In der Trias bereitet sich also eine nahezu wüstenartige Erde darauf vor, eine neue Fauna aufzunehmen: das Mesozoikum beginnt, das berühmte Zeitalter der Dinosaurier. Diese bilden in der Tat eine besondere Klasse der Reptilien; sie unterscheiden sich von den archaischen oder gegenwärtigen Reptilien insbesondere durch die Art der Fortbewegung. Die Dinosaurier sind unstreitig die dominierenden Wirbeltiere des zweiten Erdzeitalters. Sie erscheinen in der Trias und erobern allmählich alle ökologischen Nischen des Juras und der Kreidezeit. In Gondwana und Laurasien, später in Afrika, Amerika und Eurasien erreichen die vier- oder zweifüßigen Pflanzenfresser, die in Herden leben, oder die einzeln lebenden Fleischfresser kolossale Dimensionen – *Diplodocus, Brachiosaurus* oder *Ultrasaurus* sind 15 Meter hoch, 30 Meter lang und wiegen 70 Tonnen oder mehr –, oder aber sie haben nicht einmal die Größe einer Taube. Im Wasser passen sich die Plesiosaurier und die Ichthyosaurier soweit an, daß ihre Form gelegentlich Gemeinsamkeiten mit der der Fische und Delphine aufweist. In der Luft schließlich kreisen die Flugsaurier stunden- oder sogar tagelang, und auch sie erreichen unglaubliche Dimensionen: *Pteranodon* und *Quetzalcoatlus* besitzen Hautflügel mit einer Spannweite von acht bis zehn Metern. Haben diese großen Segler vor 150 Millionen Jahren bemerkt, daß unter den Reptilien ein bizarres Wesen auftauchte, das später einen großen entwicklungsgeschichtlichen Erfolg hatte? *Archaeopteryx* hatte zwei mit Federn und Klauen besetzte Flügel, einen langen Schwanz wie ein Reptil und einen mit Zähnen bewehrten Schnabel! Es handelte sich um den ersten Vogel. Jagte dieses Tier von der Größe eines Huhns zwischen den Wurzeln der Koniferen Kreaturen, die noch klei-

Der Grand Canyon des Colorado in Arizona gibt den Geologen die Möglichkeit, einen großen Teil der Geschichte unseres Planeten zu erschließen. Seine bunten, durch die Erosion des Flusses langsam freigelegten Ablagerungsschichten bergen fossile Zeugen aus mehreren hundert Millionen Jahren Entwicklung von der Urzeit bis zu den letzten Eiszeiten.

Erde und Mond bilden ein besonderes Planetenpaar, das im Sonnensystem einmalig ist. Möglicherweise stabilisierte die Schwerkraftkopplung der beiden Himmelskörper die Erdbahn, so daß sich auf unserem Planeten Leben entwickeln konnte. Die Umwälzung der Meere durch die Mondgezeiten trug eventuell auch zur Entstehung des Lebens auf der Erde bei.

Der Sonnenwind bläst sehr energiereiche Partikel in Richtung Erde, die vom irdischen Magnetfeld aufgefangen und festgehalten werden. An den beiden Polen gelangen diese Protonen und Elektronen jedoch in die obere Atmosphäre, die ionisiert wird und sofort in herrlichen Polarlichtern aufleuchtet. Dieser prächtige, schnell vergängliche Vorhang entsteht in einer Höhe von etwa 100 Kilometern.

ner waren als es selbst, die ersten Säugetiere, die schon seit 50 Millionen Jahren im Schatten der großen Räuber lebten?

Im Gegensatz zu den anderen bekannten geologischen Perioden ist das Ende des zweiten Erdzeitalters sehr deutlich markiert. Auf der ganzen Erde kennzeichnet eine feine, in Ablagerungen eingebettete Kalkschicht von weniger als zehn Zentimetern Dicke mit einem Alter von genau 65 Millionen Jahren die Grenze zwischen zwei Welten. Unten liegt das Ende der Kreidezeit, hier herrschten noch der mächtige *Triceratops,* neben dem unsere Nashörner wie zarte Lämmer aussehen, und vor allem der *Tyrannosaurus rex,* der größte an Land lebende Räuber aller Zeiten. Über dieser Kalkschicht befindet sich das Eozän, die zweitälteste Epoche des Tertiärs, die Erdneuzeit. Im Eozän sind alle Dinosaurier sowie 75 Prozent der in der Kreidezeit lebenden Spezies verschwunden. Von diesem Zeitpunkt an ist nichts mehr wie vorher. Säugetiere, Vögel und Blütenpflanzen vermehren sich im Tertiär explosionsartig. Endgültig zeichnet sich die neuzeitliche Erde mit ihren fünf Kontinenten und ihren Inseln ab; die großen heutigen Gebirgsfaltungen, die Alpen, die Kette der Anden und des Himalaya wachsen empor, und eine besondere Familie von Primaten richtet sich auf, um aufrecht zu leben. Was geschah in dieser sehr kurzen Zeitspanne, die zwei so radikal unterschiedliche Zeitalter trennt? Wurden mehrere Jahrzehnte lang zum Teil törichte Vermutungen angestellt, findet mittlerweile ein stichhaltiges und wohlbegründetes Szenario praktisch einmütige Zustimmung: Vor 65 Millionen Jahren stürzte ein Asteroid oder Komet auf die Erde.

Der Einschlag – den man möglicherweise vor kurzem im Meer bei Chicxulub im Golf von Mexiko gefunden hat – könnte das zerbrechliche atmosphärische Gleichgewicht unseres Planeten durcheinander gebracht haben. Der Aufprall schichtete möglicherweise ein Gebirge von 1000 Metern Höhe auf, verwüstete die amerikanischen Küsten und schleuderte Unmassen von Staub in die Atmosphäre, wodurch sich der Himmel für mehrere Jahre verdunkelte. Der Wärme und des Lichts beraubt, versank die Oberfläche der Erde in einer langen Winternacht, was für die meisten Pflanzen- und Tierarten fatale Folgen hatte. Die mittlere Temperatur an der Oberfläche des Bodens fiel von +20 auf –10 Grad Celsius, die Meere vereisten … Aus bisher noch unbekannten Gründen überlebten Vögel und Säugetiere diese Dezimierung und konnten von diesem Augenblick an den Planeten erobern. Neben ihnen überstanden, winzig und unauffällig, aber unendlich viel zahlreicher und widerstandsfähiger, die unempfindlichen Gliederfüßer und Insekten die großen geologischen Zyklen und Ausrottungen.

Unter den Plazentatieren, die in der afrikanischen Savanne lebten, erschien vor rund zwei Millionen Jahren der *Homo habilis* als Abkömmling einer langen Linie von Primaten, die sich bis auf das Ende des zweiten Erdzeitalters zurückdatieren läßt. Der *Homo habilis* verwendet im Unterschied zu seinen Vettern, den Großaffen des Pliozäns, und geschickter als sein Vorfahr, der *Australopithecus afarensis,* Werkzeuge und Waffen, die er aus Steinen und Ästen herstellt. Sein Nachkomme, der *Homo erectus,* zähmt das Feuer und erfindet die Sprache. Er breitet sich langsam über ganz Afrika und Asien aus und bringt schließlich vor einigen hunderttausend Jahren zu Beginn des Pleistozäns den *Homo sapiens* hervor. Zu diesem Zeitpunkt beginnen die großen Eiszeiten, die das Zeitalter des Quartärs eröffnen. Vor 50 000 Jahren jagt *Homo* das Mammut und das Wollnashorn, den Höhlenbär und den Säbelzahntiger. Er kleidet sich mit der Haut, die er ihnen abgezogen hat, lebt in Gesellschaft, führt den Totenkult ein und hebt die ersten Gräber aus. Er schmückt sich mit Elfenbeinschnitzereien und nimmt neuartige Beziehungen zur Natur auf. Die Jagd wird von den ersten religiösen Riten begleitet, die Jahreszeiten erhalten einen höheren Sinn, die Sonnenfinsternisse gelten als Zeichen, die Sterne als Verbündete. Im Schutz der Höhle von Lascaux oder am Ufer des Sees von Ouan Rechla bemalt und graviert *Homo* die Sandsteinwände. Da er sich seiner Existenz bewußt ist, entdeckt er die Angst vor dem Tod und äußert sie in einer erhabenen Kunst. Ohne es zu wissen, ist er zum Menschen mit einem reflektierten Bewußtsein geworden: *Homo sapiens sapiens.*

Die Erde hat sich in 4,55 Milliarden Jahren Entwicklung verändert. Sie ist ein lebender Planet, da sie geologisch sehr aktiv ist, doch sie ist es auch im Hinblick auf ihre komplexen und tiefgreifenden Beziehungen zu dem Leben, das sie selbst hervorgebracht hat. Das Leben veränderte die Atmosphäre der Erde grundlegend: Die primitiven Blaualgen, die über Millionen von Jahrhunderten die Stromatolithen erzeugten, reicherten die Luft auch mit Sauerstoff an; ihre Photosynthese gestattete es dem *Eusthenopteron* eines Tages, das Wasser zu verlassen. War die Erdatmosphäre früher, wie auf dem Mars und der Venus, reich an Kohlendioxid, so enthält sie davon heute weniger als ein Prozent. Dieses Gas mit dem Treibhauseffekt wird im wesentlichen von den Meeren, vom Karbonatgestein und den Pflanzen eingefangen, die es für ihr Wachstum benötigen und dabei Sauerstoff abgeben. Das Ergebnis dieser ausgeklügelten Beziehung zwischen der Atmosphäre, der Erde und dem pflanzlichen Leben ist eindrucksvoll: Die mittlere Temperatur an der Oberfläche unseres Planeten beträgt etwa +15 Grad Celsius. Ohne jegliche Atmosphäre würde das Thermometer –25 Grad anzeigen. Auf der Venus überschreitet die Temperatur 450 Grad Celsius, und auf dem Mars beträgt sie nahezu –60 Grad. Unter den irdischen Bedingungen ist der im ganzen Sonnensystem einmalige Kreislauf des Wassers ständig und praktisch überall wirksam. Das Wasser der Meere wird durch die Sonnenstrahlung erhitzt, es verdunstet und steigt in die Atmosphäre auf. Dort wird es dank einer allgemeinen West-Ost-Zirkulation zu den Landflächen transportiert. In den abgekühlten Wolken kondensiert der Wasserdampf zu Eiskristallen und Regentropfen. Von der Schwerkraft der Erde angezogen fällt das Wasser als Schnee oder Regen auf die Erde und versorgt den Boden und die auf ihm lebenden Wesen. Das Wasser beregnet die Ebenen, zieht Furchen durch die trockenen Plateaus und fließt, zunächst als Gletscher oder Wasserfall, in Flüssen und Strömen ins Meer zurück.

Das Leben modelliert die irdischen Landschaften; die Getreidefelder der Provence, der Amazonaswald, die Prärien von Montana bilden eine gleichförmige Schicht aus Humus und Erde, die fast alle Oberflächen der Kontinente bedeckt: lebendige Materie.

Zwar werden die atmosphärischen Bedingungen der Erde global von den großen kosmischen Zyklen bestimmt, doch das Klima unterliegt den jeweiligen lokalen topographischen Bedingungen. Die beiden Küsten Südamerikas – die atlantische und pazifische – unterscheiden sich radikal. Im Osten gibt es große, ständig feuchte, ursprüngliche Wälder. Im Westen liegt eine wüstenartige Küste, wo stellenweise niemals Regen fällt, zum Beispiel in der Wüste von Atacama. An der Küste Chiles ziehen eisige Strömungen entlang, die mit dem Humboldtstrom aus der Antarktis kommen. Der abgekühlte Pazifik verdunstet nicht, und nur wenige Meter hinter der von den Wellen umspülten, zerklüfteten Küste befindet sich die absolute Einöde. In Asien macht der Himalaya den Regen und das schöne Wetter. In jedem Jahr hält diese große Mauer nach dem Einzug des Sommers die Wolken des Indischen Ozeans auf und erzeugt den Monsun, der Millionen Quadratkilometer fruchtbar macht, aber auch den Tod sät, wenn die sintflutartigen Regenfälle von Wirbelstürmen herbeigebracht werden. Das Wasser überquert die Gebirgskette nicht, und nördlich der Himalayagipfel erstrecken sich Wüstensteppen, Hochebenen, in denen

Der schneebedeckte Gipfel des Vulkans Nevado Ojos del Salado, der mit seinen 6900 Metern die Wüste von Atacama überragt, aufgenommen vom Ufer der Laguna Verde. Das eisige Salzwasser der Lagune, an der sich gelegentlich einige wenige Flamingos einfinden, wird stellenweise von heißen Wasserquellen erwärmt.

Atacama: die Wüste der Wüsten, aufgenommen vom französischen Satelliten Spot. Das Bild zeigt das Gebiet um die Laguna Verde und den höchstgelegenen Vulkan des Planeten im Gebirgsmassiv Nevado Ojos del Salado. Zwischen 4500 und fast 7000 Metern Höhe gelegen, ist diese wilde Landschaft mit Ausnahme des Himalaya und des Pamir die höchste der Welt.

sich das karge Leben nur mühsam festklammert. Taklamakan und die Wüste Gobi werden noch mehrere Millionen Jahre auf den Regen warten. Er kommt, wenn die Namen Annapurna, Daulaghiri und Machhapuchhare vergessen sind.

Die Geschichte Europas aber wurde unter dem Einfluß der außergewöhnlichen Erwärmung im Golf von Mexiko geschrieben! Das warme Wasser des Golfstroms überquert den Atlantik, beeinflußt das Klima, und so werden Wärme und Kälte aus dem Tal des Guadalquivir über die südwestliche Bretagne oder das Périgord bis nach Flandern und selbst nach Spitzbergen getrieben, in unendlich verschiedenartige Landschaften mit ständig wechselnden Jahreszeiten.

Die geologischen Umwälzungen, das langsame Abtreiben der Kontinente, die sich erhebenden Gebirge waren es, die mit der Änderung des Klimas auch einen Wandel der lebenden Arten herbeiführten. Im Herzen der Sahara, wo einige einsame Akazien in den Sandwellen der Dünen verzweifelt gegen die Trockenheit kämpfen, verstecken sich Skorpione und Springmäuse in Grotten, deren Wände dekoriert sind. Vor zehntausend Jahren lebte dort der *Homo sapiens* und jagte Antilopen und Giraffen. Im Kambrium kroch an genau der gleichen Stelle der *Olenellus* aus dem Schlamm hervor. Tritt eine warme und feuchte Periode ein, entfalten sich die Pflanzen explosionsartig, begleitet von Milliarden Insekten. Setzt die Trockenheit ein, fallen die Reptilien über die Welt her. Kollidieren zwei lange Zeit getrennte Kontinente, geschieht eine bedeutende ökologische Umwälzung: Im Tertiär wurden die beiden Amerikas durch den Isthmus von Panama miteinander verbunden. Im Süden lebten die Beuteltiere, im Norden die Plazentatiere. Ein Zusammenprall zweier unterschiedlicher Versuche der Natur, dessen Ergebnis man heute kennt. Weit weg, im seit langem isolierten Australien, wird das Beuteltierexperiment erfolgreich fortgesetzt. Die grenzenlose genetische Verschwendung ermöglichte es über einen Zeitraum von 3,5 Milliarden Jahren, daß das Leben selbst bei größeren ökologischen Krisen niemals völlig verschwand. Indem die Natur aufs Geratewohl Mutanten erzeugt, deren Lebensfähigkeit ungewiß ist, folgt sie blind den Zufällen der Geschichte. Trotzdem gibt sie gelegentlich auf: Der Kontinent Antarktis verschob sich über den Indischen Ozean zum Südpol und machte in dieser Hinsicht etwas Einmaliges mit. Sein Klima wurde langsam ultrakontinental mit absoluter Trockenheit und Kälte. Hier hob das Leben den Fehdehandschuh nicht auf: Fauna und Flora sind tot, unter Kilometern von Eis vergraben, und heute hält sich nur eine kleine Vogelkolonie an der Küste der Antarktis – und ein paar Dutzend *Homo sapiens sapiens*.

Der Mensch ist wie der *Archaeopteryx* oder der *Triceratops* ein unvorhergesehener Zufall der Erdgeschichte und nicht die unvermeidliche Konsequenz der Gesetze der Physik. Die Geschichte der Sterne und Galaxien ist mit ihrer Geburt bereits geschrieben, und man kann voraussagen, wann und wie sie geboren werden, sich entwickeln und erlöschen. Die Geschichte der Erde ist einmalig, ihre Zukunft nicht vorhersehbar; das chaotische Spiel der Schollentektonik und des Klimamechanismus, die Zufälle des Lebens, das Spiel der natürlichen Selektion und der Anpassung, der tödliche Tanz der Asteroiden über unseren Köpfen lassen das Feld der Möglichkeiten offen. Heute hat der Mensch, jedoch nur scheinbar, die Spielregeln geändert. Er verwandelt – lange Zeit unbewußt – die Landschaften, dezimiert Flora und Fauna, bringt die Ökologie durcheinander und leitet damit schleichende, aber möglicherweise tiefgreifende und endgültige Veränderungen des Klimas ein. Herr – ohne Vernunft? – über seinen Planeten, ist er doch nicht Herr über sein Schicksal. Niemand kann heute das Ergebnis eines in der ganzen Geschichte der Erde einmaligen exponentiellen Wachstums einer Bevölkerung voraussehen, deren Energieverbrauch tausendmal, ja sogar millionenmal höher ist als der jeder anderen Spezies. Im Verborgenen widersteht einer der größten Erfolge der Natur, der Stamm der Gliederfüßer, unseren Industrien, chemischen Kriegen, nuklearen Unfällen und der Umweltverschmutzung. Mit einer Million Arten – das heißt Tausenden von Milliarden Individuen mit einer unglaublichen Reproduktionsrate, die für eine gewaltige genetische Variationsbreite sorgt – verfügt allein die Ordnung der Insekten über einen quasi unendlichen Vorrat an Leben. Müßte man trotz allem die Zukunft der Erde vorhersagen, so könnte man versuchen, einen Tagesanbruch im Jahre 5 000 000 000 zu schildern. Im Osten eines nur noch von Insekten bevölkerten Planeten, auf dem die Erinnerung an die Menschheit längst erloschen ist, geht die rote, den Horizont ausfüllende Flammenkugel der Sonne ein letztes Mal auf, bevor sie in einem Blitz unseren kleinen Planeten und seinen Satelliten wegbläst und die hübsche, blaue Schale wie einen Nebelfetzen in den Weltraum hinausschleudert.

Das größte Observatorium der Erde befindet sich in einer Höhe von 4200 Metern auf dem Gipfel des Vulkans Mauna Kea auf Hawaii. Am 11. Juli 1991 vereinigten sich dort Mond und Sonne, hielten einen Augenblick inne und boten den Astronomen das erhabenste Schauspiel der Natur.

Die Sichel der Erde. Terminator heißt die Trennlinie zwischen Schatten und Licht, Tag und Nacht, die fortwährend über unseren Planeten läuft. Südamerika liegt hier bei Tagesanbruch von Wolken verhüllt, und die Sonne wird gleich ihre ersten Strahlen auf die Osterinsel werfen, ehe sie die verlassenen Weiten des Südpazifiks erhellt.

Der Mond:

Expedition zum Nachbarn

Eine wüstenartige Oberfläche, bedeckt von alten Meeren erstarrter Lava und durchlöchert von Meteoriteneinschlägen: so erscheint der Mond von der Luke eines Raumschiffes aus. Auf diesem Foto ist das Gebiet der Zentralbucht zu sehen, im Vordergrund der Krater Triesnecker und seine berühmten Spalten. Im Hintergrund liegt das Netz kleinerer Krater der Hyginus-Rille, einer Mondformation, die von der Erde aus zu sehen ist.

Die Erforschung der anderen Welten hat bereits begonnen. Über drei Milliarden Jahre nach seiner Entstehung auf der Erde verließ das Leben seinen Herkunftsplaneten: Zwölf Menschen betraten den Mond.

Eine Aschenlandschaft, soweit das Auge reicht. Eine Art grauer Sand bedeckt alles, die öde Ebene, in der wir uns befinden, sowie die großen Berge mit den weiblichen Formen, die den Horizont begrenzen und deren Höhe sich nicht bestimmen läßt. Hier und da liegen einige dunkle, halb verschüttete Basaltfelsen auf dem Boden. Ein Panorama ohne Dimensionen und ohne Anhaltspunkte: Hier gibt es keinerlei Möglichkeit, seine Position zu bestimmen. Das vollständige Fehlen einer Atmosphäre rückt die Objekte seltsam nahe, die starke Krümmung des Gestirns schränkt die Sichtweite ein. Der Himmel ist samtschwarz. Die Aschenwüste ist von stumpfen Einschlagskratern durchlöchert. Dieser viel zu leere Ort sieht künstlich aus. Die von Fußspuren gezeichnete Gipslandschaft mit dem ungewöhnlich nahen Horizont und die unbeweglichen Himmelskörper am wolkenlosen Himmel erinnern an eine Szene aus einem Science-fiction-Film.

Ein Element der Landschaft aber ist verwirrend, es ist real und wahrhaftig, ja sogar ergreifend: dieser über den eintönigen Hügeln hängende große Wassertropfen, diese leuchtend blaue Kugel am Himmel scheint sehr lebendig zu sein. Die weißen Wolken, die über sie hinziehen, ihre Meere verhüllen, an ihren Gebirgsketten hängenbleiben, drehen sich und zerfasern langsam. Nichts auf dieser Welt ähnelt diesem schimmernden Gebilde in seiner ergreifenden Schönheit und Zerbrechlichkeit: ein lebender Planet am Himmel eines toten Planeten.

Wir befinden uns auf dem Mond, etwa 380 000 Kilometer von der Erde entfernt. Ein Himmelskörper ohne Leben, ohne Jahreszeiten, ohne Atmosphäre. Die den Strahlen der Sonne ausgesetzten Felsen erreichen eine Temperatur von 125 Grad Celsius. Wenige Dutzend Meter weiter ist die im Schatten der Berge liegende Asche auf –175 Grad Celsius gefroren. Der körnige, dicke Staub, der die ganze Mondoberfläche bedeckt, wurde hier, am Fuß der Montes Apenninus, bewegt, umgeschichtet. Im grauen Sand finden sich Fußspuren. Jemand ist über diese tote Welt gegangen. Ein zweifüßiges Wesen lief durch diese Täler, Krater und über die Berge. Jemand, der nicht auf diesem Planeten zu Hause ist, ein Fremder ging hier spazieren. Science-fiction?

Nein: Zwölf Menschen, die vom Nachbarplaneten kamen, haben den Mond tatsächlich betreten. Im Maßstab des Sonnensystems ein Katzensprung, ein gewaltiger Schritt jedoch für den Menschen, der zum ersten Mal in seiner langen

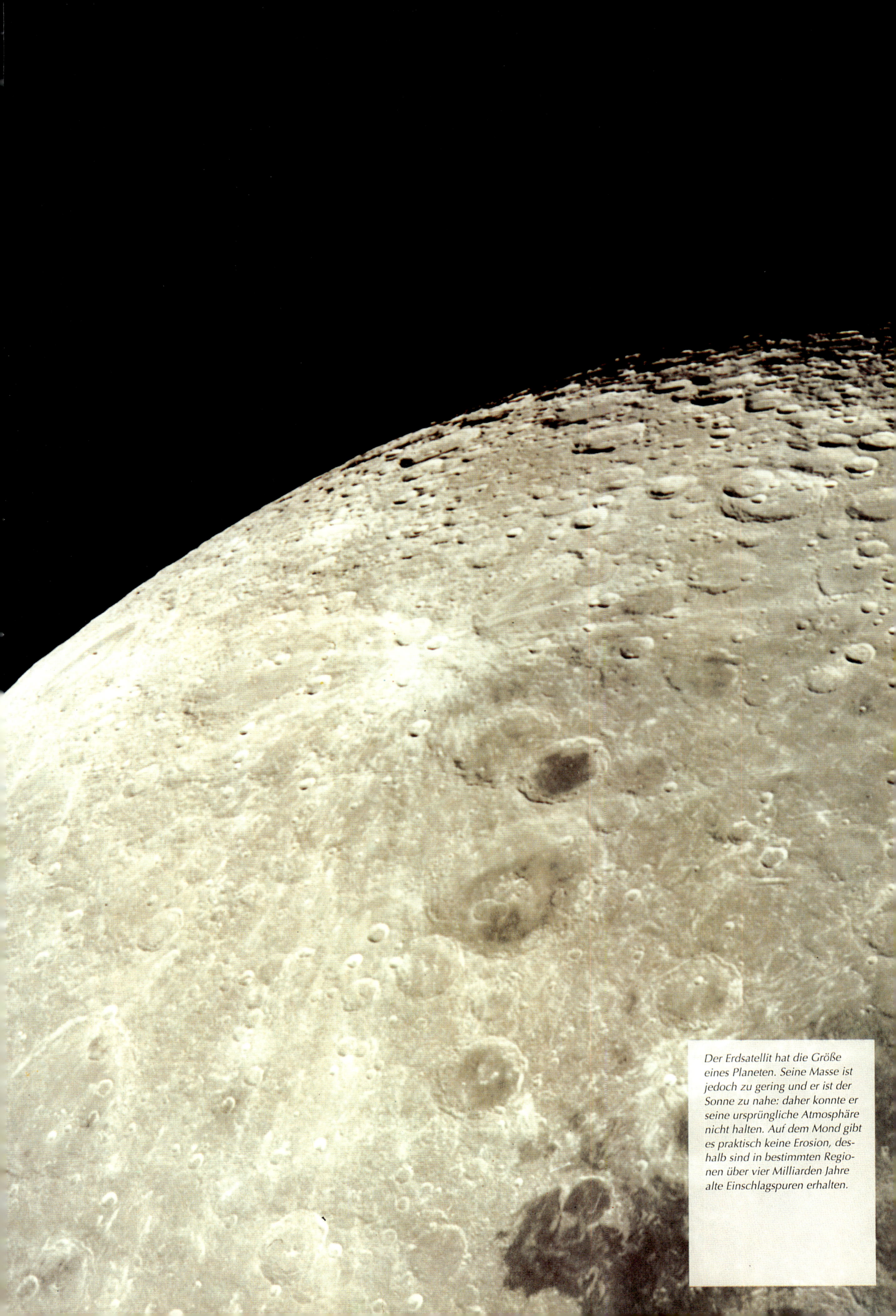

Der Erdsatellit hat die Größe eines Planeten. Seine Masse ist jedoch zu gering und er ist der Sonne zu nahe: daher konnte er seine ursprüngliche Atmosphäre nicht halten. Auf dem Mond gibt es praktisch keine Erosion, deshalb sind in bestimmten Regionen über vier Milliarden Jahre alte Einschlagspuren erhalten.

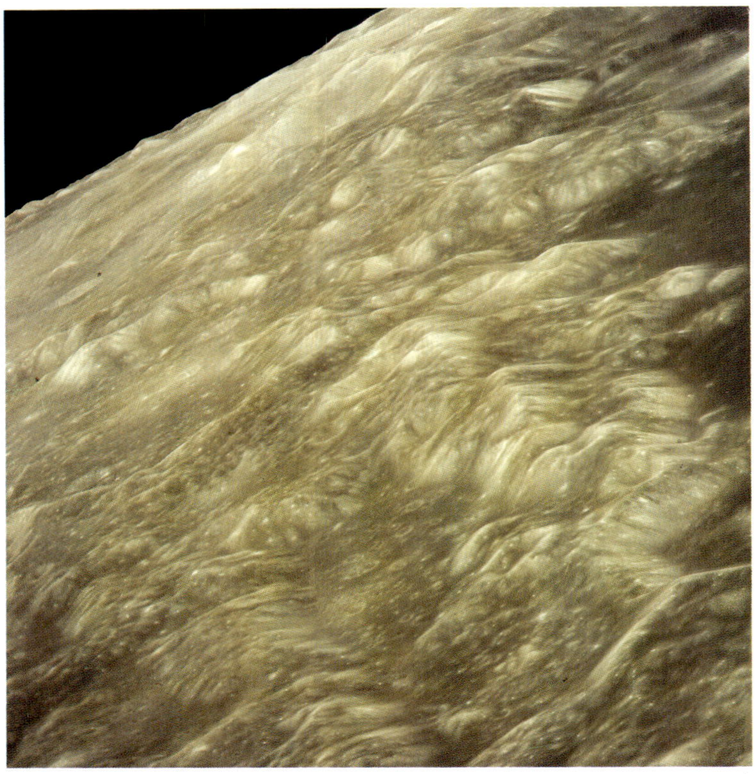

Die Gebirge des Mondes haben sehr weiche Formen, können jedoch eine Höhe von mehreren Kilometern erreichen. Auf diesem Foto, das die Astronauten von Apollo 17 bei der Umkreisung des Mondes machten, ist das Mondprofil aufgrund des fehlenden Schlagschattens abgemildert. Bei einer aufmerksamen Untersuchung lassen sich jedoch tausendfache Spuren von Einschlagskratern entdecken.

Geschichte seine Erdgebundenheit hinter sich ließ und den Horizont seines Planeten überwand. Nachdem vor 3,5 Milliarden Jahren Leben auf der Erde entstanden war, verließ es seine Wiege nach einer langen, stürmischen Geschichte und ging fort, um das Universum zu entdecken. Diese außerirdischen Expeditionen fanden zwischen 1969 und 1972 in sechs aufeinanderfolgenden Etappen statt. Da sie äußerst kompliziert und vor allen Dingen viel zu teuer waren, kam es nicht zur Errichtung einer wissenschaftlichen Basisstation oder gar zur Kolonisierung des Mondes: Seit dem 14. Dezember 1972, seit mehr als zwanzig Jahren also, hat dieser die Schritte des Menschen auf seinem Boden nicht wieder vernommen.

Der Mond ist der einzige natürliche Satellit der Erde. Sein Durchmesser beträgt 3476 Kilometer, er kreist auf einer langen, ellipsenförmigen Umlaufbahn von etwa 2,4 Millionen Kilometern in etwas mehr als 27 Tagen um unseren Planeten. Im erdnahsten Punkt seines Orbits, dem Perigäum, ist er 353 880 Kilometer vom Mittelpunkt der Erde entfernt. 421 690 Kilometer trennen ihn davon beim größten Abstand, dem Apogäum. Er ist viel leichter als die erdnahen Planeten, seine Dichte hat einen Wert von 3,34 Gramm pro Kubikzentimeter, während die des Merkur 5,45 beträgt, die der Venus 5,25 und die der Erde schließlich 5,52. Seine Masse ($7{,}350 \cdot 10^{25}$g) ist vergleichsweise gering: Erst 81 Mondkugeln hätten – zusammengenommen – soviel Masse, wären so schwer wie die Erde. Aufgrund seiner Masse und seiner physikalisch-chemischen Eigenschaften kann man den Mond im großen und ganzen als Planeten betrachten. Unter den Himmelskörpern des Sonnensystems nimmt er in bezug auf seine Größe den 13. Rang ein. Seine Masse ist fast fünfmal größer als die des Pluto und nur 4,5mal kleiner als die des Merkur. Außerdem kann man den Mond auch mit den anderen Satelliten des Sonnensystems vergleichen: beispielsweise mit Io, Europa, Ganymed, Kallisto, Titan und Triton, die um die Planeten Jupiter, Saturn und Neptun kreisen. Ihr Durchmesser (zwischen 3640 und 5280 Kilometern) ist etwa mit dem des Mondes identisch beziehungsweise übertrifft diesen in einigen Fällen; ihre Dichte (zwischen 1,80 und 3,53 Gramm pro Kubikzentimeter) ist in der Mehrzahl der Fälle niedriger, und auch ihre Masse ist vergleichbar.

Dennoch ist der Mond im Sonnensystem ein Himmelskörper besonderer Art: Im Gegensatz zu den anderen großen Satelliten ist er im wesentlichen felsig; es gibt dort weder Wasser noch Eis, weder auf der Oberfläche noch im Boden. Vor allem aber bildet er aufgrund seiner Masse zusammen mit der Erde ein einzigartiges Planetenpaar im Sonnensystem (sofern man vom äußerst seltsamen Fall Pluto-Charon einmal absieht). Alle großen, oben erwähnten Satelliten gehören nämlich zu Planeten, deren Masse 500- bis 40 000mal größer ist. Im Vergleich zu Jupiter und Saturn sind Io und Titan winzige Steinchen. Die Wirkung ihrer Schwerkraft auf ihren Mutterplaneten ist daher praktisch gleich Null. Dagegen entfallen auf den Mond – nur 3,6mal kleiner als die Erde bei einer 81mal geringeren Masse – 83 Prozent

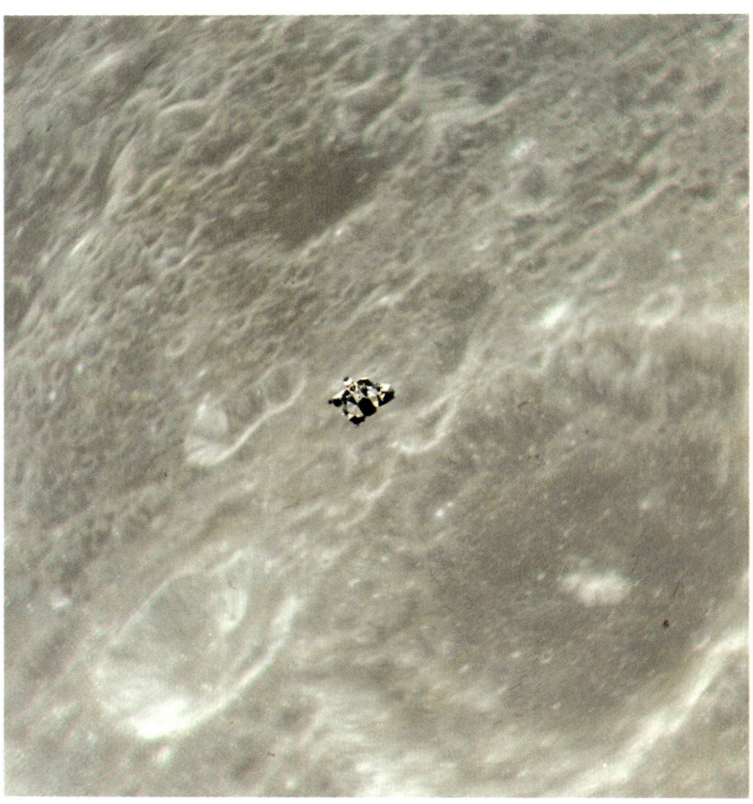

Rendezvous auf der Umlaufbahn des Mondes. Durch ein Bullauge seiner Raumkapsel fotografiert Thomas Mattingly die Mondfähre seiner beiden Gefährten, die das Glück hatten, drei Tage lang über die Hochebenen beim Krater Descartes zu laufen. John Young und Charles Duke setzen gerade dazu an, am Raumschiff festzumachen, das sie zur Erde zurückbringt.

Während des Mondfluges von Apollo 11 fotografierten die Astronauten den Satelliten der Erde. Die großen, dunklen Meere auf der Aufnahme sind in Wirklichkeit weite und eintönige Ebenen aus erstarrter Lava. Die jüngsten Krater sind sternförmig von sehr hellen Strichen umgeben und zeugen von der Wucht der Einschläge in diese atmosphärelose Welt.

des gesamten Drehimpulses des Paares. Der Mond ist also keineswegs nur ein Satellit, der um einen Planeten kreist, vielmehr muß man das System Erde-Mond als Doppelplanet ansehen.

Der Mond ist der Erde sehr nahe und wird vom Gravitationsfeld seiner massiven Nachbarin stark beeinflußt. So wurde seine Rotation durch die starke irdische Anziehungskraft gebremst und stellte sich dann genau auf die Umlaufzeit ein. Seitdem wendet der Mond der Erde stets dieselbe Seite zu. Allerdings übt er auf unseren Planeten eine nicht zu unterschätzende Anziehungskraft aus; indem er die Meere buchstäblich verlagert, ruft er die Gezeiten hervor. Das Wechselspiel der Schwerkraft zwischen den beiden Himmelskörpern hat sehr langfristige Auswirkungen. So wirkt die ständige Bewegung von Millionen von Milliarden Tonnen Wassers durch die Gezeiten der Meere wie eine mechanische Reibung und führt zu einem Energieverlust unseres Planeten: Die Drehung der Erde um sich selbst verlangsamt sich unmerklich! Paläontologen untersuchten die Wachstumslinien fossiler, aus der Urzeit stammender Korallen und Muscheln auf der Erde und bestätigten diese Verlangsamung. Sie fanden heraus, daß die Tageslänge zu Beginn des Paläozoikums, also vor rund 600 Millionen Jahren, weniger als 24 Stunden betrug. Das Erdenjahr seinerseits zählte damals mehr als 400 Tage. Dieser Energieverlust durch die Gezeiten hat auch zur Konsequenz, daß sich der Mond immer weiter von uns entfernt, zur Zeit mit einer Geschwindigkeit von mehreren Zentimetern pro Jahr. Zu

Im Dezember 1972, vor über zwanzig Jahren, landete der seltsame, bizarr geformte Silberkäfer, der vom Planeten Erde kam, ein letztes Mal auf dem Mond. Die Mondfähre und ihre Besatzung blieben etwas mehr als drei Tage im Tal Taurus Littrow, am Rande des Meeres der Heiterkeit, bei 30° 45´ östlicher Länge und 20° 10´ nördlicher Breite.

Beginn der Urzeit sahen die ersten Lebewesen, die das Wasser verließen, um das Land zu erobern, am Himmel einen Mond, der nur halb so weit weg war wie heute.

30. Juli 1971, gegen Ende des Nachmittags, am Fuß der Apenninen, bei 3° 39´ ö. L. und 26° 6´ n. Br. Die Astronauten machen sich bereit, ihr Raumschiff zu verlassen, um das Gelände der großen Bergkette zu untersuchen. Es ist die bei weitem spektakulärste aller Mondmissionen. Denn zum ersten Mal setzten die Astronauten ihre Landefähre in einem sehr hügeligen Gebiet ab. David Scott und James Irwin untersuchen den kurvigen Lauf eines alten Lavastroms und legen mit ihrem Geländefahrzeug ungefähr 28 Kilometer zurück. Vor ihnen hatten die Astronauten Neil Armstrong und Edwin Aldrin am 20. Juli 1969 in der monotonen Wüste des Meeres der Ruhe die ersten historischen Schritte um die Landefähre ihres Raumschiffs Apollo 11 gemacht, ehe sie 21 Stunden später wieder zur Kommandokapsel von Apollo 11 zurückkehrten. Im November 1969 landeten Alan Bean und Charles Conrad ihre Mondfähre im Ozean der Stürme, nur wenige Dutzend Meter von der Raumsonde Surveyor 3 entfernt, die zwei Jahre vorher auf den Mond geschickt worden war. Da die Mission von Apollo 13 gescheitert war, warteten Alan Shepard und Edgar Mitchell auf den 5. Februar 1971, um einen neuen Ort, nicht weit vom Krater Fra Mauro und nur 100 Kilometer östlich von Apollo 12, zu untersuchen.

David Scott und James Irwin erleben an ihrem Standort bei den Apenninen einzigartige Augenblicke. Sie halten ihr

Als Harrison Schmitt, der Geologe der Mission Apollo 17, mit seinem elektrischen Jeep durch die Mondwüste fuhr, tat er es den Forschern auf der Erde gleich, die sich mit Geländefahrzeugen in die Wüsten Atacama oder Taklamakan begeben. Nachdem er die Proben gesammelt hat, stellt er hier gerade das Mondgestein auf dem kleinen Fahrzeug ab.

Fahrzeug am Rand des kleinen Kraters Saint-George an, um einige Bodenproben zu sammeln. Da der Mond keine Atmosphäre hat, haben die Astronauten eine umfangreiche und sehr schwere Überlebensausrüstung mitgenommen. Ihr Raumanzug ist beheizt und mit Druckausgleich versehen. Aus einer Flasche, die sie auf dem Rücken tragen, werden sie mit irdischem Sauerstoff versorgt. Der Anzug ist solide, wenig geschmeidig, aber außerordentlich widerstandsfähig und außerdem sehr schwer. Ihr Helm hat ein mit feinem Gold bedampftes Visier, das ihre Augen vor der unerträglichen Sonnenstrahlung schützen soll. Mit dieser Ausrüstung wogen die Astronauten beim Training auf der Erde etwa 200 Kilogramm und waren nicht in der Lage, die kleinste Bewegung zu machen. Glücklicherweise ist die Schwerkraft auf dem Mond sechsmal schwächer als auf der Erde, und hier wiegen James Irwin und David Scott nicht mehr als ... 35 Kilogramm! Zwar ist ihr Gewicht beträchtlich reduziert, doch ihre Masse bleibt genau die gleiche. Behindert von einer enormen Trägheitskraft, müssen sie nämlich das Gehen neu lernen: weil ihr steifer Raumanzug keine sehr präzisen Bewegungen zuläßt, ist ihr Gang unbeholfen und vorsichtig. Um sich schneller fortzubewegen, hüpfen James und David in kleinen Sprüngen fast wie Känguruhs vorwärts.

Nach den phantastischen Landschaften der Apenninen entdecken die Astronauten von Apollo 16 im April 1972 das hochgelegene Gelände um den Krater Descartes. Charles Duke und John Young untersuchen ein Plateau, das 7800

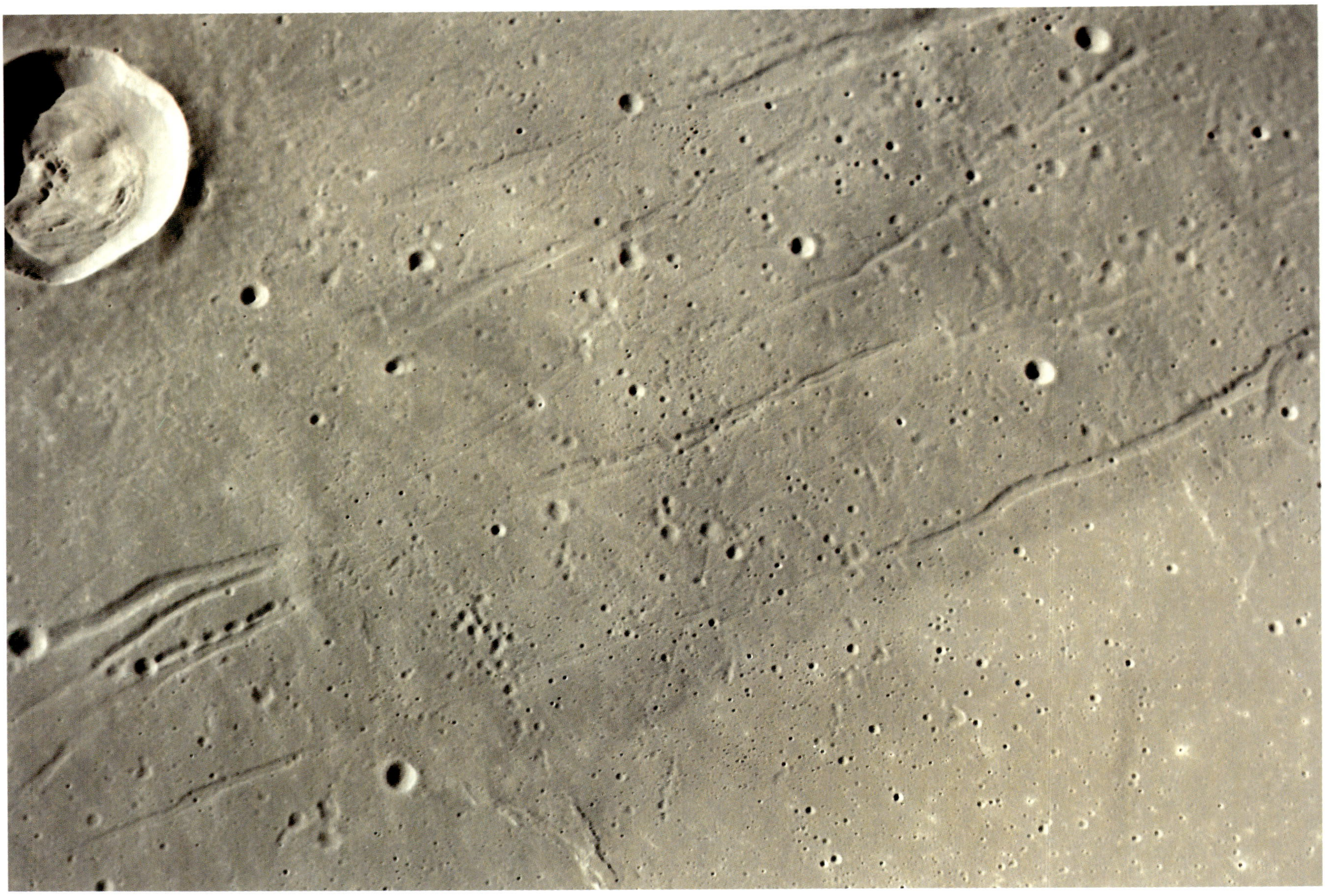

Die Mondmeere erscheinen von der Erde aus stellenweise fast glatt und ohne Profil. Als die Astronauten der Apollo-Missionen den Mond jedoch in geringer Höhe überflogen, konnten sie Aufnahmen machen, die Einzelheiten dieser Basaltebenen zeigen: Sie sind von zahllosen, winzigen Kratern durchlöchert, ein Beweis dafür, daß sie viel jünger sind als die alten Kontinente.

Meter über dem mittleren Niveau der Mondmeere liegt. Da die Mondmissionen Apollo 18, 19 und 20 mangels Geld und öffentlichen Interesses gestrichen werden, beenden die Astronauten von Apollo 17 im Dezember 1972 den Ausflug des Menschen auf den Mond.

Der Sonnenuntergang in den Apenninen dauert an diesem Abend, lange nach dem Abflug von Apollo 15 zur Erde, einige Dutzend Minuten: Der Mondtag hat fast die Länge eines Erdmonats. Hoch am Himmel erleuchtet die Erde die Landschaft mit einem blauen, unwirklichen Licht. Es ist nicht wirklich Nacht: Der blaue Planet, der hier viermal größer aussieht als der Mond, den wir von der Erde aus betrachten, sorgt für eine helle Beleuchtung, zehnmal stärker als das Licht des Vollmondes, so wie wir es kennen. Die Sterne ziehen unmerklich über den Himmel, doch unser Planet bleibt fest an demselben Platz, unbeirrt von dem langsamen Schwenken des Himmelsgewölbes. Die Drehung des Mondes um sich selbst richtet sich genau nach seinem Umlauf um die Erde. Von dieser aus betrachtet, zeigt jener nur eine seiner beiden Hemisphären; und natürlich ist auch die Erde niemals von der verborgenen Seite des Mondes aus sichtbar, dem einzigen Ort, an dem es auf unserem Satelliten nach einem Sonnenuntergang schwarze Nacht werden kann. Nebenbei bemerkt, diese verborgene Seite weckt das Interesse der Astronomen, die dort einen idealen Standort für ein Observatorium sehen, vielleicht sogar die beste Stelle für astronomische Beobachtungen im ganzen Sonnensystem.

Das Apenninengebirge ist die schönste Bergformation des Mondes. Es besteht aus mehreren tausend einzelnen Gipfeln und bildet einen Kreisbogen mit einer Länge von 650 Kilometern. Das Panorama im Gebiet der Apenninen erinnert an das der Hochebene der Anden oder auch an bestimmte Landschaften auf Hawaii oder im Zentralmassiv Frankreichs. Die Bergspitzen haben ein sehr weiches Relief, ein leichtes Gefälle, abgerundete Formen, wie uralte Vulkane auf der Erde. Ihre Höhe kann im Verhältnis zur sie umgebenden Ebene beträchtlich sein, obgleich sie mangels Atmosphäre und mangels Anhaltspunkten unauffälligen Hügeln gleichen. Hier, an der Landestelle von Apollo 15, befinden wir uns an den Hängen des Hadley-Berges, der so hoch ist wie der Montblanc (4800 Meter). Einige Dutzend Kilometer weiter südlich erhebt sich der über 5500 Meter hohe Huygens-Berg. Am Südpol des Mondes, der letzten Terra incognita dieses Planeten, erreichen die Berge Dörfel und Leibniz eine Höhe von vielleicht 9000 Metern. Dies sind die höchsten Berge des Mondes. Die Gipfel des Mondes oder die großen Bergmassive wurden hier nicht wie auf Venus, Erde und Mars von tektonischen Bewegungen oder »heißen Flecken« hervorgerufen. Die Apenninen sowie die (Mond)alpen, die ihre nördliche Verlängerung bilden, stellen vielmehr Überreste eines Einschlags dar. Nach seiner Entstehung – die, wie wir sehen werden, eines der größten Geheimnisse des Sonnensystems ist – lag der Mond unter einem starken Beschuß durch Meteoriten, der damals alle Planeten traf. Wegen der Wärme, die durch die Zusammenballung seiner Felsen abgegeben wurde, und wegen der Aktivität radioaktiver Elemente mit kurzer Halbwertszeit war die Oberfläche des Mondes zweifellos schmelzflüssig, und er besaß zu dieser Zeit wahrscheinlich eine Atmosphäre. Danach kühlte der Mond allmählich ab, während sich an

Noch im Schatten der Nacht liegt zwischen Meer und Mondgebirge dieser sehr tiefe Krater von einigen Kilometern Durchmesser. Rechts davon befindet sich ein winziger Krater mit deutlichem Rand in der Mitte eines hellen Hofes. Es handelt sich um einen Einschlag, der höchstens wenige Dutzend Millionen Jahre alt ist. Direkt oberhalb dieses Kraters ist ein alter Lavastrom zu sehen.

In der grauen Wüste, die das Meer der Heiterkeit umgibt, auf einem Gestirn ohne Atmosphäre, auf dem niemals Leben entstand, geht ein Besucher aus der Fremde spazieren. Eines Tages werden seine Mitmenschen vielleicht hierher zurückkehren, um riesige Teleskope zu installieren, mit denen man bei ewig schwarzem Himmel die Grenzen des Universums untersuchen kann.

Harrison Schmitt hat seinen Jeep am leicht geneigten Hang eines Berges geparkt. Überall ist die Mondasche von Felsbrocken jeder Größe bedeckt, steinernen Zeugen eines ehemaligen Einschlags, dessen Trümmer über das Gelände von Taurus Littrow geschleudert wurden. Am vorderen Teil des Fahrzeugs ist die Antenne, über die der Astronaut mit der Erde kommuniziert, wie ein aufgespannter Sonnenschirm zum Himmel gerichtet.

seiner Oberfläche eine feste Kruste bildete und seine ursprüngliche Atmosphäre in den Weltraum entschwand. Die Mondkruste aus Basaltfelsen und Anorthositgestein geringer Dichte ist durchschnittlich 70 Kilometer dick und liegt über einer dichteren und härteren Schale. Wir wissen noch immer nicht, ob unser Satellit wie Merkur, Venus, Erde und Mars einen Metallkern hat.

Kaum war vor rund 4,4 Milliarden Jahren die Kruste des Mondes erkaltet und hart, wurde seine Oberfläche ständig von Meteoriten bombardiert und umgestaltet. Die bedeutendsten und zeitlich letzten Einschläge rühren ohne Zweifel von Asteroiden mit einem Durchmesser von mehreren Dutzend Kilometern her; diese hoben vor vier Milliarden Jahren die noch heute sichtbaren Becken aus: das Meer der Gefahren, das Meer der Heiterkeit und vor allem das größte der Becken, das Regenmeer, dessen Durchmesser etwa 1200 Kilometer beträgt.

Der furchtbare Aufprall im Meer des Regens errichtete die Ketten der Alpen und der Apenninen mit 5000 beziehungsweise 6000 Meter hohen Wällen. Diese außergewöhnlich langlebigen Gebirge sind noch immer da, die eigentliche Einschlagstelle aber versank vor etwa 3,8 Milliarden Jahren vollständig in einem wahren Lavameer, das aus den Tiefen des Mondes emporquoll und durch die vorübergehende radioaktive Erwärmung des Schalengesteins gespeist wurde. Dank dieser spektakulären Episode, in der die Lavameere des Mondes gebildet wurden, eines der Hauptkennzeichen des Erdsatelliten, können wir nachts auf seiner alabasterweißen Scheibe die traurigen, fragenden oder nachdenklichen Gesichtszüge eines bleichen Clowns erkennen. Der Ozean aus Magma bedeckte zum Schluß alle niedrig gelegenen Flächen des Mondes, das sind 20 Prozent seiner Gesamtoberfläche, und ist dann allmählich erstarrt.

Ein letzter Schritt in der Asche des Mondes, und die Astronauten von Apollo 17 fliegen zur Erde zurück. Diese Spur einer lebenden Spezies auf dem Mond wird noch Millionen Jahre überdauern.

An einigen Stellen zeugen kleine Vulkankuppen mit einem Durchmesser von 10 bis 25 Kilometern und einer Höhe von einigen hundert Metern, die von winzigen Kesseln durchbrochen sind, von der ehemaligen, nunmehr beendeten vulkanischen Aktivität unseres Satelliten. Anderswo ist der kurvige Lauf alter Lavaströme noch immer sichtbar. Die Lavameere aus der Urzeit des Mondes überschwemmten an einigen Stellen teilweise ältere Formationen, die seltsam aus den dunklen Ebenen herausragen. Hier taucht die ehemalige zentrale Spitze eines Kraters, 1000 Meter hoch, einsam aus dem erstarrten Lavameer auf. Dort zeichnen die Wälle alter Einschläge im Ozean der Stürme perfekte Kreise. Die dunklen, ebenen und gleichmäßigen Basaltmeere sind überzogen von winzigen Einschlägen offensichtlich jüngeren Datums. Sie sind Zeichen einer permanenten Meteoritenaktivität im Sonnensystem, deuten aber auch auf eine nachlassende Häufigkeit der Einschläge sowie eine ständig abnehmende Größe der einschlagenden Körper hin. Die großen Krater in den Mondmeeren sind selten und wurden vor 2,8 bis 3,8 Milliarden Jahren geformt.

Die letzten verheerenden Aufschläge auf dem Mond, bei denen die Krater Kepler, Tycho und Kopernikus entstanden, sind rund eine Milliarde Jahre alt. Kopernikus ist ein eindrucksvoller Kessel mit einem Durchmesser von 90 Kilometern, dessen zentrale Spitze eine Höhe von 1200 Metern erreicht. Seine stufenförmigen Wälle ragen 3800 Meter hoch. Daß dieser Krater relativ jung ist, beweist das ausgeworfene Material, das in den Ozean der Stürme geschleudert wurde und sich dort niederschlug: Noch immer ist es sehr gut zu erkennen, denn es bedeckt die schwarze Lava mit einer dünnen Ablagerung aus weißem Staub. Mit Ausnahme dieser letzten großen Einschläge zeigt der Mond heute dasselbe Gesicht wie vor drei Milliarden Jahren: Er ist eine geologisch tote Welt. Im Gegensatz zu den Meeren, jungen und niedrig gelegenen, mit dunklem Material gefüllten Flächen, bezeichnet man die sehr alten, hohen und hellen Regionen, die 80 Prozent der Mondoberfläche ausmachen, als Kontinente. Sie bilden ein Durcheinander aus unzähligen Einschlagskratern, die einander bis zur Unkenntlichkeit überlappen. In den ältesten, über vier Milliarden Jahre alten Gebieten

Die Erde vom Äquator des Mondes aus gesehen. Fast viermal größer als der Mond, den wir von der Erde aus sehen, taucht sie die Landschaft in ein intensives Licht. Diese im Raum schwebende Kugel des Lebens steht

findet man nur noch unzusammenhängende Anhäufungen von Bergen. Die Mondkontinente sind ein Beweis für die turbulente Entstehung des Sonnensystems.

14. Dezember 1972: Eugene Cernan und Harrison Schmitt sind – vorerst – die letzten Menschen, die den Mond betreten. Sie steigen langsam die Metalleiter hoch, die zur Schleuse der Mondkapsel von Apollo 17 führt. Um sie herum liegt das Tal Taurus Littrow am Rand des Meeres der Heiterkeit, bei 30° 45´ ö. L. und 20° 10´ n. Br. Harrison Schmitt ist Geologe: Als erster und letzter Vertreter der wissenschaftlichen Welt auf dem Mond trägt er alle Hoffnungen der Planetologen, die den Ursprung unseres Satelliten erkennen möchten. Apollo 17 bleibt etwas mehr als drei Tage im Tal Taurus Littrow, und an Bord seines elektrischen Geländefahrzeugs legt der amerikanische Geologe etwa 34 Kilometer in der Mondasche zurück. Während der Rückreise zur Erde fragt er sich: Wird man mit den Proben des Mondgesteins, die er äußerst sorgfältig gesammelt hat, den Schleier über der Entstehung des Erdtrabanten lüften können?

Zwanzig Jahre später wissen wir, daß dies nicht der Fall war, obwohl 25 Milliarden Dollar ausgegeben wurden, um zwölf Menschen auf den Mond zu schicken, die insgesamt 385 Kilogramm Mondgestein zur Erde brachten: Zwar versteht man die 4,5 Milliarden Jahre dauernde Entwicklung des Mondes ganz gut, doch niemand weiß bisher, wo und wie der kleine Erdtrabant entstand. Heute streitet man noch immer über drei Hypothesen. Zunächst die des Doppelplaneten: Erde und Mond sollen sich beim Werden des Sonnensystems gemeinsam per Akkretion gebildet haben. Diese bestechende Theorie hält der Analyse kaum stand: Nach Meinung der Mehrzahl der Planetologen unterscheiden sich die beiden Himmelskörper in ihrer chemischen Zusammensetzung zu sehr, als daß sie aus demselben interplanetaren »Teig« hätten geformt werden können. Das zweite Modell zieht in Betracht, daß der Mond von der Erde eingefangen wurde. Vor rund 4,5 Milliarden Jahren kreuzte die Mondbahn die der Erde, und diese sei von ihrer Bahn abgewichen, bevor sie den Mond eingefangen habe. Auch in diesem Fall sieht sich die Mehrzahl der Planetologen aufgrund der Kenntnis physikalisch-chemischer und mechanischer Zusammenhänge dazu veranlaßt, diese Hypothese zu verwerfen. Nach Meinung von Spezialisten der Himmelsmechanik müßten nämlich die Umlauf-

vollkommen unbeweglich am dunklen Himmel. Sie geht niemals auf noch jemals unter, doch da sie sich an einem Tag um sich selbst dreht, enthüllt sie langsam ihre Ozeane und Kontinente: hier der Pazifik und Australien.

bahnen der beiden Himmelskörper anfangs sehr nahe beieinander liegen, damit ein Körper von der Masse des Mondes von einem Körper eingefangen werden könnte, dessen Masse nur 81mal größer ist: Das wirft erneut das oben bereits dargelegte Problem der unterschiedlichen chemischen Zusammensetzung von Erde und Mond auf.

Die letzte Hypothese, die eindrucksvollste, wird von den Planetologen zugleich am ernsthaftesten in Betracht gezogen. Bei der Entstehung des Sonnensystems könnte die gerade sich bildende Erde mit einem anderen, kleineren Protoplaneten zusammengestoßen sein, dessen Masse ziemlich genau mit der des Mars übereingestimmt habe. Dieser Zusammenprall, offensichtlich der bedeutendste, den unser Planet jemals erlitt, habe den Himmelskörper, der den Aufprall verursachte, praktisch zerstört. Dadurch sei ein Ring aus Staub und Gestein um die Erde herum geschleudert worden. Ein Teil dieses Ringes habe sich durch Zusammenballung verdichtet und den Mond gebildet, während die übrigen Trümmer der Kollision auf die Erde oder auf den Mond zurückgefallen oder durch die Wirkung der Schwerkraftschleuder in den Raum hinausgetrieben worden seien. Diese Theorie entspricht zur Zeit allen Forderungen der Planetologie, sowohl hinsichtlich der Chemie als auch der Himmelsmechanik. Um alle Rätsel zu lösen, müßten die Wissenschaftler wohl auf den Mond zurückkehren.

In sechs Mondregionen zeugen heute große Silberkäfer mit schwarz gewordenen Füßen von der Mondlandung irdischer Raumschiffe. In kilometerweitem Umkreis um sie herum sind die Fußspuren der Astronauten in der Asche noch vorhanden. Der Mond wird sie lange erhalten. Seine atmosphärelose Oberfläche kennt weder Wind noch Regen, weder Wolken noch Jahreszeiten. Unter einem unveränderlichen Himmel reihen sich Tage und Nächte dort sehr langsam aneinander. Die Tage sind stets von Sonnenschein erfüllt, gleichen sich seit vielen Millionen Jahrhunderten. Da es auf dem Mond nicht die geringste Erosion gibt, mit der die Zeugnisse seiner Geschichte ausgelöscht werden könnten, es sei denn, dies geschieht durch unablässig fallende Kleinstmeteoriten und kosmische Strahlung, werden diese Fußabdrücke auf dem Boden des Mondes für Millionen Jahre bleiben, vielleicht so lange, bis die Spezies, die sie dort hinterlassen hat, verschwunden ist.

Mars:

Wüsten und Stürme

Der rote Mars ist ohne Zweifel der faszinierendste Planet. Obgleich er kleiner ist als die Erde, ähnelt er ihr doch sehr: Auf seiner Oberfläche, wo einst Flüsse strömten, finden sich Dünenfelder und hohe Vulkane. Auf dem Mars gibt es auch Jahreszeiten und entsprechende Gletscherbewegungen. Der Mars ist periodisch von Dunst und Wolken bedeckt, und der Wind bläst gelegentlich mit Sturmstärke.

In Chryse Planitia wehen die vorherrschenden Winde seit Millionen von Jahren regelmäßig mit Orkanstärke und modellieren langsam das Basaltgestein in der Marswüste.

Nichts regt sich in der Wüste. Eine steinige Ebene, übersät von unzähligen kantigen Felsen, die manchmal wie kleine Pyramiden geschnitten sind, erstreckt sich, soweit das Auge reicht. Stellenweise versinken diese Blöcke zum Teil in den Sandbänken. An anderer Stelle sind sie von einer dünnen, orangefarbenen Staubschicht bedeckt. Ihre Farbe ist ein in Braun übergehendes fahles Rot; sie ähneln dem Basalt, diesem Gestein vulkanischen Ursprungs. Die ganze Landschaft ist orange gefärbt, und selbst der Himmel ist lachsrot. Richtung Südwesten ist eine große Mulde mit vorspringenden Rändern zu sehen, die an einen Krater in der Auvergne erinnert. Vom Wind aufgewirbelte orangene Staubspiralen verschleiern die Ferne. Oberhalb der Kammlinie einer Dünenreihe, am Horizont, spielt der rosafarbene Himmel erst ins Nachtblaue, dann im Zenit in tiefes Schwarz. Der – in einer absoluten Stille – mit Sturmstärke wehende Wind versucht vergeblich, die Dünen zu glätten. Nichts bewegt sich. Mit dem endenden Tag werden die Schatten länger, die von den Steinen auf den Sand geworfen werden. Es ist frischer geworden: –78 Grad Celsius. In der Dämmerung eines schönen Wintertages auf dem Planeten Mars geht gleich die Sonne am Horizont der Ebene von Utopia unter. Es ist Nacht. Am Himmel glitzern die Sterne. Die Milchstraße, die sich wie ein riesiger Bogen von Horizont zu Horizont spannt, schwenkt langsam nach Westen. Deneb, Wega und Altaïr strahlen mit beständigem Glanz, Antares erscheint zu hell und zu rot. Hier verhalten sich die Sterne nicht so komplizenhaft, wie sie es sonst stets dem Menschen gegenüber tun: kein Blinken, keine vertraulichen Botschaften. Zu viele Sterne stehen hier am Himmel, als daß es möglich wäre, Sternbilder zu finden: Die Nacht sendet keine Zeichen.

Alle 7 Stunden 40 Minuten beziehungsweise 30 Stunden 20 Minuten ziehen die Satelliten des Mars wie zwei leuchtende Meteore über den Himmel. Ein verwirrendes Schauspiel: Phobos nämlich vollendet seinen Umlauf viel schneller als an einem Marstag, ein einmaliges Phänomen im Sonnensystem. Tatsächlich scheint der Marssatellit sich am nächtlichen Himmel »rückwärts« zu bewegen: Er geht im Westen auf und im Osten unter. Seine scheinbare Geschwindigkeit, nahezu ein Grad pro Minute, ist so groß, daß seine Bewegung mit dem bloßen Auge wahrzunehmen ist. Jeden Tag zieht Phobos dreimal über den Marshimmel und trifft dabei mit dem viel langsameren Deimos zusammen, der

Dieser Blick auf das Argyre-Becken, das vor vier Milliarden Jahren durch den Einschlag eines Asteroiden ausgehoben wurde, zeigt über den mit Kratern bedeckten Hochebenen der Südhalbkugel deutlich die Höhenwolken in der sehr dünnen Marsatmosphäre. An anderer Stelle wurden die Zeichen der Vergangenheit des Mars vom Vulkanismus und dem langsamen Vordringen der Gletscher oder Dünen ausgelöscht.

das Himmelsgewölbe von Ost nach West überquert. Die beiden winzigen Marssatelliten können die Marsnacht keineswegs so erleuchten, wie wir es von unserem Mond gewohnt sind. Die Landschaft ist nicht zu erkennen, Schattentheater am Horizont; sieht man den Himmel mit seinen nach Tausenden zählenden Sternen und den Dünenkamm, hinter dem die Milchstraße untergegangen ist, dann könnte man meinen, sich in einen Winkel der Sahara verirrt zu haben.

Mit seinem Durchmesser von 6794 Kilometern ist der Mars etwas mehr als halb so groß wie die Erde. Ebenso wie diese dreht er sich an einem Tag (in genau 24 Stunden 40 Minuten) um sich selbst. Seine Rotationsachse ist wie die der Erde um 24 Grad geneigt; daher gibt es, wie auf unserem Planeten, vier ausgeprägte Jahreszeiten. Und wiederum wie die Erde besitzt der Mars zwei von Eiskappen überzogene Pole, die im Sommer schrumpfen und im Winter anwachsen. Aber der Mars ist vor allem ein Wüstenplanet: Seine Oberfläche hat dieselbe Größe, die sich ergäbe, wenn wir alle Erdkontinente zusammenfügten, sie ist jedoch lediglich eine riesige Fläche aus Sand und Fels, die in eisiger Bewegungslosigkeit erstarrt und in eine nicht fühlbare Atmosphäre getaucht ist. Die Marsluft ist nämlich hundert- bis tausendmal dünner als die der Erde und besteht fast ausschließlich aus Kohlendioxid: nicht zu fühlen und nicht zu atmen.

Nach dieser besonders kalten Nacht wird die Utopia-Ebene bei Tagesanbruch von der Sonne beleuchtet und erwärmt. Ein seltsames Schauspiel: auf dem Mars ist Schnee gefallen. Rauhreif bedeckt fast überall die Steine auf dem Boden und verändert die warmen Farbtöne des Sandes, der jetzt weiß aussieht. Der Schnee setzt sich aus Wassereis und Kohlendioxideis zusammen. Aufgrund der extrem dünnen Marsatmosphäre kann man das kondensierte Gas fast als erstarrte Luft bezeichnen, die im Laufe der Nacht buchstäblich auf die Oberfläche des Planeten gefallen ist! Sechs Uhr: Langsam erwärmt die Sonne die Marswüste. Im Zenit sind noch immer einige Sterne zu sehen. Die Temperatur überschreitet allmählich −120 Grad Celsius, das Kohlendioxid verdampft und kehrt in die Atmosphäre zurück. Über der Marslandschaft bildet sich ein leichter Nebel.

Der manchmal mit einer Geschwindigkeit von ungefähr 200 km/h wehende Marssturm wirbelt die kleinsten Sandpartikel hoch und lagert sie mehrere hundert Kilometer weiter ab. Am Nordpol ist die Wüste daher mit Dünenfeldern bedeckt, die sich über ein Gebiet erstrecken, das größer ist als die Sahara. Im Lauf der Zeit verändert die Winderosion das Gesicht des Planeten.

Das einzige, was sich auf dem Mars heute noch ändert, sind die atmosphärischen Bedingungen. Obwohl die Marsatmosphäre dünn ist, kann sie wie auf der Erde zu Morgendunst, hohen Zirruswolken oder Reliefwolken kondensieren. Häufig treten auf dem roten Planeten heftige Winde und Wirbelstürme auf, die den Orkanen auf der Erde täuschend ähnlich sind. Paradoxerweise ist gerade die geringe Dichte der Luft mit ihrer thermischen Trägheit Ursache für die starke Aktivität der Marsatmosphäre: Mitten im Sommer kann die Temperatur im Laufe nur eines Tages vom frühen Morgen bis zum Nachmittag von −100 auf null Grad Celsius steigen! Diese Temperaturunterschiede bringen das Gleichgewicht der Atmosphäre durcheinander und können tatsächlich Zyklone auslösen. Aufgrund der exzentrischen Umlaufbahn des Mars schwankt sein Abstand zur Sonne beträchtlich: In einem Jahr (das heißt, in 688 Erdentagen) beträgt der Abstand 207 Millionen Kilometer bis 249 Millionen Kilometer. Die Folge sind stark ausgeprägte Jahreszeiten auf dem roten Planeten. Am spektakulärsten ist natürlich die Entwicklung der Polkappen, deren Veränderung man im Laufe des Jahres von der Erde aus schon mit dem schwächsten Amateurteleskop beobachten kann. Mitten im Winter, der auf dem Mars fast sechs Erdenmonate dauert, dehnt sich die südliche Polkappe über rund zehn Millionen Quadratkilometer aus. Sobald der Frühling und der südliche Sommer kommen, schmilzt sie langsam; genauer gesagt, sie verflüchtigt sich und gibt große Mengen Kohlendioxid an die Atmosphäre ab. Gegen Ende des Sommers ist die Polkappe fast völlig verschwunden.

Die aufgrund der Sonnenposition entstehende Erwärmung wälzt jedes Jahr zu Beginn des Sommers die Marsatmosphäre um, und starke Winde erheben sich dann fast überall auf dem roten Planeten. Zum Zeitpunkt der Sommersonnenwende wirbeln immer heftigere Winde die gleichmäßig über den Boden verteilten feinsten Partikel auf. Innerhalb einiger Wochen bemächtigt sich dieser gewaltige Staubsturm des ganzen Planeten und überzieht ihn geradezu mit einem Sandnebel, der so dicht ist, daß die Oberfläche des Mars nicht mehr zu erkennen ist. Im Jahr 1976 landeten zwei Viking-Sonden der NASA auf dem Mars und zwar in den Ebenen Chryse und

Die älteste Hemisphäre des Mars ist von Einschlagskratern übersät, von denen manche über vier Milliarden Jahre alt sind. Das große dunkle Gebiet auf diesem Foto heißt Syrtis Major. Es ist von der Erde aus sehr gut mit dem Teleskop zu erkennen. Das riesige Hellas-Becken zeichnet sich in der Mitte der unteren Bildhälfte nahe der Polkappe ab.

Utopia. Mehrere Jahre lang fotografierten sie die Landschaft, erfaßten Temperatur und Luftdruck und notierten klimatische Veränderungen. Viking 2 geriet auf diese Weise mitten im Marssommer in den stärksten Sturm. Ein eigenartiges Experiment: Unbeweglich und vibrationslos blieb die Sonde auf ihrem Dreifußgestell aus Metall stehen. In fast absoluter Stille blies der Wind mit Böen von 150, 180 ja sogar 200 km/h. Dennoch regte sich nichts. Die Dünen blieben fest, der Sand flog nicht davon. Die Atmosphäre auf dem Mars ist so dünn, daß der Wind nichts ergreifen kann. Nur mikroskopisch kleine, unsichtbare Partikel werden davongetragen. Die Kamera von Viking 2 konnte allerdings die Wirkung dieses Ereignisses festhalten: Ein dichter Nebel verschleierte die Sonne; die Landschaft war schattenlos, der Horizont leicht verhüllt. Das also war der große Marssturm ... Die schwache Winderosion gibt den Planetologen die Möglichkeit, die Geschichte des roten Planeten wie ein offenes Buch zu lesen. Auf dem Mars gibt es keine Plattentektonik, der rote Planet ist ein einziger weiter Kontinent mit einer stabilen Kruste. Auch wenn die Erosion die Landschaften stellenweise gründlich umgestaltet hat, finden die Geographen und Geologen den Planeten in anderen Gebieten so vor, wie er vor drei oder vier Milliarden Jahren aussah. Die südliche Hemisphäre zeigt denn auch die ältesten und gleichförmigsten Landschaften des Mars: Auf mehr als 100 Millionen Quadratkilometern ist die Oberfläche des Planeten von Einschlagskratern aller Größenordnungen durchsiebt. Die kleinsten unter ihnen messen einige Dutzend Meter oder noch weniger, die größten mehrere

Die Mündung ehemaliger Lavaflüsse in der Amazonis-Ebene. Oben links erkennt man sehr deutlich einen jungen Einschlagskrater. Ihn umgibt ein Hof von Auswurfmaterial in der typischen gelappten Form: Beim Einschlag des Meteoriten schmolz das Eis des Untergrunds plötzlich und setzte eine enorme Schlammwelle in Bewegung, die nach einigen Kilometern erstarrte.

hundert Kilometer. Diese ungeheure Bombardierung zeugt von der Entstehung des Sonnensystems, als Milliarden Asteroiden den Raum in allen Richtungen durchkreuzten und hin und wieder mit einem Planeten zusammenstießen. Bestimmte Narben des roten Planeten werden niemals verschwinden, zum Beispiel das Hellas-Becken mit einem Durchmesser von mehr als 1400 Kilometern und einer Tiefe von über 6000 Metern. So blieben einige Marsregionen wie Noachis und Eridania praktisch seit vier Milliarden Jahren in demselben Zustand: eine unvorstellbar weit zurückliegende Periode. Auf unserem Planeten beschränken sich die Überreste dieser fernen Vergangenheit, die am Beginn des Proterozoikums (dem Noachium auf dem Mars) anzusetzen ist, auf einige Steine, die man bei Tiefbohrungen in Grönland oder im Kanadischen Schild fand…

Wie die Erde besitzt der Mars zwei Polkappen. Das Bild zeigt die südliche, die mitten im Sommer der Südhalbkugel ihre kleinste Ausdehnung aufweist. Im Gegensatz zur nördlichen Polkappe, die vor allem aus Wassereis besteht, setzt sich die südliche Polkappe überwiegend aus Kohlendioxideis zusammen. Ihre Spiralenform zeugt von der Gewalt der Marswinde, die sich um den Pol drehen.

Trotz des außergewöhnlichen Alters seiner ältesten Regionen ist der Mars nicht mit dem Mond oder dem Merkur gleichzusetzen, denn die Oberfläche des Planeten entwikkelte sich seit dem Noachium ständig weiter. Im Laufe der Zeit erodierten die Stürme die Oberfläche, sie schliffen die Einschlagskrater ab, wirbelten den Staub in die Hochebenen, lagerten ihn auf dem Grund gewundener Täler ab, modellierten an einigen Stellen Dünenfelder, trugen langsam bestimmte Plateaus wie Syrtis Major ab und bedeckten das Hellas-Becken mit einer dünnen Rostschicht. Schließlich hatten sich die Landschaften verändert. Die großen Steinwüsten Chryse und Utopia, in denen die beiden Viking-Sonden landeten, weisen überall die Spuren dieser Winderosion auf, sowohl Sandbänke als auch Felsen, die von den seit Urzeiten wie Orkane wehenden stillen Winden im Laufe der Epochen zu kleinen Pyramiden geformt wurden. Doch dieser Prozeß dauert lange, sehr lange. Die Viking 2-Sonde beobachtete in den sieben Jahren ihrer Mission keine Veränderungen auf dem Mars. An ihrem Standort, einem hohen Breitengrad (47° N), konnte sie dank der vier Jahreszeiten eines Morgens im Winter bei etwa –130 Grad Celsius Schneefall registrieren. Die großen Staubstürme verschleierten die weitere Umgebung und verdunkelten den Himmel. Das war alles. Viking 1 ihrerseits filmte die Landschaft vier Jahre lang ohne Unterbrechung und bemerkte lediglich am Fuße eines dicken Felsbrockens eine winzige Verlagerung einiger Kubikzentimeter Sand…

Auf dem Planeten Mars geht eine Nacht zu Ende. Vom ersten Schimmer der Morgendämmerung an verschleiert ein feiner Nebel aus Kohlendioxid den Horizont von Utopia Planitia. Zu Beginn des Marswinters erreicht die Temperatur –118 Grad Celsius. Bei Sonnenaufgang löst sich dieser Dunst auf, und der Tag ist sonnig, aber eiskalt.

In den Millionen Einschlagskratern von Eridania und Noachis erstarrte die ferne Vergangenheit des Planeten Mars. An anderen Stellen jedoch gab es auf dem Gestirn eine erstaunliche und im ganzen Sonnensystem einmalige Aktivität. Nach der eintönigen Phase der Bombardierung im Noachium gestaltete der Planet im Hesperium allmählich gigantische geologische Strukturen, eine wahre Monumentalarchitektur. Der Mars hatte genügend Zeit: Hier finden keine Bewegungen der Kruste, keine Kontinentaltrift und praktisch keine Erosion statt; Berge und Täler können bis in alle Ewigkeiten überdauern. Außerdem ist die Schwerkraft des Mars nur halb so groß wie die der Erde. Auch dies begünstigte die Formung der Berge oder vielmehr der Vulkane, denn

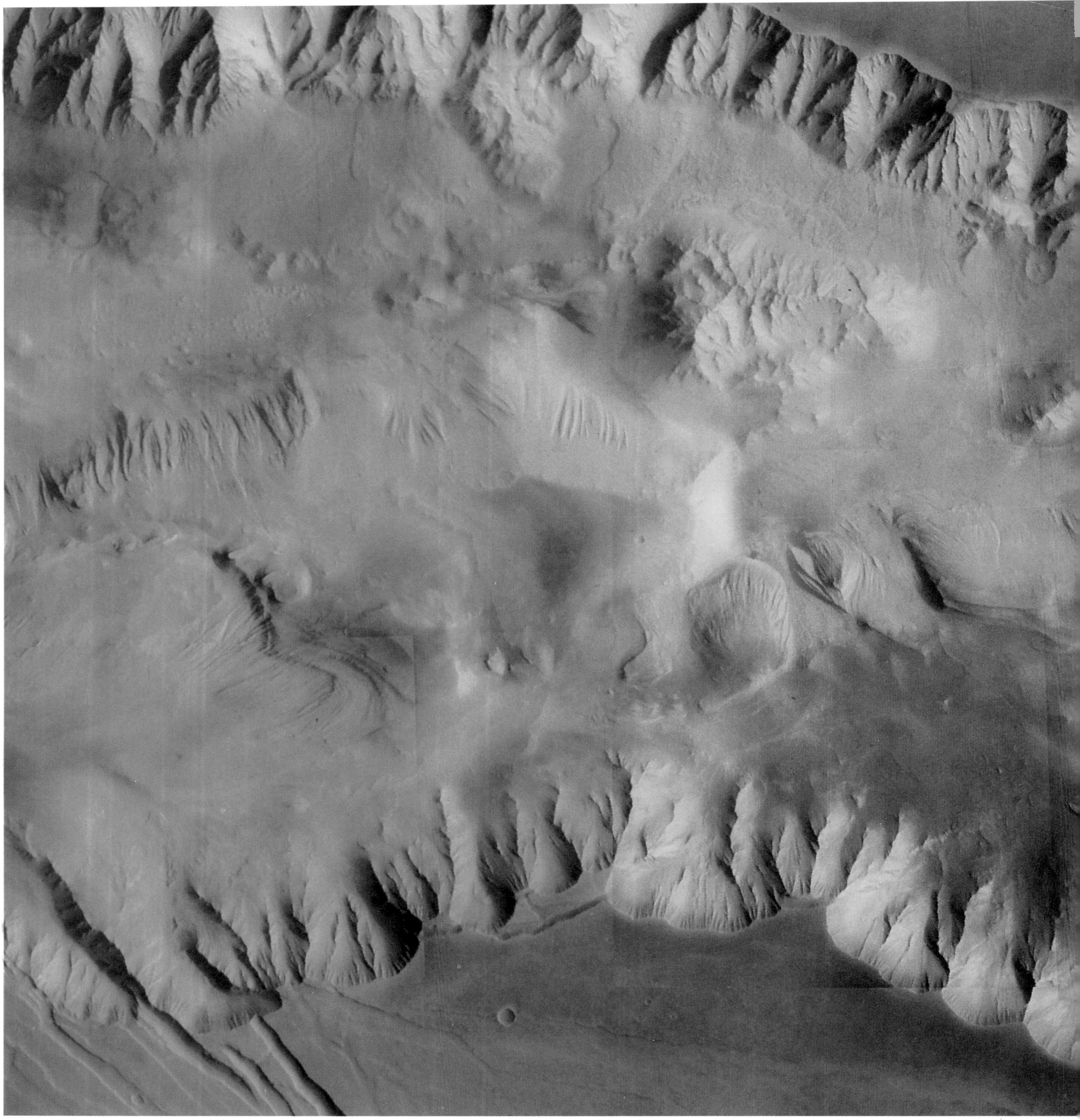

Großaufnahme der Valles Marineris: Im Gebiet von Coprates Chasma umsäumen diesen gigantischen, 200 Kilometer breiten Canyon Klippen von 7000 Metern Höhe. Von Zeit zu Zeit brechen die Flanken des

auf dem Mars existiert nichts, was unseren Bergen, den Anden, den Alpen oder dem Himalaya, enspricht.

Tagesanbruch auf dem Olympus Mons. Eine triste Ebene aus grauem Basalt; ehemalige streifige Lavaströme sind mit orangefarbenem Sand bestreut und werden grell von einer Sonne beleuchtet, die, kaum daß sie am Horizont aufgegangen ist, seltsam hell erscheint. Die Kälte ist furchtbar, –140 Grad Celsius, die Farbe des Himmels, am Horizont orange, geht ungewöhnlich schnell ins Nachtblau über. Unsere steinige Ebene fällt mit einer Neigung von fünf Grad leicht nach Norden ab, zeigt aber kein besonderes Profil. Im Süden verliert sich der Blick in einer unglaublichen Entfernung hinter einer bunten Wolkenbank, die still am Horizont vorbeizieht. Im Norden gibt es nichts außer der seit einigen tausend Jahrtausenden erstarrten Lava. Darüber ein indigoblauer Himmel, an dem ein paar Sterne leuchten. Im Westen geht Phobos auf und beginnt, in Gegenrichtung zum Umlauf der Sterne, majestätisch über den Himmel zu ziehen. Seine mit bloßem Auge sehr gut zu erkennende längliche Gestalt leuchtet so hell wie die Venus auf der Erde (von der Marsoberfläche aus betrachtet mißt Phobos fast 15 Bogenminuten, also etwa die Hälfte des Mondes); in ungefähr vier Stunden wird er im Osten untergehen.

Eine gewöhnliche Marslandschaft? Die starke Kälte, der kristallklare Himmel, an dem – mitten am Tage – Sterne strahlen, erzeugen dennoch eine befremdliche Stimmung.

großen Mars-Canyons in sintflutartigen Lawinen ab, die ganze Bergstücke wegreißen, erst einige Dutzend Kilometer weiter und tiefer zum Stehen kommen und riesige Abbruchkessel zurücklassen.

Dieser vage, sanfte Hang ist tatsächlich der Abhang eines monströsen Vulkans, des größten Berges im bekannten Universum. Der Olympus Mons hat eine Höhe von 27 000 Metern und an seinem Fuß einen Durchmesser von fast 1000 Kilometern! Am Rande der Gipfelcaldera bietet sich zum Krater hin ein überwältigendes Schauspiel dar: Die ihn umgebenden, fast senkrechten Wände, 3000 Meter hoch, verlieren sich in der Ferne in einem unermeßlichen Parabelbogen. Nirgendwo im Sonnensystem gibt es eine geologische Struktur, die so gigantisch ist wie der Olympus Mons. Wie die drei anderen Riesenvulkane neben ihm, Pavonis Mons, Arsia Mons und Ascraeus Mons, verdankt Olympus Mons seine Existenz der geringen Schwerkraft des Mars und vor allem der Tatsache, daß es keine Gesamtbewegungen der Kruste gibt: Die Lava, die in einer weit zurückliegenden Vergangenheit aus den Tiefen emporkam, durchstieß die Kruste an einem heißen Fleck, wie die Planetologen sagen, ergoß sich dann über Dutzende oder Hunderte von Millionen, möglicherweise sogar über Milliarden von Jahren an der Oberfläche und vergrößerte dabei das vulkanische Gebilde.

Die großen Marsvulkane liegen alle nicht weit vom Äquator des Planeten im Gebiet des Tharsis-Rückens. Es handelt sich um eine riesige Kuppe mit einem Durchmesser von 6000 Kilometern, die die Marskruste um rund 7000 Meter angehoben hat. Öffnete dieser Tharsis-Schub die Oberfläche des Planeten? Oder versuchte der Mars hier

Ophir Point. Dieses Foto zeigt sehr deutlich die Klippen am Rande der Valles Marineris. Auf dem Grund des Tals bringen die Erdrutsche immer größere Gebiete des Plateaus durcheinander. Diese Lawinen müssen sich auch heute noch lösen: Ophir Point weist nicht den kleinsten Einschlagskrater auf.

einen Ansatz von Tektonik? Durch die Tharsis-Region zieht sich ein mächtiger, fast 5000 Kilometer langer Riß, das Grabensystem der Valles Marineris. Es ist eine Landschaft für Riesen: Wenn die Sonne an einem Ende bei Coprates Chasma aufgeht, liegt Tithonium Chasma im Westen noch immer in der schwärzesten Nacht. Die Entstehung der Valles Marineris gibt den Planetologen noch Rätsel auf. Sie sind so lang wie der große Afrikanische Graben oder der Mittelatlantische Graben und 250 Kilometer breit; an beiden Seiten des Grabens stehen 3000 bis 7000 Meter hohe Klippen … Weder auf der Erde noch auf einem anderen Planeten gibt es irgend etwas, das der Größe und Erhabenheit dieses natürlichen Monuments gleichkommt. Der Graben der Valles Marineris öffnete sich erst vor relativ kurzer Zeit, vor vielleicht ein oder zwei Milliarden Jahren, und seitdem wird er regelmäßig immer breiter. Beharrlich schreitet die Erosion durch den Wind voran, der ständig durch die Canyons bläst, gleichmäßige Atemzüge des Planeten, die von Zeit zu Zeit Lawinen auslösen: Unmerklich weichen die Wände der Valles Marineris zurück. Vom Rand von Coprates Chasma, dem tiefsten und eindrucksvollsten der vielen Senkungsgräben, welche die Valles Marineris kennzeichnen, ist die feine, orangefarbene Linie der gegenüberliegenden Wand in der Ferne kaum wahrzunehmen, denn sie versinkt zur Hälfte hinter dem Horizont des Planeten. Der Flug über die Valles Marineris bietet dagegen ein phantastisches Schauspiel: Überall haben Erdrutsche an den Flanken des großen Mars-Canyons ganze Wandflächen mitgerissen und riesige Bruchkessel hinterlassen. In Coprates Chasma ließ die gewaltigste dieser Lawinen ein 60 Kilometer langes Bergstück auf einmal zusammenstürzen. Es ist schwierig, sich diese apokalyptische Szene vorzustellen, für die es keine Zeugen gibt: Mit einem dumpfen Grollen stürzen Tausende Milliarden Tonnen Marsgestein mit 200 km/h die Flanke des Canyons hinab, bevor sie eine halbe Stunde später 7000 Meter tiefer und 100 Kilometer weiter zum Stillstand kommen.

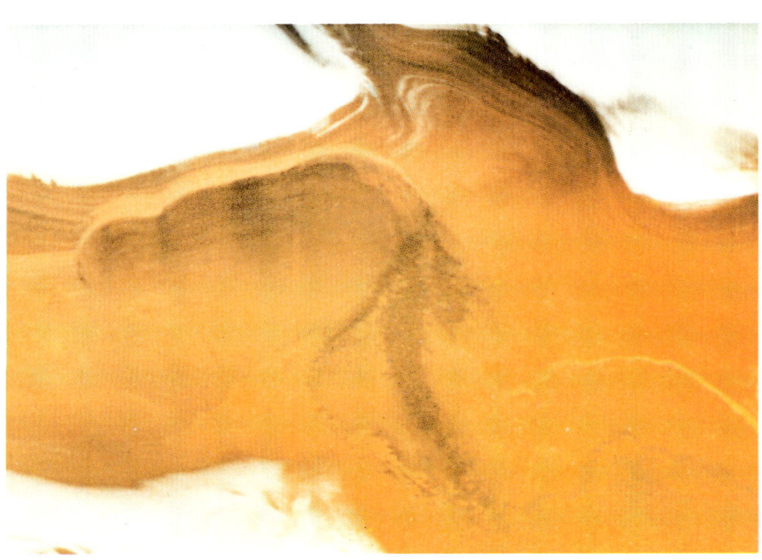

Das Wachsen und Schrumpfen der Eiskappe am Nordpol des Mars wird durch die Jahreszeiten bestimmt. Die Bewegung des Eises sowie die in den dünenbedeckten Regionen besonders heftigen Staubstürme bringen jedes Jahr neue Ablagerungsschichten. Auf dieser Abbildung kann man den Firn und diese Schichten sehr gut erkennen.

Viel weiter nördlich, an einem schönen Sommertag am Fuße einer großen Bogendüne irgendwo in der Vastitas Borealis. Die Sonne beleuchtet die Landschaft auf diesem sehr hohen Breitengrad (75° N) fast den ganzen Tag, kulminiert jedoch nur in geringer Höhe über dem Horizont. Das Licht ist außergewöhnlich; auf den großen Dünen, die durch den orangenen Dunst der unteren Atmosphäre hindurch angestrahlt werden, spielen die goldenen und fahlroten Farben des Marsstaubes. Es gibt Tausende dieser Bogendünen, die sich als Goldsicheln in den Sandmeeren des Großen Nordens abzeichnen und unendlich langsam im Rhythmus der Jahreszeiten des roten Planeten in der Marswüste vorwärts rücken. Auf dem Mars liegt das Gegenstück zur Sahara rund um den Nordpol. Diese Landschaften aus Bogendünen oder quergerichteten Dünen haben die alte Geschichte des Planeten vollkommen ausgelöscht. Hier gibt es keine Krater, keine Vulkane, nur Dünen, die sich wie die Wellen eines erstarrten Ozeans aneinander reihen. Diese nördlichen Wüsten bedecken eine Oberfläche von ungefähr einer Million Quadratkilometern.

Die Nordhalbkugel weist im Gebiet von Cerberus, Elysium und Amazonis fast keine Krater auf; es ist eine der jüngsten Gegenden des roten Planeten. In der oberen linken Ecke des Fotos ist der kleine Krater Mie mit seiner schwarzen Spitze in der Mitte zu sehen. Viking 2 landete in der Utopia-Ebene am linken Rand dieses Kraters.

Der Mars war nicht immer eine Staub- und Sandwüste, deren einziges Zeichen von Aktivität Wolken aus Kohlendioxid sind, die an den Flanken des Olympus Mons aufsteigen, oder die langsame Abtragung der nördlichen Ebenen durch die leise vordringenden Dünen, angetrieben von den großen Stürmen der Tagundnachtgleiche. Wenn wir uns in die gemäßigten Breiten hinunterbegeben, in die Ebenen Utopia und Chryse, dorthin, wo die Winde die Vergangenheit des Mars nicht verwischt haben, und vor allem, wo diese sich nicht auf Überreste Tausender Einschlagskrater aus dem Antediluvium beschränkt, entdecken wir eine seltsam vertraute Landschaft: Lunae Planum. Dieser Winkel einer roten Wüste könnte auch im Hoggar oder in Taklamakan liegen. Man hat den Eindruck eines Déjà-vu-Erlebnisses. Ist es dieses enge Tal mit Adern aus Ablagerungsschichten, die sich im rosa Nebel verlieren? Dieses Depot aus angeschwemmtem Material, das den Graben ausfüllt, in dem wir uns befinden? Sind es diese Erosionsspuren, die einen gewundenen Lauf zurücklassen, neben Felsblöcken, am Fuß einer orangefarbenen Klippe? Hier, in Maja Vallis, einem über 1000 Kilometer langen Tal in Lunae Planum, erinnert alles an den Durchfluß lebendigen Wassers. Diese Marslandschaft erinnert unwiderstehlich an ein ausgetrocknetes Wadi irgendwo in der Sahara. Hier muß, wie auf der Erde, irgendwann einmal Wasser geflossen sein.

Dennoch, es gibt gegenwärtig kein Wasser an der Oberfläche des Mars. Wenigstens kein flüssiges Wasser, da es in der entsetzlich trockenen und dünnen Atmosphäre des Planeten nicht existieren kann. Auf der Erde gibt es das Wasser in seinen drei Zustandsformen: fest, flüssig und gasförmig. Der berühmte »Tripelpunkt des Wassers«, an dem man es in seinen drei Formen antrifft, liegt bei null Grad Celsius und einem Druck von 6,10 Millibar. Nun beträgt der Druck der Marsatmosphäre weniger als zehn Millibar. Angenommen, man könnte ein Glas Wasser auf die Oberfläche des Mars gießen, dieses Wasser wäre bereits verdampft, noch ehe es den Boden berührt hätte. Ein Eisstück, das man mitten im Sommer, in der vollen Mittagssonne, am Äquator schmelzen ließe, wenn die Temperatur gelegentlich null Grad Celsius überschreitet, würde sich auflösen, ohne den sterilen Sand überhaupt anzufeuchten. Der Mars ist ein entwässerter Planet, auf dem paradoxerweise der Fluß freien Wassers fast überall auf dem Grund der inzwischen ausgetrockneten Canyons und Wadis sichtbar ist.

Am Ende des Noachiums vor ungefähr 3,8 Milliarden Jahren, als die Verkraterung praktisch abgeschlossen war, erreichte die vulkanische Aktivität ihren Höhepunkt: Der junge, allmählich erkaltende Planet blies aus den Schloten von tausend Vulkanen eine dichte, glühende Atmosphäre in den Himmel. Ein sanftes und gemäßigtes Klima, geschützt von einer mächtigen Atmosphäre aus Kohlendioxid, muß sich damals auf dem roten Planeten eingestellt haben. Wie auf der Erde, auf der damals (in einer für die heutigen Erdbewohner absolut nicht zu atmenden Atmosphäre) in der »Ursuppe« der Ozeane das Leben entstand, müssen die ersten Regentropfen auf die Wüsten erstarrter Lava gefallen sein … Der Regen, das Wasser, das zwischen den Basaltsteinen seinen Weg suchte, das in Bächen, dann in reißenden Strömen floß, welche sich in die Plateaus gruben, in roten Schlammrinnen, in Flüssen so breit wie der Nil, lief zweifellos in großen, stillen Seen zusammen. Wenn dieses Paradies genügend lange Bestand hatte, wenn die Atmosphäre eine ausreichende Menge Wasserdampf enthielt, muß es auf dem roten Planeten in dieser fernen Vergangenheit tatsächlich Meere gegeben haben. Man kann sich sogar leicht vorstellen, wo sich diese kleinen Ozeane befanden: das Argyre-Becken und das Hellas-Becken liegen deutlich unterhalb des mittle-

Der Olympus Mons ist der größte zur Zeit bekannte Berg des Sonnensystems. Der Vulkan hat an der Basis einen Durchmesser von rund 1000 Kilometern und ist 27 Kilometer hoch. Da die Marskruste nicht wie auf der Erde von der Tektonik in Mitleidenschaft gezogen wird, konnte sich der große Vulkan über mehrere Milliarden Jahre entwickeln.

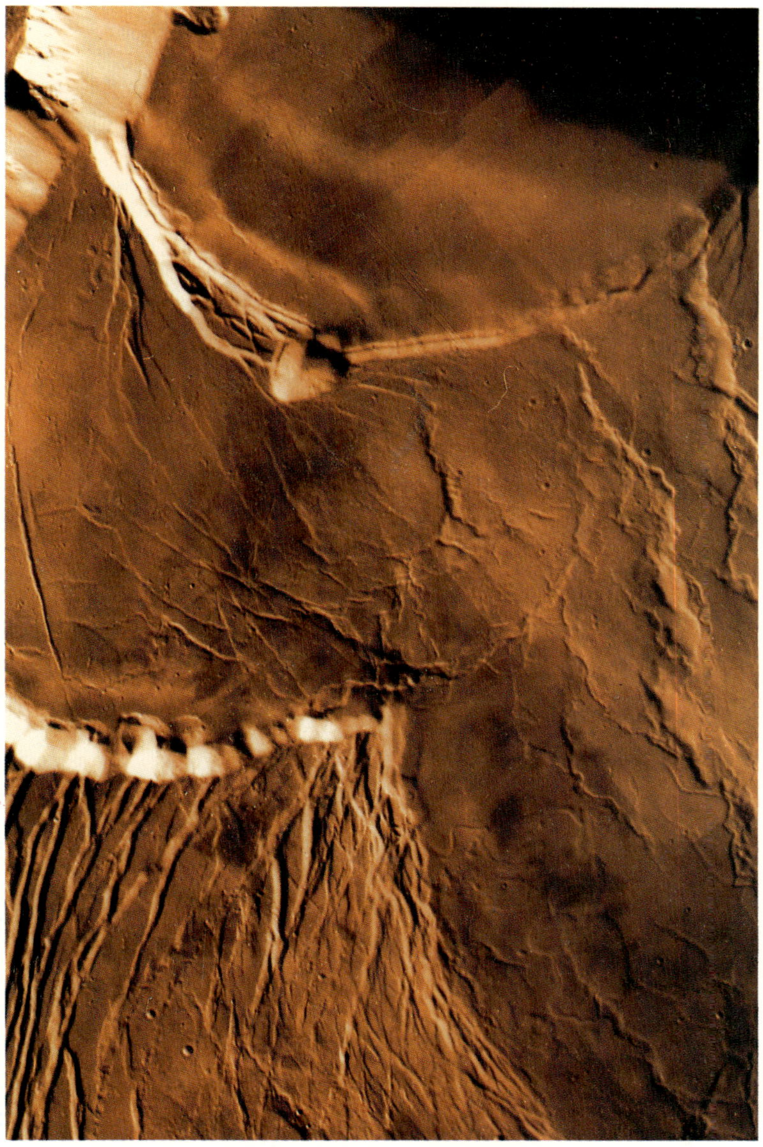

Die 80 Kilometer breite Gipfelcaldera des Olympus Mons. Die nacheinander geflossenen Lavaströme und die ehemaligen Lavaseen, die bei größeren Ausbrüchen entstanden, sind noch sichtbar, hier und da durch Erdbeben von Brüchen gezeichnet. Die Wände des Kraters sind über 3000 Meter hoch. Der Olympus Mons ist zweifellos gegenwärtig nicht mehr aktiv.

ren Niveaus der Marsoberfläche. Dort muß sich die wirkliche Meereshöhe befunden haben. Auf der nördlichen Halbkugel war ein großes Gebiet in der Vastitas Borealis und der Acidalia Planitia möglicherweise völlig überschwemmt; dieser hypothetischen, weiten Wasserfläche gaben die Erdbewohner sogar einen Namen, als wollten sie sich selbst von dessen Realität überzeugen: Oceanus Borealis. Und wenn alles so abgelaufen ist, wie die Planetologen annehmen, müssen diese Marsmeere, auf denen im Winter rosa und goldfarbenes Packeis trieb, mehrere Hundert Meter tief gewesen sein! Wo ist das Marswasser geblieben? Seit wann hat es die Mars-Canyons nicht mehr ausgewaschen? Der Mars ist nicht die Erde. Da er eine zehnmal kleinere Masse hat als diese, und da er weiter von der Sonne entfernt ist, geriet der Mechanismus seiner Atmosphäre allmählich durcheinander. Ein Teil der Atmosphäre entschwand in den Weltraum, der Wasserdampf kondensierte zu Eis, konzentrierte sich zusammen mit den letzten Regenfällen in der Tiefe des Bodens, wanderte langsam zu den Polen in Form gewaltiger Gletscher, die über Jahrtausende die Täler im Norden aushobelten, bis die Gletscher sich ebenfalls auflösten und verschwanden. Es gibt noch Wasser auf dem Mars, aber es ist versteckt, es ist Eis, das sich wie im sibirischen Dauerfrostboden in Hunderten Metern Tiefe mit Gestein vermischt; es existiert als Dampf in winzigen Zirruswolken, welche die Flanken der Vulkane berühren und langsam über Utopia Planitia schweben, oder es ist ewig gefroren und zeichnet sich als glänzender Firn und Gletscher an den beiden Polkappen des Mars ab. Seit dem Noachium transportieren die Wadis des roten Planeten nur noch mineralischen Staub. Und dennoch … Dank einer geologischen Umschichtung oder eines neuen klimatischen Zyklus muß zwischen den Klippen der riesigen Canyons hin und wieder das ferne Echo laufenden und sprudelnden Wassers widerhallen, bevor dieses gefriert und verdunstet: Überall auf dem Mars und insbesondere auf der jungen Nordhalbkugel haben die Planetologen relativ neue Fließspuren entdeckt. Diese fossilen, sehr breiten und sehr kurzen Flüsse entspringen in den vulkanischen Regionen inmitten chaotischer Anhäufungen von Bergblöcken, die einem gigantischen Zusammensturz gleichen. Was geschah hier? Gehen wir ein paar Millionen Jahre zurück, in jene Zeit, als auf dem Planeten Erde der Homo erectus aufrecht zu gehen begann und sich anschickte, »sapiens« zu werden.

Es ist früher Nachmittag in Ravi Vallis zu Beginn des Sommers, am Ende des Amazoniums. Durch die orangefarbene und klare Luft sind Phobos und Deimos zu sehen, die friedlich über den Himmel ziehen. Die Temperatur hat seit dem Morgen fünf Grad Celsius überschritten, der Druck erreicht 6,10 Millibar. Auf dem Mars, der auf seinem großen kosmischen Kreislauf der Sonne jetzt am nächsten ist, herrschen beinahe die idyllischen Bedingungen vom Ende des Noachiums. Wir befinden uns in einem 20 Kilometer breiten Tal, das von 3000 Meter hohen Mauern eingeschlossen ist. Überall die gleiche Landschaft aus braunen Blöcken, orangefarbenen Sandbänken, Tausenden von im fahlroten Staub vergrabenen Basaltsteinen, die seit dem furchtbaren Sturz eines Asteroiden vor etwa vier Milliarden Jahren dort liegen. Das Wasser rieselt überall, es quillt aus dem Boden hervor, bildet winzige Pfützen, die langsam verdampfen, es schwärzt den hellen Sand, es gefriert im Schatten der vulkanischen Steine. Plötzlich geschieht etwas Ungewöhnliches: Ein undeutliches Grollen, eine vage Vibration läßt einen Augenblick lang den Boden erzittern. Das ist alles. Es folgt die große, beklemmende Stille, die allen Katastrophen vorangeht. Winzige Rinnsale fließen weiter zwischen den Steinen. Als dann der Boden zu wanken beginnt und ein unglaubliches Donnern alles erfaßt, erscheint am Horizont eine rote, 80 Meter hohe Welle aus einem Gemisch aus Schlamm, Wasser, Eis und Felsen, alles verschlingend, alles hinwegfegend, alles mitreißend, Ravi Vallis vertiefend. Schließlich brandet sie auf in einer gewaltigen Wolke, sie erschöpft sich, verschwindet in den Felsspalten, verschlungen vom Sand, verdampft, am Ende gefro-

ren, nachdem sie nur 120 Kilometer durch die Marswüste zurückgelegt hat. Eine solche vergleichbare Katastrophe gibt es auf der Erde nicht; unser Nachbar aber, der Mars, behielt wohl für immer eine Narbe davon zurück.

An diesem Tag stürzte auf dem Mars plötzlich ein 10 000 Quadratkilometer großes Plateau in sich zusammen. Prall gefüllt mit geschmolzenem Eis – zweifellos aufgrund einer Erwärmung des Untergrundes – setzte es mit einem Mal einen rasenden Fluß in Bewegung, der pro Sekunde eine unvorstellbar große Wassermenge transportierte – über tausendmal mehr als das Hochwasser des Amazonas … Und ebenso schnell, wie die riesige Welle erschienen war, verschwand das Wasser und hinterließ den Kameras der Viking-Sonden die seltsame Spur eines gigantischen, aber ausgetrockneten und nirgends mündenden Flusses.

An anderer Stelle und lange Zeit danach: Ein alter unterirdischer See gab vielleicht plötzlich dem Druck des Bodens nach, sprudelte als Geysir zur Oberfläche empor und speiste für wenige Minuten ein seit 100 Millionen Jahren ausgetrocknetes Wadi, bevor das Wasser für weitere 200 oder 300 Millionen Jahre den Dünen aus Sand und oxydiertem Staub den Platz überließ. So ist es möglich, daß auf dem Mars hin und wieder Wasser fließt, beispielsweise wenn sich der Planet der Sonne nähert oder wenn Magma aus seinem Innern aufsteigt. Auf dem Wüstenplaneten existiert möglicherweise noch heute flüssiges Wasser in der Nähe des Äquators, in Ares Vallis, in Sinus Meridiani oder auch im Hellas-Becken. Diese Regionen sind nämlich die am tiefsten gelegenen Gebiete des Planeten. Da es auf dem Mars keinen Ozean gibt, haben die Planetologen willkürlich einen Nullpunkt gewählt, der einem atmosphärischen Druck von 6,1 Millibar entspricht: Bei einer Temperatur von null Grad Celsius entspricht dieser Druck übrigens zugleich dem Tripelpunkt des Wassers … In Sinus Meri-

Die Oberfläche einer anderen Welt: Utopia Planitia. Ein Meteoriteneinschlag verwüstete diese nördliche Ebene vor einigen Hundert Millionen Jahren. Der staubige Boden wurde vom ferngesteuerten Arm

Mit einer ihrer Kameras fotografierte die Sonde Viking 2 sich selbst. Die Antenne, die dazu diente, ihre Signale zur Erde zu übertragen, zeichnet sich im Vordergrund gegen den Himmel ab.

der Sonde Viking 2 umgegraben, die Schutzkappe dieses Arms ist noch rechts neben den beiden Furchen zu sehen. Der staubbedeckte Himmel ist orangefarben wie die Landschaft.

diani, einem Gebiet, das etwa 2000 Meter unter diesem mittleren Niveau liegt, muß der atmosphärische Druck fast zehn Millibar erreichen (zwei Millibar sind es dagegen auf den höchsten Vulkanen); wenn im Sommer die Temperatur an der Marsoberfläche null Grad Celsius überschreitet, schmilzt das Eis im Untergrund wahrscheinlich sehr schnell, vor allem wenn es salzig ist, und es bleibt unter Umständen in flüssiger Form erhalten. Kann man sich vorstellen, daß es im Untergrund des Planeten Grotten und Schlünde mit unterirdischen Seen gibt, in denen reines Wasser, von einer heißen Quelle erwärmt und vor der vertrockneten Oberfläche durch eine Gangmasse aus Eis oder Dauerfrostboden geschützt, auf bessere Tage wartet, um hervorzusprudeln und sich im Sonnenschein zu ergießen?

Und vor diesen Landschaften, die so wenig außerirdisch wirken, die so vertraut sind, daß man bei jeder Dünenwindung damit rechnet, ein Kamel mit einem Akazienzweig im Maul auftauchen zu sehen, kehrt die im Hintergrund bohrende Frage wieder: und das Leben? Warum könnte es unter den Bedingungen, die anfänglich denen auf unserem Planeten so ähnlich waren, nicht auch auf dem Mars entstanden sein? Von allen Planeten des Sonnensystems ist der Mars sicherlich neben der Erde der einladendste Planet. Und doch enttäuschten uns die Viking-Sonden bei der Suche nach außerirdischem Leben. Von der Marsumlaufbahn aus sahen sie nichts, was Ähnlichkeit mit Spuren des Lebens hat: keine Pfade wandernder Tiere, keine zyklopenhafte Architektur, keine im Sand vergrabenen Städte. In den großen Ebenen der Nordhalbkugel entdeckten ihre Kameras nicht die geringste flüchtige Bewegung, nicht das winzigste Insekt, nicht den kleinsten Grashalm. Auch ihre chemischen und biologischen Detektoren, die komplexe und vieldeutige Ergebnisse lieferten, ließen keine große Hoffnung, auf dem Mars auch nur ein Bakterium, einen Virus

Dieselbe Landschaft von Utopia Planitia mitten im Winter: Eine feine Schicht Kohlendioxideis hat sich auf dem Boden niedergeschlagen. Die Temperatur beträgt ungefähr –120 Grad Celsius.

Nach Westen geht das riesige Geflecht der Canyons der Valles Marineris in das Labyrinth der Nacht über. Es handelt sich um ein Wirrwarr von engen Tälern, die sich in das Tharsis-Plateau eingraben. Auf diesem Bild sind die tiefen Täler des Labyrinths vom Morgendunst erfüllt.

zu finden. Aber obgleich wenig daran zu zweifeln ist, daß heute auf dem Mars kein Leben existiert, kann doch niemand sagen, daß es nicht einst dort entstanden ist und sich in einer tropischen Oase oder an den Ufern des Oceanus Borealis in unendlich langen Zeiträumen entwickelt hat. In diesem Fall müßte man sich bei den nächsten Marsmissionen darauf konzentrieren, in den Betten ausgetrockneter Flüsse, in den Ausläufern der großen Mars-Canyons nicht nach kleinen lebenden Tieren, sondern eher nach Fossilien zu suchen. Es sei denn, das Leben – falls dieses Wunder auch auf dem roten Planeten stattgefunden hat – konnte sich irgendwo an den eisigen und trockenen Winter anpassen, der sich allmählich über den Mars ausbreitete.

Auf der Erde hat sich das Leben schließlich an vielleicht noch exotischere Bedingungen angepaßt: Es gibt blinde Fische, Würmer, riesige Muscheln, die in den Ozeanen in einer Tiefe von 5000 Metern und mehr bei ungeheurem Druck und unglaublichen Temperaturen in der Nähe von Vulkanschlünden leben. In der schwärzesten Nacht der Grotte von Movile in Rumänien wächst und gedeiht zweifellos schon seit Tausenden, ja sogar Millionen Jahren eine ganze Fauna ohne ein einziges Sauerstoffmolekül zum Atmen. Halten Marsorganismen also vielleicht ihren Winterschlaf im eisigen Wasser eines unterirdischen Sees, weit unter den öden Wüstenplateaus, über die der Wind stürmisch und fast lautlos zugleich hinwegfegt? Seit zehn, hundert oder tausend Millionen Jahren warten sie, im Eis des Untergrundes von Sinus Meridiani zusammengekauert, womöglich geduldig auf bessere Zeiten, während die Sendboten der Menschen, die Roboter, in den Ebenen von Utopia und Chryse vergeblich nach Lebenszeichen suchen.

Der Planet Mars, betrachtet mit dem Hubble-Teleskop. Wie auf dem Foto auf Seite 85 ist auch hier die große dunkle Fläche von Syrtis Major zu sehen.

In der Nähe der Tharsis-Kuppe, die vom Grabensystem der Valles Marineris gezeichnet ist, erheben sich drei der vier großen Marsvulkane. Von oben nach unten: Ascraeus Mons, Pavonis Mons und Arsia Mons. Auf diesem Foto sind sie von weißen Wolkenbänken umgeben, und das Geflecht der Canyons des Labyrinths der Nacht rechts von ihnen ist vom Nebel erfüllt.

Phobos und Deimos:

Steine am Himmel

Der Mars wird von zwei Satelliten begleitet: Phobos und Deimos. Es sind winzige Himmelskörper, nach ihrer Größe und Masse kleinen Asteroiden vergleichbar, die im Abstand von nur wenigen tausend Kilometern um den roten Planeten kreisen. Das Foto zeigt Phobos, von Einschlagskratern übersät wie der Mond oder der Merkur.

Phobos und Deimos sind sehr dunkle Himmelskörper; gleich großen Kohlebrocken reflektieren sie nur fünf Prozent des Sonnenlichts. Das oben abgebildete Foto zeigt Deimos, der eine glattere und gleichmäßigere Oberfläche aufweist als Phobos.

Die sehr dunkle, von Kratern bedeckte Aschenebene gleicht bestimmten Mondlandschaften. Der schwarze Himmel, der mit Sternen gesprenkelt ist und den eine unveränderlich strahlende Sonne beherrscht, gehört zu einem Himmelskörper ohne die kleinste Spur von Atmosphäre. Wir stehen auf einem Hügelchen von etwa zehn Metern Höhe, einem – gemessen an dieser Welt – hohen Berg. Von diesem Gebirge aus betrachtet, scheint die zerfurchte Landschaft von Phobos, die sich bis zum Horizont erstreckt, außerordentlich nah zu sein. Von hier reicht die Sicht nur einige hundert Meter weit. Dahinter ist die Krümmung des Horizonts bereits so stark, daß der Blick direkt auf die Sterne fällt. Nach einer Wanderung von nur wenigen Minuten auf diesem kleinen Himmelskörper, der an den Planeten des Kleinen Prinzen erinnert, entdeckt man eine völlig neue Landschaft, und nach einem Spaziergang von zwei oder drei Stunden gelangt man an den Ausgangspunkt zurück und hat Phobos einmal ganz umrundet!

Doch Phobos bietet eines der schönsten Panoramen des ganzen Sonnensystems. Der Mars schwebt in einem Abstand von weniger als 6000 Kilometern direkt über uns. Blickt man zum Himmel auf, sieht man den roten Planeten so vor sich, als ob man mit einem Raumschiff über ihn hinwegflöge. Von hier ist das gigantische Geflecht der Canyons der Valles Marineris, in das Nebelfetzen eingedrungen sind, sehr gut erkennbar. Der Mars erscheint als eine Kugel mit einem scheinbaren Durchmesser von 50 Grad, hundertmal größer und heller als der Vollmond von der Erdoberfläche aus! Der Mars ist so nah, daß an seiner Oberfläche selbst mit bloßem Auge winzige Details, Krater von weniger als drei Kilometern Durchmesser, zu erkennen sind.

Alle 7 Stunden 40 Minuten vollendet Phobos eine Umkreisung seines Planeten und überfliegt die vier großen Vulkane des Tharsis-Plateaus, Olympus, Arsia, Ascraeus und Pavonis Mons. Der Mars hat zwei Satelliten: Phobos und Deimos. Bezogen auf das Sonnensystem sind sie lediglich Steine, die in einem Abstand von 9400 Kilometern beziehungsweise 23 500 Kilometern das Zentrum des Planeten umkreisen. Kein anderer Himmelskörper im Sonnensystem ist seinem Planeten so nahe. Deimos vollendet seinen Umlauf um den Mars in etwas mehr als dreißig Stunden. Phobos und Deimos haben im Gegensatz zu Mars, Erde oder Mond keine Kugelform, sondern die Form eines sehr un-

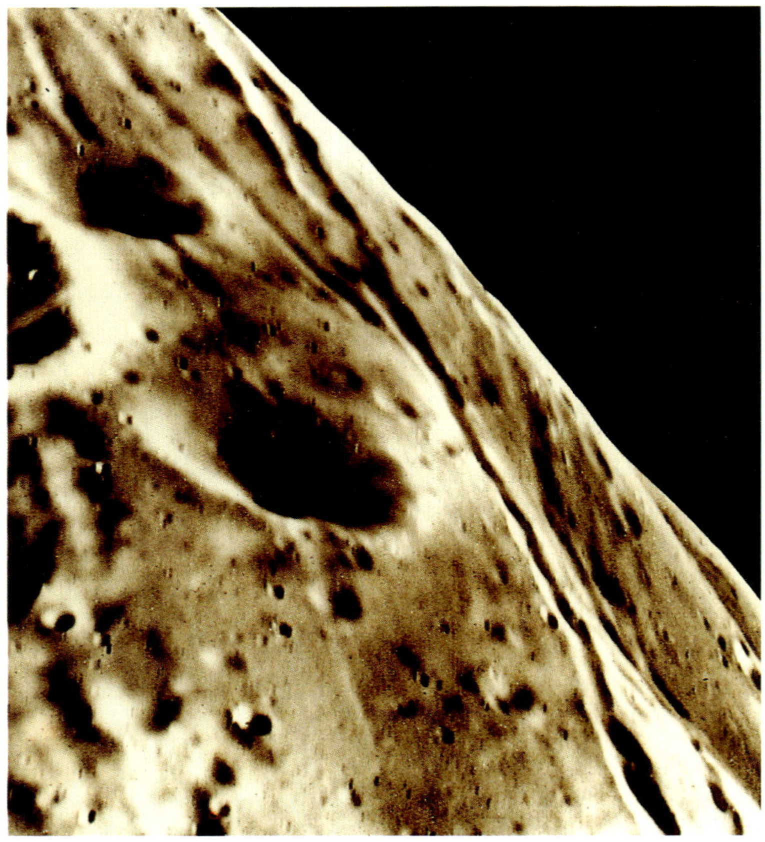

Phobos und Deimos wurden von den Viking-Sonden mit einer bisher bei fernen Weltraummissionen nicht erreichten Präzision beobachtet. Das hier abgebildete Gebiet der Oberfläche von Phobos mit einer Schenkellänge von drei Kilometern weist Streifen auf, deren Ursprung wir noch nicht kennen. Die Risse sind ungefähr zwanzig Meter tief. Die kleinsten Krater auf diesem Foto haben einen Durchmesser von nicht mehr als zehn Metern.

gleichmäßigen Ellipsoids mit drei Achsen. Ihre Abmessungen betragen 27 mal 21 mal 19 Kilometer beziehungsweise 15 mal 12 mal 11 Kilometer. Ihre Dichte beträgt 2,0 und 1,9 Gramm pro Kubikzentimeter. Die Masse von Phobos ist kaum größer als 10000 Milliarden Tonnen, die von Deimos erreicht keine 2000 Milliarden Tonnen. Eine solche Masse ist, bezogen auf das Sonnensystem, verschwindend klein. Auf der Erde entspricht sie in etwa dem Gewicht des Everest-Massivs. Tatsächlich war die Gravitation der Satelliten niemals so stark, daß sie schmolzen und von ihr modelliert wurden, bis sie schließlich wie die großen Planeten die Form einer fast perfekten Kugel erhielten ... Im 21. Jahrhundert werden sich gewiß Astronauten zum Phobos begeben, einem idealen Aussichtspunkt und Vorposten für die Beobachtung des roten Planeten. Selbst wenn die Astronauten mit Raumanzügen ausgerüstet wären, die ihnen eine Masse von über 200 Kilogramm verschafften, wögen sie auf Phobos nur 200 Gramm! Die Erforschung des Planetoiden wird unter diesen Umständen je nach Geschicklichkeit und Übung des Besuchers zum Traum oder Alptraum werden: Mit einem kleinen Stoß aus den Fußgelenken können die Forscher in einer langsamen Bewegung, wie man sie aus Träumen kennt, in den Himmel von Phobos steigen und nach einer weiten, parabelartigen Flugbahn mit einem Sprung gut hundert Meter zurücklegen. Aber wenn der Sprung zu heftig ist, laufen sie Gefahr, sich für mehrere Dutzend Minuten über dem Boden schwebend wiederzufinden oder sogar als Satelliten zu kreisen! Dann haben die Astronauten, paradoxerweise Gefangene des schwachen Gravitationsfeldes des Planetoiden, reichlich Zeit, den gewaltigen roten Planeten zu bewundern. Der Mars bleibt, von Phobos aus gesehen, genau an derselben Stelle am Himmel stehen: Die große Achse des Satelliten ist stets auf den Planeten ausgerichtet. Der Mars durchläuft während eines Tages auf Phobos alle Phasen, und wenn er direkt von der Sonne beleuchtet wird, ist das seltsamste Schauspiel, das er darbietet, vielleicht jener kleine, längliche, schwarze Fleck, der von Osten nach Westen über ihn hinweg zu fegen scheint: der Schatten des Trabanten Phobos.

Phobos ist wie der Mond oder der Merkur vollkommen von Einschlagskratern bedeckt: Die kleinsten mit einem Durchmesser von nur wenigen Metern verschwinden fast unter einer dicken Staubschicht, dem Regolith. Seine drei größten Krater, die man während der beiden Viking-Missionen im Jahr 1976 entdeckte, taufte man Roche, Hall und Stickney. Sie haben einen Durchmesser von fünf, sechs und neun Kilometern. Der Einschlag, durch den der Krater Stickney entstand, der fast zehn Prozent der Oberfläche bedeckt, hätte Phobos auch sehr gut auseinander sprengen können! Der große Marssatellit erscheint außerdem wie von einem gigantischen Pflug zerwühlt und weist tiefe und lange Kerben auf. Sie reihen sich perfekt aneinander, sind 100 bis 200 Meter breit, etwa zwanzig Meter tief und erstrecken sich über mehrere Kilometer. Was ist die Ursache dieser bizarren Ritzen? Ließ die Gewalt des eben erwähnten Einschlags Phobos so rissig werden? Die Oberfläche von Deimos ähnelt scheinbar der von Phobos. Die gleichen Krater, die gleichen Hügel und der gleiche, fast schwarze

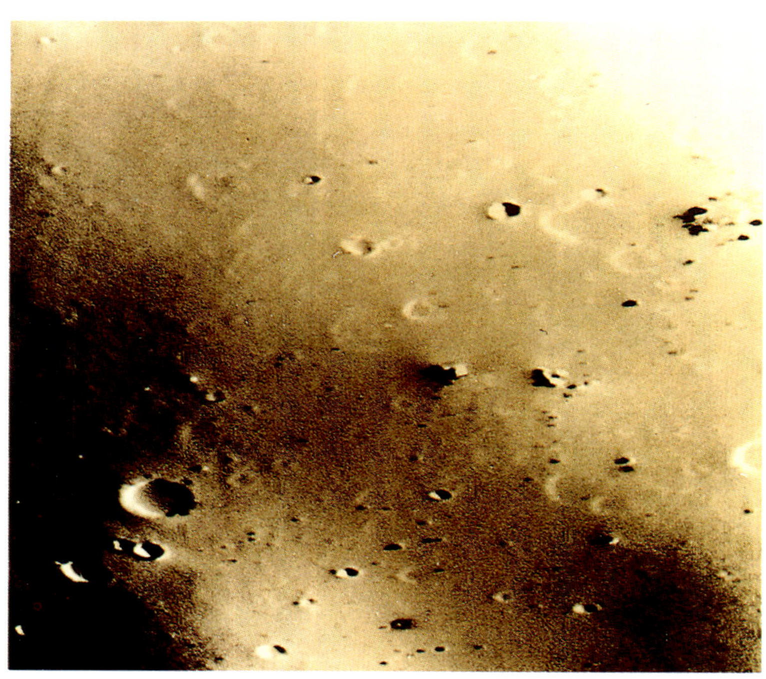

Ein ganz kleines Gebiet auf Deimos in einer Großaufnahme, von der Sonde Viking 2 fotografiert. Dargestellt ist eine Fläche von nur 100 Hektar! Die kleinsten Felsen, die auf der Oberfläche zu sehen sind, messen nicht mehr als einige Meter. Zahlreiche Einschlagskrater sind unter einer dicken Schicht aus Meteoritenstaub verschwunden, ähnlich der, die man auf dem Mond findet.

Phobos zieht in einem Abstand von weniger als 6000 Kilometern am Mars vorbei: Im ganzen Sonnensystem kennen wir keinen Satelliten, der seinem Planeten so nahe ist. Viking 2 zeichnete dieses außergewöhnliche Bild von Phobos über der Marsoberfläche auf. Da die Oberfläche des Satelliten so dunkel ist wie Kohle, wirkt er im Kontrast zum leuchtendroten Planeten vollkommen schwarz.

Staub, der über allem liegt. Der Rückstrahlwert von Deimos wie von Phobos beträgt etwa fünf Prozent. Doch die Oberfläche von Deimos ist glatter, gleichmäßiger; hier gibt es keine riesigen Einschlagskrater und keine Furchen. Deimos ist zweifellos von einer dicken Staubschicht bedeckt, die die Landschaft glättet, Krater geringer Tiefe zum Verschwinden bringt und das schwache Profil verbirgt.

Woher kommen Phobos und Deimos? Der Mars ist der einzige terrestrische Planet mit zwei derartigen Kleinsatelliten. Weder der Merkur noch die Venus noch die Erde besitzen solche Satelliten. Phobos ist dem Planeten sicherlich zu nahe und kann daher nicht an Ort und Stelle per Akkretion entstanden sein. Der Satellit kreist nämlich innerhalb der Roche-Grenze, dieser verbotenen Zone rund um einen Planeten, in der ein Körper enormen Gravitationsgezeiten unterliegt. Diesseits der Roche-Grenze kann sich die interplanetare Materie nicht zusammenballen und neigt dazu, auf den Planeten zu stürzen oder sich in Ringen um einen Planeten anzuordnen, wie dies bei den vier Riesenplaneten der Fall ist. Die Spezialisten sind heute fast alle der Meinung, daß Phobos und Deimos in Wirklichkeit Asteroiden sind, die bei ihrer Reise durch das Sonnensystem vom roten Planeten eingefangen wurden. Dennoch erheben sich ernsthafte Einwände gegen diese scheinbar natürliche und vernünftige Theorie. So sind die Umlaufbahnen von Phobos und Deimos fast vollkommen kreisförmig und liegen fast genau in der Ebene des Äquators des Planeten. Wie ist die derart präzise Justierung der Umlaufbahnen zu erklären? Niemand kann diese Frage beantworten. Zur Entstehung von Phobos und Deimos gibt es eine phantastische Hypothese: Diese beiden Körper seien demnach keine Asteroiden, sondern Gesteinsbrocken, die bei einem größeren Ausbruch eines riesigen Marsvulkans herausgeschleudert wurden! Mit einer Höhe von 27 Kilometern und Kesseln mit Hunderten von Kilometern Durchmesser erscheinen die Vulkane Arsia, Ascraeus, Olympus und Pavonis Mons, alle nicht weit vom Marsäquator entfernt, also direkt »unter« Phobos und Deimos gelegen, als ideale Verdächtige. Aber die Energie, die nötig wäre, um Brocken so groß wie Phobos und Deimos zu Satelliten zu machen, müßte exorbitant sein, hundertfünfzigmal größer als die gewaltigste auf der Erde registrierte Eruption. Science-fiction? Wie auch immer Phobos entstanden sein mag, er ist der Marsoberfläche zu nahe, als daß er bis in alle Ewigkeiten auf der Umlaufbahn bleiben könnte: Die ungeheure Masse des Mars zieht ihn unweigerlich an. Auf seiner Umlaufbahn von den Gravitationsgezeiten gebremst, stürzt Phobos allmählich auf den Mars hinunter… In rund 30 Millionen Jahren wird ein Berg vom Himmel fallen und den roten Planeten erschüttern. Er wird einen neuen Krater ausheben und einen gigantischen Staubsturm auslösen, der für Jahrhunderte in der Marsatmosphäre bleiben und den Planeten in Dunkelheit tauchen wird. Bis zu dieser fernen planetaren Katastrophe haben die Forscher genügend Zeit, das Geheimnis von Phobos und Deimos zu ergründen.

Vor einigen Milliarden Jahren schlug ein Himmelskörper so heftig auf Phobos auf, daß er den Satelliten hätte sprengen können. Der Krater mit einem Durchmesser von neun Kilometern, von den Astronomen Stickney getauft, besteht noch heute und bedeckt fast zehn Prozent der Oberfläche des Satelliten.

Gaspra:

ein Asteroid gibt Auskunft

Die große Familie der Asteroiden umfaßt zur Zeit mehr als 5000 Mitglieder, die Astronomen vermuten jedoch, daß im Sonnensystem mehrere Millionen dieser kleinen Himmelskörper existieren. Doch nur einem, der hier abgebildeten Gaspra, näherte sich eine Raumsonde, und es gelang ihr, ihn aus sehr kurzer Entfernung zu untersuchen. Die kleinsten Asteroiden haben einen Durchmesser von lediglich einigen Metern, der größte, Ceres, erreicht fast 1000 Kilometer.

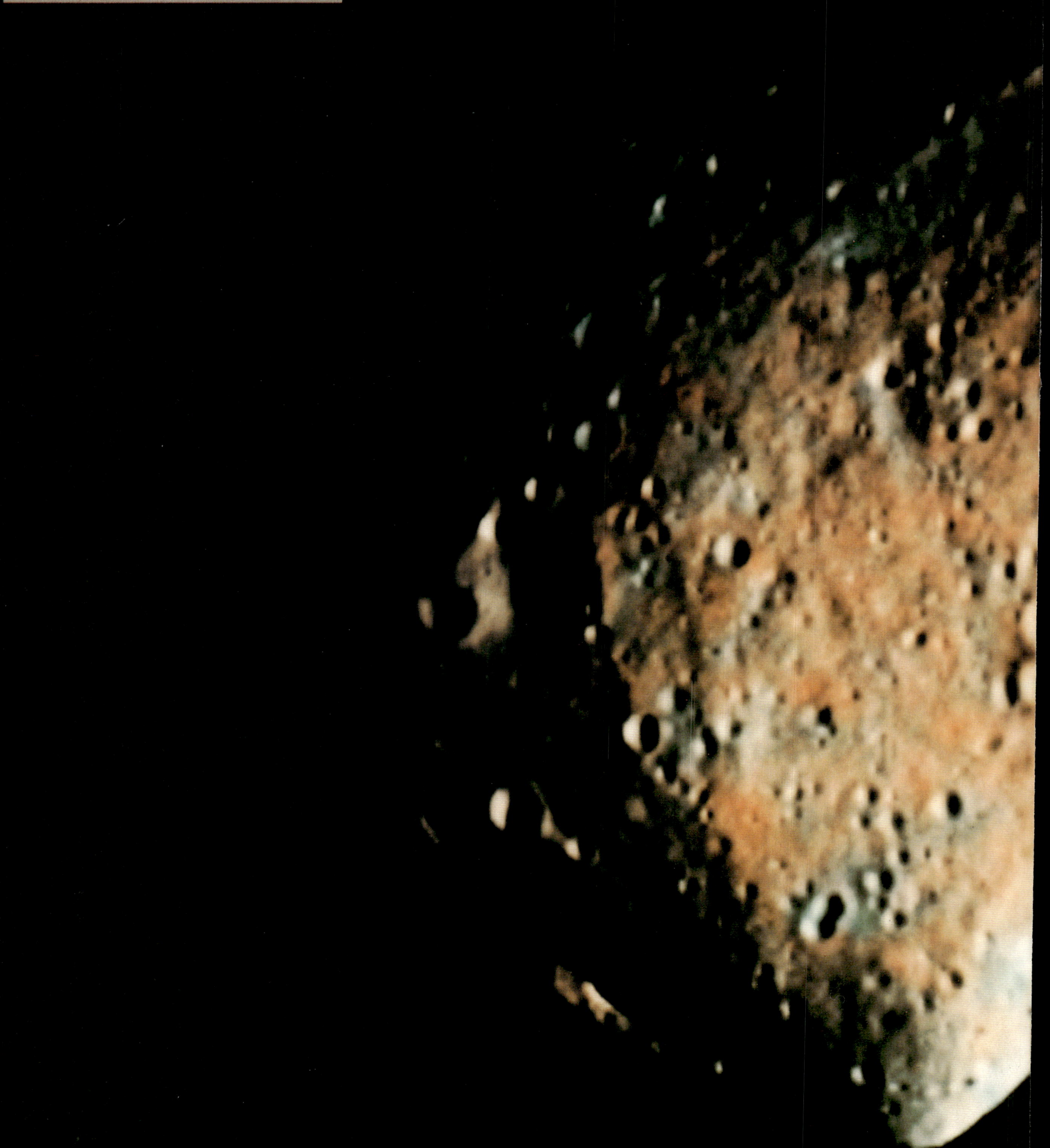

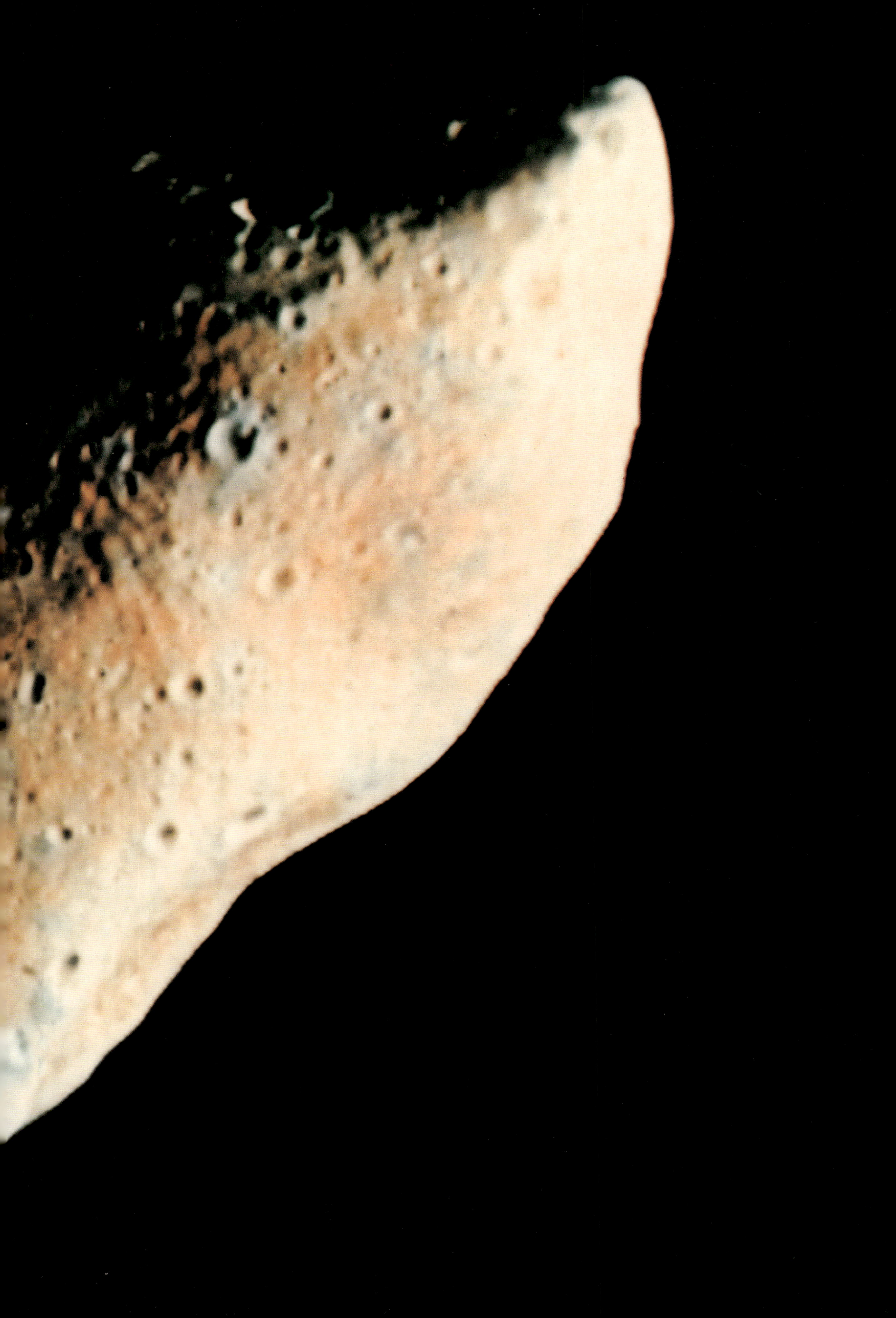

Jedes Jahr entdecken die Observatorien neue Asteroiden. Auf Fotos, die mit dem Teleskop gemacht werden, hinterlassen sie eine sehr deutliche helle Spur, die ihre schnelle Bewegung über den Himmel anzeigt.

Stille und Dunkelheit. Am Himmel kein Mond, kein Riesenplanet, der seine leuchtenden Nordlichter oder seine stürmischen Gaswirbel zur Schau stellt. Ein leerer Raum, lediglich markiert von den sehr fernen und kalten Sternen der Milchstraße. Ein schrecklicher Ort. Die Landschaft, die uns umgibt, ist vollkommen unsichtbar, und nur die Tatsache, daß die Sterne nicht überall sind, daß es also einen Horizont gibt, deutet an, daß wir nicht im interstellaren Nichts schwimmen. Die Schwerkraft der Welt, auf der wir uns befinden, ist lächerlich: Ein Astronaut wöge hier weniger als 100 Gramm und könnte mit einem kräftigen Sprung dieses schwache Gravitationsfeld für immer verlassen. Nach drei Stunden vierzig Minuten totaler Dunkelheit ist am Horizont dieses atmosphärelosen Himmelskörpers endlich die Sonne aufgegangen. Von hier erscheint der Sonnenstern als eine winzige Scheibe, zehnmal dunkler als die warme Sonne der Erde. Die ersten Strahlen dieser außerirdischen Morgendämmerung beleuchten ein chaotisches Gelände niedriger Hügel und Einschlagskrater, die hier und da in die eintönige Ebene brauner Asche gegraben sind. Der Horizont ist nur wenige Meter entfernt… Dieser Stein scheint in einem vollkommen leeren Raum verloren zu sein, und doch befinden wir uns auf Gaspra, im Gebiet mit der größten Objektdichte des Sonnensystems! Denn zwischen Mars und Jupiter liegt der Asteroidengürtel, ein weiter Kreisbogen, der sich ungefähr 300 Millionen bis 600 Millionen Kilometer um die Sonne erstreckt und in dem sich Millionen, wenn nicht sogar Milliarden Felsbrocken jeder Größe bewegen.

Gaspra wäre ein dunkler, namenloser Stein geblieben, hätte er nicht als erster Asteroid den Besuch einer Raumsonde vom Planeten Erde erhalten. Am 29. Oktober 1991 passierte die amerikanische Sonde Galileo diesen Himmelskörper, der in einem Abstand von 330 Millionen Kilometern um die Sonne kreist, auf dem Weg zum Jupiter in einer Entfernung von etwa 1600 Kilometern: ein echter Tiefflug. Während des einige Stunden dauernden Vorbeiflugs präsentierte uns das starke Teleskop von Galileo eine neue Welt; bis zu diesem Zeitpunkt konnten die Asteroiden nämlich nie genau beobachtet werden, da sie zu klein und von der Erde zu weit entfernt sind: für die Astronomen waren sie lediglich kleine helle Punkte am Himmel.

Gaspra ist ein großer, ungleichmäßig geformter Felsbrokken, er mißt 19 mal 12 mal 11 Kilometer und wiegt rund

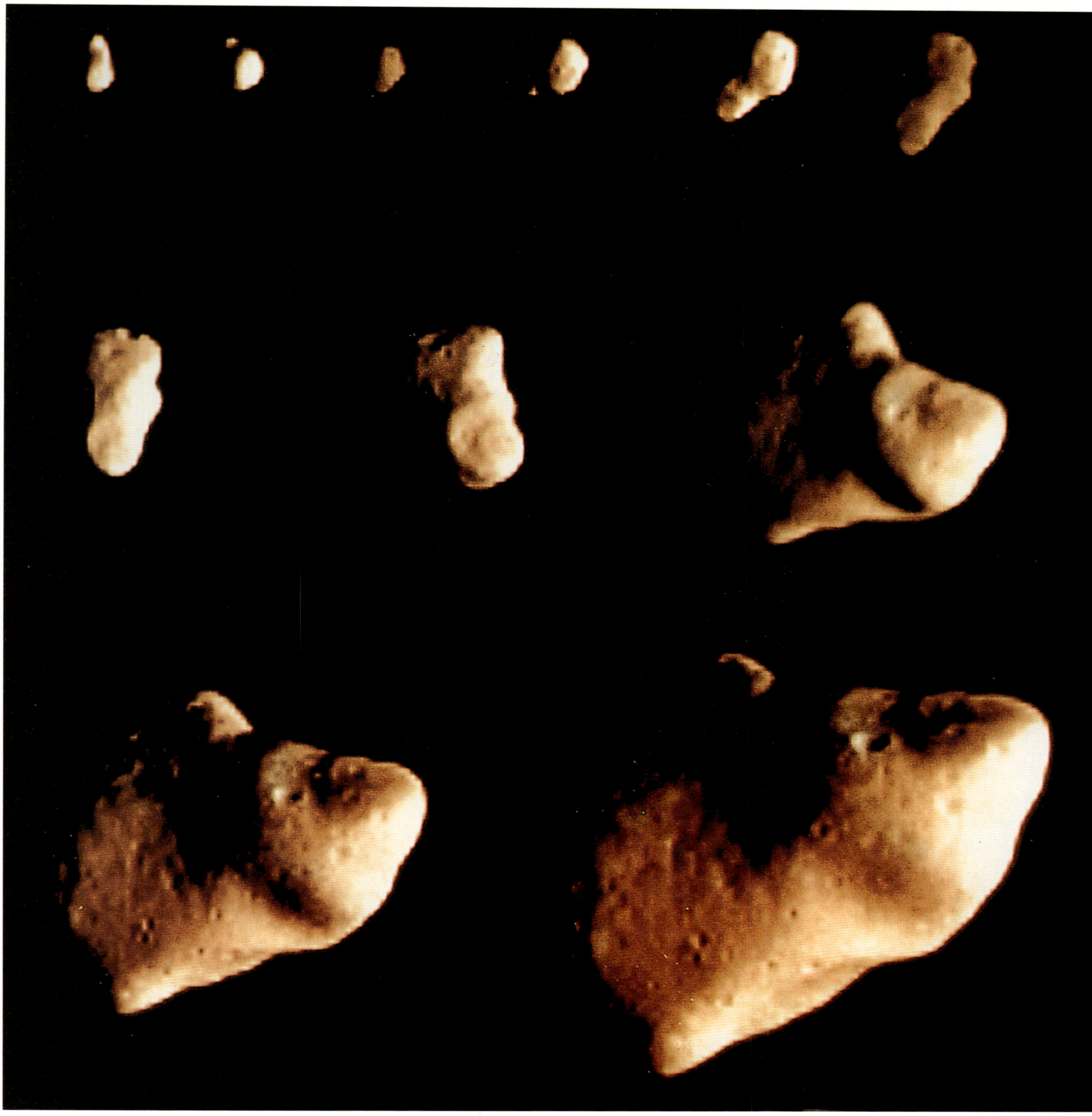

Film einer Begegnung: Am 29. Oktober 1991 traf die amerikanische Sonde Galileo auf den Asteroiden Gaspra. Auf dieser Bildserie erkennt man, daß der Satellit sich langsam um sich selbst dreht, während sich die Sonde mit großer Geschwindigkeit nähert. Gaspra ist ein kleiner Asteroid, ein Felsblock von 19 mal 12 mal 11 Kilometern Länge und einem Gewicht von rund 5000 Milliarden Tonnen.

5000 Milliarden Tonnen. Seine Größe liegt zwischen der von Phobos und Deimos; wie diese ist er von einer dicken Schicht aus Regolith bedeckt, die ihrerseits von Einschlagskratern durchlöchert ist. Aber im Gegensatz zu Merkur, Mond und Phobos sind die Staubflächen von Gaspra nicht mit Einschlägen förmlich übersät. Die Bilder von Galileo zeigen weniger als hundert Einschläge, und der Durchmesser der größten geht nicht über 1500 Meter hinaus. Diese Entdeckung ist überraschend und sehr wichtig: Sie besagt, daß Gaspra im Unterschied zu den Planeten und den meisten ihrer Satelliten ein junges Objekt sein muß; nach dem Umfang der von Kratern bedeckten Fläche und der Kratergröße hat der Himmelskörper ein Alter von nur rund 200 Millionen Jahren! Die dem Kopf eines Hais ähnelnde Silhouette von Gaspra enthält möglicherweise die Lösung dieses Rätsels: Der kleine Asteroid besteht ohne Zweifel aus zwei Blöcken, zwei ehemaligen Asteroiden, die zu einem Zeitpunkt miteinander kollidierten, der im zweiten Erdzeitalter anzusetzen ist. Kollisionen mit ihresgleichen sind scheinbar das Los vieler Asteroiden: Castalia, ein zwei Kilometer großer Kleinasteroid, im Jahre 1989 nicht weit von der Erde entdeckt, besteht ebenfalls aus zwei großen, aneinander klebenden Stücken. Das gleiche gilt für Toutatis, der auch im Jahr 1989 entdeckt wurde und dessen zweigeteilte Form sichtbar wurde, als er Ende 1992 sehr nah an der Erde vorbeizog. Hat der 6,5 Kilometer lange Toutatis die Form einer Sanduhr, oder besteht er eher aus zwei einzelnen Felsen, die umeinander kreisen? Wir wissen es noch nicht.

Zwar ist Gaspra von allen Asteroiden nun der berühmteste und bekannteste, im Gefolge der Planetoiden jedoch nimmt er einen bescheidenen Platz ein. Hunderte unter ihnen sind größer und massiver als er. Die Forscher schätzen, daß es im Sonnensystem mehrere Milliarden winziger Asteroiden mit wenigen Metern Durchmesser gibt. Jedes Jahr stürzen Hunderte dieser Steine auf die Erde, nachdem sie teilweise zertrümmert wurden, als sie mit einer Geschwindigkeit von mehreren Tausend Stundenkilometern in die Atmosphäre eindrangen. Fast überall findet man auf dem Globus diese Meteoriten, die mehrere Milliarden Jahre zwischen den Planeten umherirrten, ehe sie die Bahn unserer Erde kreuzten. Die Zahl der Asteroiden mit einem Durchmesser von wenigstens einem Kilometer schätzt man auf etwa eine Million; die meisten davon harren noch ihrer Entdeckung… Die Astronomen kennen heute die Eigenschaften von mehr als 5000 Asteroiden sehr gut, die wie Castalia, Toutatis oder Gaspra einen Durchmesser von einem Kilometer bis 20 Kilometern haben. Aber die mächtigsten unter ihnen übertreffen Gaspra bei weitem an Größe: Etwa hundert Asteroiden messen mehr als 200 Kilometer im Durchmesser. Wie Gaspra oder Phobos besitzen diese Objekte jedoch nicht genügend Masse, um die Kugelform anzunehmen, welche die großen Planeten und Satelliten durch die Gravitation erhalten haben. Vesta und Pallas, wahrscheinlich ellipsoid geformt, haben einen Durchmesser von über 500 Kilometern. Der größte Asteroid des Sonnensystems schließlich, Ceres, stellt eine bemerkenswerte Ausnahme dar: er ist eigentlich ein kleiner, kugelförmiger Planet, der einen Durchmesser von fast 1000 Kilometern erreicht. Ceres muß den Satelliten Tethys, Dione, Ariel, Umbriel und Charon ähneln, die nahezu gleich groß sind. Aber diese Objekte bestehen überwiegend aus Eis, während die im wesentlichen felsige Ceres eine größere Dichte aufweist. Die Masse der Ceres stellt möglicherweise ein Viertel der Gesamtmasse der Milliarden Asteroiden dar, die um die Sonne kreisen! Der Asteroid zieht in viereinhalb Jahren auf einer leicht elliptischen Bahn mit einem mittleren Abstand von 414 Millionen Kilometern um die Sonne.

Die Forscher sind der Meinung, daß Ceres bei der Bildung des Sonnensystems die Tendenz hatte, ein Planet von der Größe der Venus, der Erde oder des Mars zu werden, als sie durch die Staubscheibe fegte, die die junge Sonne umgab. Doch die Nähe zum größten Planeten des Sonnensystems, zu Jupiter, machte möglicherweise den Erfolg dieses Prozesses zunichte. Die enorme Masse des Jupiter könnte die Bahnen der Asteroiden gestört und ihre Zusammenballung zu einem einzigen Körper verhindert haben. In dem Gürtel vereint, der nun ihren Namen trägt, bilden diese gewissermaßen die Fossilien des Sonnensystems und zeigen uns einen fast unversehrten Rest der protoplanetaren Scheibe. Bestimmte Körper wie Gaspra sind neueren Ursprungs, sie entstanden durch den Zusammenprall älterer Planetoiden; andere sind sicherlich intakt und kreisen unverändert seit 4,5 Milliarden Jahren um die Sonne. Im Laufe der Zeit wurden die Asteroiden durch die Gravitationskräfte der großen Planeten gezwungen, ihre Bahn zu ändern, und gruppierten sich zu großen, mehrere tausend Objekte umfassenden Familien, die in den dichtesten Zonen kreisen. Zwischen diesen Regionen liegen Zonen der Leere, in denen Gravitationsresonanzen die Bahnen instabil machen und die Asteroiden daraus vertreiben.

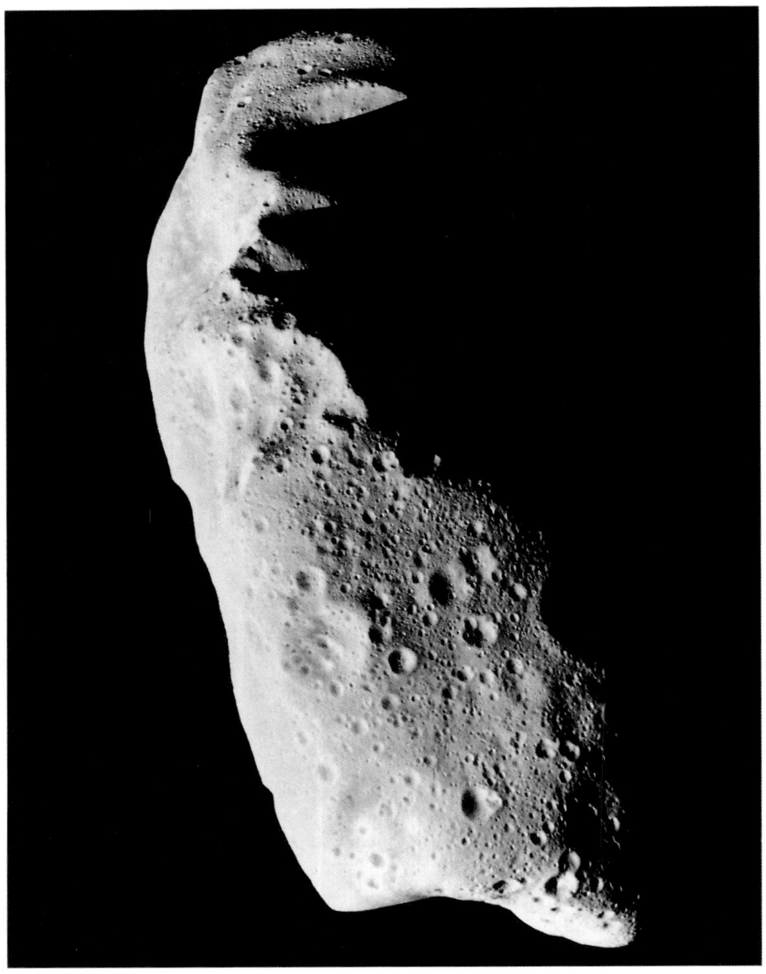

Am 28. August 1993 flog die Raumsonde Galileo in weniger als 2500 Kilometern Entfernung an dem Asteroiden Ida vorbei und sandte dieses Bild zur Erde. Es zeigt einen länglichen Felskörper, der 52 mal 24 Kilometer mißt. Ida ist zweimal so groß wie Gaspra und scheint auch älter zu sein. Das beweisen die zahlreichen Krater, von denen einige stark erodiert sind.

Zwar ziehen über 95 Prozent der Asteroiden wie Ceres oder Gaspra ihre Bahn zwischen dem Mars und dem Jupiter, einige haben jedoch sehr abweichende Bahnen. Beispielsweise kreisen die Trojaner- Asteroiden, die von Jupiter eingefangen wurden, auf dessen Umlaufbahn vor und hinter dem Riesenplaneten in einem Abstand von 60 Grad. Chiron wiederum, 1977 entdeckt, zieht auf einer eigenwilligen Bahn, die ihn in einem halben Jahrhundert durch die Gefilde des Saturn bis über Uranus hinausführt. Das Objekt 1992 QB1, das Ende 1992 entdeckt und von den Astronomen bisher noch nicht getauft wurde, hält zur Zeit den Entfernungsrekord, denn es befindet sich noch jenseits von Pluto, neun Milliarden Kilometer von dem Planeten entfernt! Umgekehrt gelangen bestimmte kleine Asteroiden in große Nähe zur Sonne, zum Beispiel Ikarus, der sich noch innerhalb der Merkurbahn bewegt. Die Asteroiden der Amor-Familie kreuzen die Bahn des Planeten Mars: Möglicherweise fing der rote Planet bei dieser Gelegenheit Phobos und Deimos bei

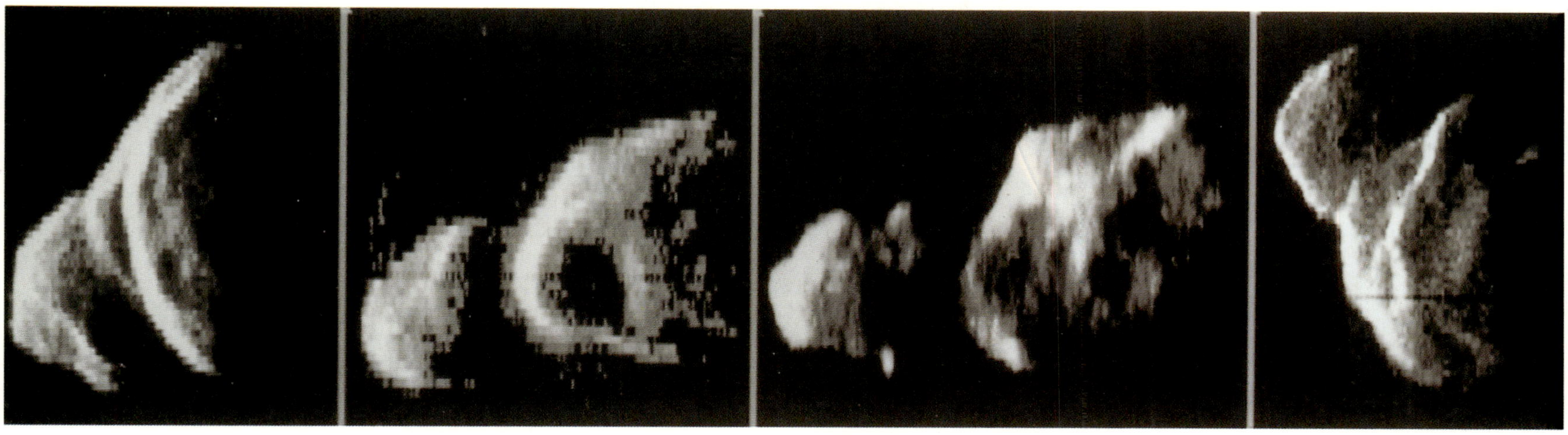

Die Asteroiden Castalia und Toutatis wurden mit sehr großen Radioteleskopen von der Erde aus beobachtet. Diese Serie von vier Bildern, die im Dezember 1992 gemacht wurden, überraschte die Astronomen: Toutatis scheint ebenso wie Castalia aus zwei Teilen zu bestehen. Die Fachleute wissen noch nicht, ob das Objekt wirklich zweigeteilt ist oder ob es in etwa wie eine Hantel geformt ist.

einer starken Annäherung ein. Die Asteroiden der Apollo-Familie sind Objekte mit einem Durchmesser von ein bis fünf Kilometern und kreuzen die Erdbahn unmittelbar. In der Vergangenheit sind Apollo, Adonis, Hermes, Geographos, Ikarus und in jüngster Zeit Toutatis sämtlich sehr nahe an unserem Planeten vorbeigeflogen. Es ist sicher, daß der eine oder andere dieser gewaltigen Felsbrocken aus dem Weltraum in den nächsten Millionen Jahren auf die Erde stürzen wird, wie dies bei den Asteroiden seit der Entstehung des Sonnensystems regelmäßig der Fall ist. Der berühmte Meteor Crater in der Wüste von Arizona, ein Kessel von 1200 Metern Durchmesser und 200 Meter tief, wurde vor etwa 30 000 Jahren von einem Block mit einem Durchmesser von nur 20 oder 30 Metern ausgehoben.

Vor noch längerer Zeit, an der Grenze zwischen Kreidezeit und Tertiär vor 65 Millionen Jahren, verursachte zweifellos der Sturz eines Asteroiden von etwa zehn Kilometern Durchmesser das Aussterben von 75 Prozent der Tier- und Pflanzenarten auf der Erde. Heute würde der Sturz von Ikarus oder von Toutatis die Biosphäre auf unserem Planeten vollkommen umwälzen. Unsere empfindliche Spezies wäre vielleicht nicht unter den Überlebenden oder erlitte durch den Einschlag irreparable Schäden. In Erwartung eines solchen Desasters entdecken die Astronomen mit ihren immer leistungsfähigeren Teleskopen zur Zeit mehrere Dutzend Asteroiden pro Jahr…

Nach Meinung der Mehrzahl der Forscher sind die Satelliten des Mars, Phobos und Deimos, ehemalige Asteroiden, die vom roten Planeten eingefangen wurden. Auf diesem Bild sind Deimos, Gaspra und Phobos (von links nach rechts) im gleichen Maßstab zu sehen, um einen Vergleich zu vereinfachen. Deimos weist eine gleichmäßigere Oberfläche auf: Dieser Himmelskörper ist von einer dicken Schicht aus Meteoritenstaub bedeckt.

Jupiter:

Tauchfahrt im Orkanstern

Der Jupiter, der größte Planet des Sonnensystems mit einer über dreihundertmal größeren Masse als die Erde, ist eine im wesentlichen gasförmige Welt. Hier toben Stürme, die ganze Planeten verschlingen könnten. Dieses Foto zeigt eine außergewöhnliche Ansicht des gigantischen Himmelskörpers: Im Vordergrund ziehen zwei seiner größten Satelliten, Io und Europa, vor dem Hintergrund der bunten Jupiterwolken vorbei. Io ist größer als der Mond der Erde.

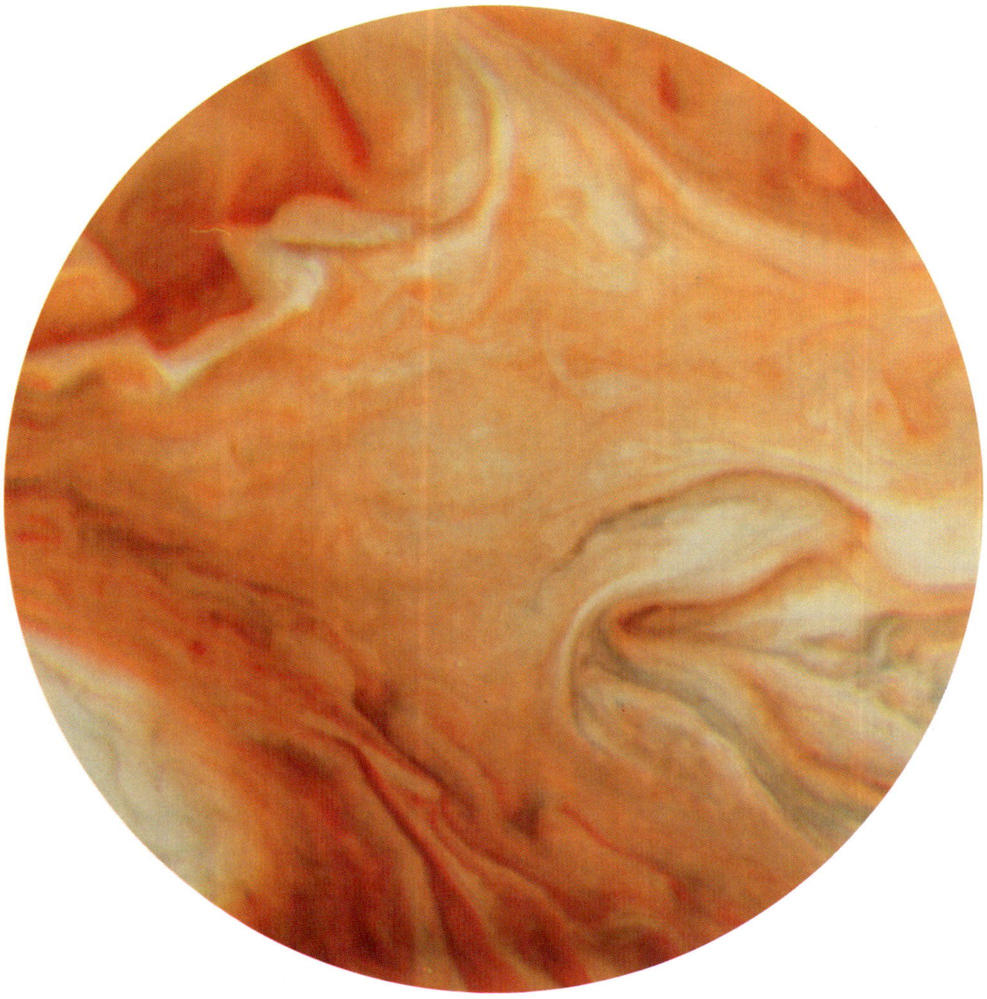

Die obere Atmosphäre des Jupiter, hier in einer Großaufnahme der Sonde Voyager 1. Die Entstehung der Farben dieser Wolken ist noch nicht vollkommen geklärt. Die kleinsten hier sichtbaren Details messen in Wirklichkeit 30 Kilometer.

Ockerfarbene und gelbe Wolkenspiralen ziehen still dahin und verhüllen den blauen Himmel für Augenblicke. Der Wind bläst mit Sturmstärke, und zwischen zwei Wolken erscheint winzig und fern die Sonne. Es ist kalt, –120 Grad Celsius, aber der atmosphärische Druck entspricht dem auf der Erde. Die eisige, praktisch sauerstofflose Atmosphäre läßt sich nicht atmen. Ein Astronaut, der sich auf diesen Orkanstern verirrte, würde von den Sturmböen wie ein Strohhalm davongetragen. Unmöglich, sich an irgendeinen Felsen zu klammern: hier gibt es keinen Boden; wir befinden uns mitten im Himmel, in den Wolken des Jupiter, des größten Planeten. Auf dieser gestaltlosen Welt sind Wind und Wolken König. Über uns ziehen blendend helle Zirruswolken aus Ammoniak mit schwindelerregender Geschwindigkeit dahin, und die ockerfarbenen Berge, über denen wir uns befinden, wirbeln in die Höhe und zerreißen unter dem Druck des Windes, der mit über 500 km/h weht.

Nach den vier erdähnlichen Planeten, deren Oberflächen bald wild und feindlich, bald vertraut und beruhigend auf uns wirken und sozusagen menschliche Dimensionen haben, bietet uns das Sonnensystem nun fremde, völlig anders geartete Welten. Unter ihnen dominieren die vier Riesenplaneten, Gaskugeln, Orte gewaltiger atmosphärischer Störungen. Hier werden die mit sehr hoher Geschwindigkeit wehenden Winde zu Orkanen, in denen die Erde zugrunde gehen könnte. Jupiter, Saturn, Uranus und Neptun, gasförmige Wolkenwelten, machen zusammen mehr als 99 Prozent der Planetenmasse des Sonnensystems aus. Um sie herum kreisen mehrere Dutzend kleine Welten, winzige Steine oder echte Planeten aus Eis und Fels.

Der Jupiter ist der größte der Riesenplaneten. Er hat einen Äquatordurchmesser von etwa 142 000 Kilometern und kreist in etwas mehr als elf Erdjahren in einer Entfernung von 778 Millionen Kilometern um die Sonne. Die Jupitermasse ist 318mal größer als die der winzigen Erde. Zwar ist der Jupiter gegenüber seinen kleinen Planetenbrüdern gigantisch, doch er ist winzig im Verhältnis zu dem Stern im Zentrum unseres Sonnensystems: die Masse der Sonne ist über tausendmal größer als die des Jupiter!

Trotz seiner gewaltigen Masse besteht der Jupiter im wesentlichen aus Gas. Seine Dichte von 1,34 Gramm pro Kubikzentimeter ist praktisch gleich der der Sonne, und wie unser Stern besteht der riesige Planet zu 98 Prozent aus Was-

Die obere Jupiteratmosphäre ist von Wirbelsturmsystemen gekennzeichnet, die über Jahre, ja sogar Jahrhunderte bestehen bleiben können. Hier ist die südliche Region des Planeten zu sehen, die von dem berühmten Großen Roten Fleck (oben) dominiert wird. Die antizyklonische Wirbelstruktur in Form des weißen Ovals in der Mitte des Bildes ist so groß wie die Erde.

Später Nachmittag auf dem Jupiter: Der Große Rote Fleck nähert sich dem Rand des Riesenplaneten und taucht gleich in die Nacht. Auf diesem Bild sind die atmosphärischen Störungen zu sehen, die vom größten Sturm des Sonnensystems hervorgerufen werden. Südlich vom Großen Roten Fleck schlängelt sich eine Gasströmung zur weißen Antizyklone hin. Im Norden ist das Wolkenband, in dem der Große Rote Fleck kreist, über zigtausend Kilometer durcheinandergewirbelt.

serstoff sowie Helium und zu rund zwei Prozent aus komplexeren Elementen wie Methan, Ethan, Ammoniak oder Acetylen. Sein Volumen ist 1400mal größer als das der Erde; er dreht sich in weniger als zehn Stunden um sich selbst: Bei der enormen Masse und der geringen Dichte des Planeten erzeugt eine solche Geschwindigkeit eine starke Zentrifugalkraft, die zu einer Abplattung führt. Daher ist der Jupiter nicht kugelförmig, sondern ein Ellipsoid. Der Poldurchmesser des Planeten beträgt 133 000 Kilometer und ist viel kleiner (der Unterschied beträgt fast einen Erddurchmesser!) als der Durchmesser am Äquator, der 142 000 Kilometer erreicht. Die Form des Riesenplaneten und seine hohe Rotationsgeschwindigkeit erzeugen eine sehr spezifische Atmosphäre, in der parallel zum Äquator Wolkenbänder übereinander gleiten. Wie in der Erdatmosphäre bilden sich Tiefdruck- und Hochdruckgebiete an den Berührungspunkten der großen parallelen Wolkenströmungen. Die stärksten planetaren Stürme erreichen solche Dimensionen, daß man sie sehr gut von der Erde aus beobachten kann. Diese Erscheinungen finden in der oberen Jupiteratmosphäre statt; sie variieren in Größe, Deutlichkeit und Färbung und erreichen ungewöhnliche Ausmaße, so daß sie von der Erde aus ständig von Observatorien, aber auch von Amateurastronomen betrachtet werden können.

Dieses vertraute Bild des Jupiter wurde am 28. Mai 1991 vom Hubble-Teleskop aus der Erdumlaufbahn aufgenommen. Bemerkenswert ist, daß das große Foto auf der linken Seite schon zwölf Jahre früher, am 29. Juni 1979, von Voyager 2 gemacht wurde. Die Hubble-Aufnahme zeigt sehr deutlich die parallelen atmosphärischen Strömungen, die den Planeten umgeben, sowie den Großen Roten Fleck.

Die Jupiterringe, weit weniger spektakulär als die des Saturn, sind schwierig zu beobachten. Sie sind hier rechts im Gegenlicht zu sehen, während sich die obere Atmosphäre des Jupiter als dünne, farbige Sichel abzeichnet.

Zurück in die obere Atmosphäre des Jupiter. Am tiefblauen Himmel erscheinen vier Mondsicheln. Der nächste dieser Monde, Io, ist lebhaft gelb gefärbt und scheint größer und heller zu sein als unser Mond, den wir von der Erde aus sehen. Am mehrere hundert Kilometer fernen Horizont taucht eine ungeheuer große, tiefrote Wolkenwelle auf. Aus dieser Entfernung erscheint die gigantische, beunruhigende Woge unbeweglich. Es handelt sich in Wirklichkeit jedoch um den äußeren Rand des außergewöhnlichsten Zyklons im ganzen Sonnensystem. Der Große Rote Fleck, der schon seit mehreren Jahrhunderten durch die Jupiteratmosphäre wirbelt, ist ein monströses Sturmgebiet mit einem Durchmesser von 30 000 Kilometern; es dreht sich in sechs Tagen um sich selbst und könnte, gemessen an seinem Umfang, die Erde mühelos verschlingen. Die enormen, aus Phosphor bestehenden Kumuluswolken des Roten Flecks erstrecken sich bis in eine Höhe von 20 Kilometern über der Jupiteratmosphäre und ziehen eine Wirbelspur von mehreren zigtausend Kilometern hinter sich her. Nichts hat hier irdische Maße. Dennoch könnte uns die obere Jupiteratmosphäre mit ihrem blauen Himmel, einem Druck und einer Temperatur, die etwa denen der Erde vergleichbar sind, vertraut erscheinen, wären die uns umgebenden Wolken nicht so groß wie Planeten und würden sie unseren Blikken nicht einen so schwarzen und tiefen Ozean verbergen, daß einem übel werden kann. Tauchen wir tiefer in die Wolkenschichten ein, zeigt sich uns eine ganz andere Welt, die mit der Materie, wie wir sie auf unserem winzigen blauen Planeten kennen, vollkommen unvereinbar ist. Die amerikanische Raumsonde Galileo bewegt sich zur Zeit Richtung Jupiter und soll in der oberen Jupiteratmosphäre eine »Selbstmordmission« ausführen. Die Hauptplattform von Galileo ist mit leistungsfähigen Kameras ausgerüstet, die den Planeten und dessen vier große Satelliten zwischen 1996 und 1998 beobachten werden. Während diese Plattform in einer Umlaufbahn zurückbleibt, wird eine abgetrennte Sonde in die bunten Wolken der Jupiteratmosphäre eintauchen. Die Forscher wissen bereits ungefähr, was ihren Roboter erwartet. Beim Hinabgleiten durch die gelben und weißen Wolken steigt die Temperatur wie in der Atmosphäre irgendeines anderen Planeten gleichmäßig an. Bei einem atmosphärischen Druck von fünf Bar sind null Grad Celsius erreicht. In einer Tiefe von rund 50 Kilometern, einer Region, die bereits für Teleskope auf der Erde unerreichbar ist, klettert die Temperatur auf über 30 Grad Celsius, und der Druck gleicht dem eines

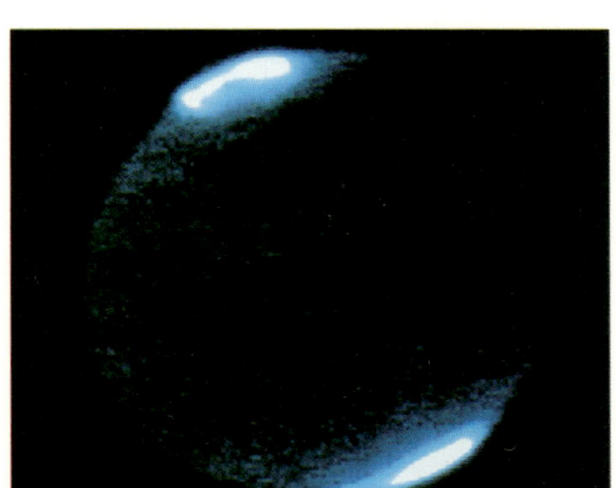

Das Magnetfeld des Jupiter ist zehnmal stärker als das unseres Planeten Erde. Dieses Feld ionisiert die Atome in der oberen Jupiteratmosphäre und läßt dabei die beiden Pole des Planeten hell aufleuchten.

Diese beiden Jupiterkarten entstanden aufgrund der von den Voyager-Sonden erfaßten Daten. Die obere Aufnahme stammt von Voyager 1, die dem Planeten Anfang Februar 1979 begegnete, die untere von Voyager 2, die den Jupiter Ende Juni passierte. In etwa fünf Monaten entwickelten und bewegten sich zahlreiche Wolkensysteme. Vergleichen Sie dieses Dokument mit dem Foto auf Seite 113, das vom Hubble-Teleskop aufgenommen wurde.

irdischen Ozeans in einer Tiefe von 70 Metern. Bis hierher geht alles gut; die Bedingungen, die in dieser Umgebung herrschen, sind von einer Sonde gut zu verkraften, eventuell sogar noch von einem Astronauten in einem Taucheranzug. Das vom dichten Nebel gestreute Sonnenlicht ist dämmerig. Ist es möglich, daß Segler mit durchsichtigen Flügeln still durch diese Wolken aus Wasserstoff, Helium und Wasserdampf gleiten und mit den Strömungen treiben? Könnten sie sehen, wie die Sonde Galileo, rot wie ein Meteor, mit 185 000 km/h über den Himmel des Jupiter zieht?

In größerer Tiefe steigt die Temperatur des Riesenplaneten weiter an: Unter den Wolken, bei einer Tiefe von 100 Kilometern und einem Druck von zehn Erdatmosphären, werden 100 Grad Celsius überschritten. Die Sonne ist hier nicht zu sehen, die Eigenwärme des Planeten macht sich bemerkbar. Der Jupiter strahlt nämlich etwa zweimal mehr Energie ab, als er von der Sonne erhält – eine im Sonnensystem einmalige Tatsache. Im Halbschatten der Jupiterwolken, durch die gelegentlich unerträglich grelle Gewitterblitze zucken, dringen wir in eine immer dichter werdende Atmosphäre ein; bald herrscht tiefste Finsternis, Druck und Temperatur steigen entsetzlich an. Die schrecklichen Werte, die an der Oberfläche der Venus herrschen, 90 Bar und 460 Grad Celsius, werden noch übertroffen, während wir gerade erst die Wolkenhaut durchdrungen haben, von der die ungeheure Kugel des Jupiter umgeben ist. Galileo wird kaum weiter gelangen. Wenn die Sonde in einigen hundert Kilometern Tiefe verschwunden, zerstört, verdampft ist, kann sie die Temperatur von vielen hundert Grad und den Druck von vielen hundert Bar nicht mehr messen … Das Ende der Reise kann man sich nur vorstellen: Wer oder was könnte einen solch unglaublichen physischen Druck aushalten? Bei einigen tausend Kilometern Tiefe werden die Zahlen abstrakt, und der Zustand der Materie selbst ist nur schwer zu beschreiben. Was die farbigen Wolken des Jupiter vor unseren Augen verbergen, ist eine Art Ozean-Planet, möglicherweise sanft gewiegt von hohen Wellen, die von dem gewaltigen Druck der Atmosphäre zusammengepreßt werden. In tieferen Schichten werden alle Gase zu »metallischen Flüssigkeiten« mit seltsamen Eigenschaften, und nichts bewegt sich mehr. In einer Tiefe von 57 000 Kilometern haben wir den Gesteinskern des Riesenplaneten erreicht.

Der Äquatordurchmesser des Jupiter beträgt ungefähr 142 000 Kilometer. Gegenüber Himmelskörpern wie Erde oder Mars ist der gasförmige Planet zwar gigantisch; verglichen mit der Sonne, die zehnmal größer ist und eine mehr als tausendmal größere Masse hat, wirkt er jedoch winzig.

Dieser Kern, über den man noch nicht viel weiß, könnte doppelt so groß sein wie die Erde und eine rund zehnmal größere Masse besitzen als diese. Nach Auffassung der Planetologen muß der Jupiter, ebenso wie die Erde und die anderen Planeten, durch die Zusammenballung von Staubteilchen und Asteroiden entstanden sein, aus denen vor 4,5 Milliarden Jahren der Urnebel um die Sonne

Der Große Rote Fleck ist den Astronomen seit drei Jahrhunderten bekannt, das heißt, seitdem sie mit Teleskopen arbeiten, die so leistungsfähig sind, daß man ihn beobachten kann. Man erkennt hier Einzelheiten seines nordöstlichen Saumes und den langen Streifen von Wolkenwirbeln in seiner Nähe. Das Bild wurde am 1. März 1979 aufgenommen und zeigt Details, die etwa 100 Kilometer groß sind.

Io zieht langsam über den Jupiterhimmel und scheint in diesen unendlichen Ozean aus Gas zu stürzen. Der Satellit ist dem Riesenplaneten zu nahe und wird von den starken Gravitationsgezeiten, die der Jupiter ihm auf-

bestand. Als der Kern des Jupiter – wie der Kern der drei anderen Riesenplaneten – genügend Masse hatte, konnte er einen großen Teil des Wasserstoffs und des Heliums aus dem Urnebel an sich ziehen. Auch die Erde muß bei ihrer Entstehung von einem ausgedehnten, gasförmigen Halo umhüllt gewesen sein. Aber die leichten Gase wie Wasserstoff und Helium entwichen aus dem relativ schwachen Anziehungsfeld der Erde, während der Jupiter sie festhalten konnte. Da er doppelt soviel Masse besitzt wie alle anderen Planeten des Sonnensystems zusammengenommen, übt er auf das gesamte System eine enorme Anziehungskraft aus. Ohne Zweifel wurde die Bildung eines Planeten in der Region des Asteroidengürtels durch die Schwerkraftstörungen des Jupiter verhindert. Bei der Entstehung des Sonnensystems zog er außerdem einen Teil des Urnebels an sich, der um ihn herum kondensierte und sich schließlich zu einem komplexen und vielfältigen Satellitensystem anordnete, einer Art Miniatur-Sonnensystem. Um den Jupiter kreisen 16 Satelliten (siehe Anhang). Die kleinsten, so groß wie Phobos, Deimos und Gaspra, sind vielleicht nur eingefangene Asteroiden. Die vier großen Galileischen Monde, die im Jahr 1610 von dem großen italienischen Wissenschaftler entdeckt und getauft wurden, sind zum Teil Planeten und ihrer Größe nach mit Mond, Merkur und Mars vergleichbar. Der Jupiter ist viel größer als alle anderen Planeten; er besitzt ein kleines Planetengefolge und strahlt mehr Energie ab, als er von der

zwingt, innerlich buchstäblich zerrieben. Das Innere von Io ist mit Sicherheit teilweise geschmolzen. Ihre Vulkane speien Lavamassen, die ständig über ihre sehr bunte Oberfläche fluten.

Sonne erhält. Ist der Jupiter also ein Stern? Die Astronomen haben sich diese Frage seit langem gestellt. Der Riesenplanet erfüllt jedoch nicht das einzige Kriterium der Astrophysik, das tatsächlich Kennzeichen eines Sterns ist: das Auslösen thermonuklearer Reaktionen im Innern des Himmelskörpers. Dafür müßte sich der Jupiterkern bei einem Druck von mehreren Milliarden Bar bis zu einer Temperatur von etwa zehn Millionen Grad Celsius aufheizen. Davon ist er weit entfernt, denn die Temperatur beträgt sicherlich nicht mehr als 30 000 Grad und der Druck 100 Millionen Bar. Damit im Zentrum des Planeten thermonukleare Reaktionen ausgelöst werden könnten, müßte der Jupiter 50 oder 100mal massiver sein. Seine eigene Energiequelle ist also anderswo zu suchen; möglicherweise in seiner enormen Masse, durch die der Planet weiter komprimiert wird, so daß sich sein Kern aufheizt; vielleicht ist sie auch ein Überbleibsel aus der Entstehungszeit des Planeten. Es bleibt festzuhalten, daß der Jupiter, auch wenn er nicht strahlt wie ein Stern, eine starke infrarote Strahlung abgibt. Angenommen, außerirdische Astronomen beobachteten das Sonnensystem von einem fernen Stern aus, sie würden keinen einzigen grauen, blauen, gelben oder roten Planeten um die Sonne kreisen sehen, aber mit Sicherheit die warme Masse des Jupiter entdecken. Vielleicht würden sie daraus schließen, daß die Sonne nur einen einzigen Planeten besitzt …

Io:

der Vulkanplanet

Der dem Jupiter am nächsten gelegene Satellit ist kaum größer als der Mond. Da Io sehr nahe um den größten Planeten des Sonnensystems kreist, wirkt dessen Gravitation ständig auf sie ein. Einerseits von Jupiter, andererseits von den drei anderen großen Jupitersatelliten angezogen, wird Io von diesem Übermaß an Gravitationsenergie deformiert, zerrieben, aufgeheizt. Diese Energie setzt der Satellit in nicht enden wollenden Vulkanausbrüchen frei.

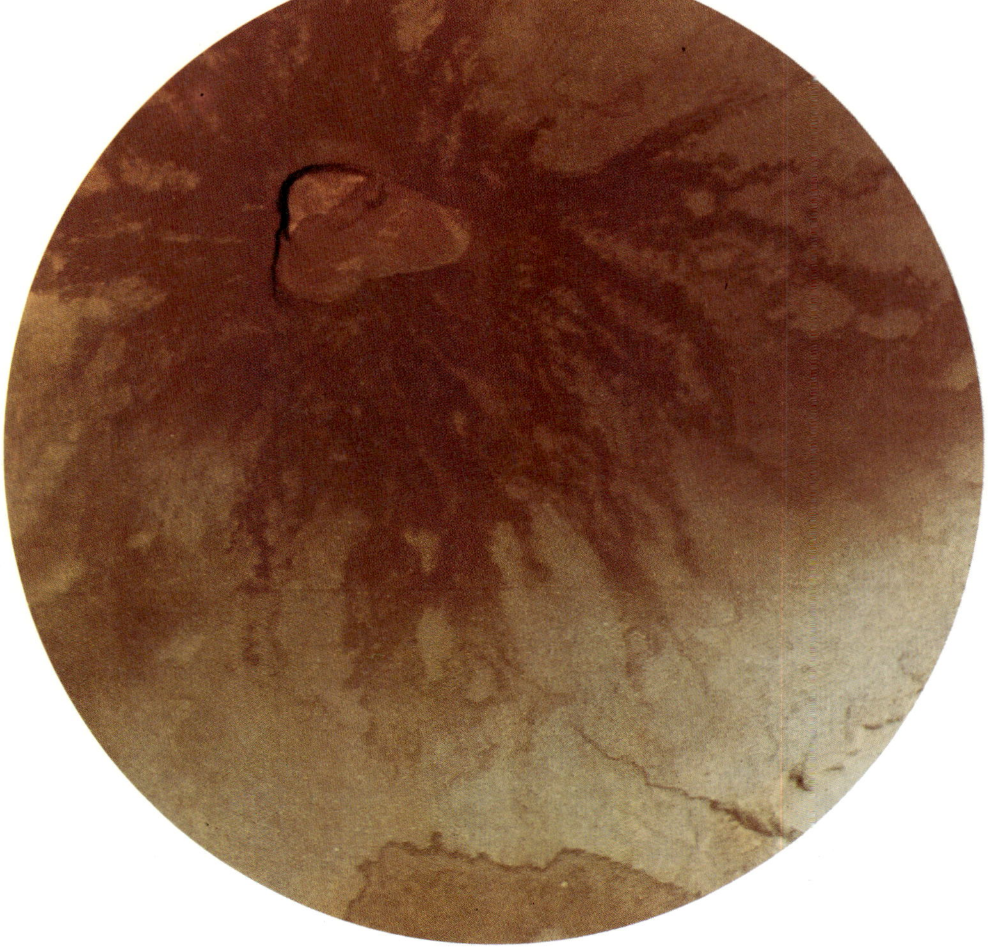

Nicht weit vom Südpol Ios liegt ein großer Vulkan: Maasaw Patera. Seine Gestalt ähnelt den großen Schildvulkanen Hawaiis. Seine Dimensionen sind jedoch ganz anders: seine Gipfelcaldera hat einen Durchmesser von 50 Kilometern.

Der gelbe Boden zittert und scheint nachzugeben. Am dunklen Himmel schwebt schräg geneigt und unbeweglich ein ovaler, bunter Ball mit parallelen Wolkenbändern. In absoluter Stille – hier gibt es keine Atmosphäre – erhebt sich in einem See schwarzer Lava ein Geysir aus schmelzflüssigem Schwefel. Die Gassäule schießt in den Himmel. Der Aufstieg dauert fast zehn Minuten, dann fällt die Feuergarbe langsam aus 300 Kilometern Höhe in einer prächtigen Fahne zurück und prasselt auf den Boden nieder. Io ist ein Vulkanplanet. In diesem Augenblick, da Sie diese Zeilen lesen, schleudern ihre großen Vulkane, Prometheus, Maasaw Patera, Pele, Loki oder Ra Patera, Lava mit einer Geschwindigkeit von mehr als 3000 km/h in den Himmel.

Wir befinden uns auf einer seltsamen Welt und werden Zeugen eines Science-fiction-Films, in dem ohne das geringste Geräusch Bilder von unerhörter Schönheit und Gewalt ablaufen. Am Horizont zeichnen sich die erhabenen Silhouetten der Vulkane ab, der größte unter ihnen schleudert einen Hof aus Gas und Staub vor die Sterne am Himmel. Gegen Osten steigt eine bläuliche Wolke zögernd aus einem Lavasee auf und verschleiert für einen Moment die Sterne, ehe sie sich auflöst. Es ist kalt: Im Schatten der großen Vulkane hat sich Schwefeldioxid auf dem Boden niedergeschlagen und zeichnet große, leuchtende Maserungen aus Rauhreif. An diesem frühen Nachmittag beträgt die Temperatur auf dem kleinen Planeten Io etwa –150 Grad Celsius. Die fahlroten, wie das Fell eines Leoparden gefleckten Ebenen in unserer Umgebung bestehen aus Schichten mit Streifen gelber, orangefarbener und roter Ablagerungen, die sich scheinbar ohne System überlagern und verdecken.

Von den vier Galileischen Monden des Jupiter ist Io dem Planeten am nächsten. Sie kreist in weniger als zwei Tagen in einem Abstand von 421 000 Kilometern um den riesigen Himmelskörper, der an ihrem Himmel 40mal größer erscheint als der Mond bei uns auf der Erde! Die physikalischen Eigenschaften Ios sind vergleichbar mit denen des Mondes. Zunächst ihre Masse: $8{,}916 \cdot 10^{22}$ kg gegenüber $7{,}350 \cdot 10^{22}$ kg des Mondes. Dann ihre Dichte: 3,57 Gramm pro Kubikzentimeter gegenüber 3,34. Ihr Durchmesser: Er beträgt 3640 Kilometer, der des Mondes 3476 Kilometer.

Damit ist der Vergleich zwischen den beiden kleinen Planeten jedoch schon zu Ende. Die Oberfläche des Mondes ist von Tausenden von Milliarden von Kratern übersät; auf Io

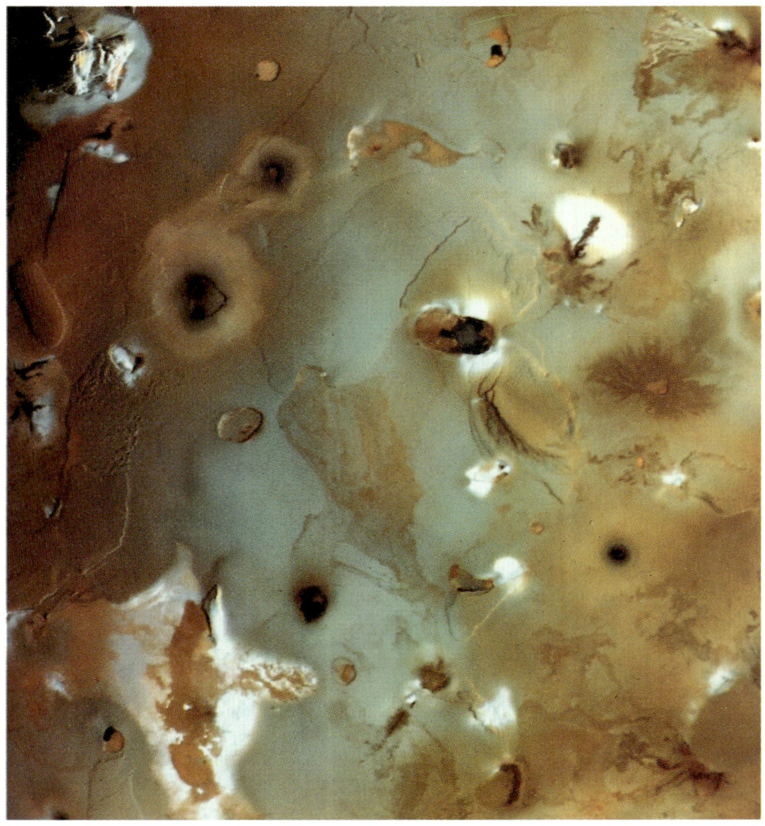

Io ist von einer unendlich dünnen Atmosphäre umgeben, deren ungleichmäßiger Druck oberhalb der großen vulkanischen Zentren stärker wird. Der Druck dieses sehr feinen atmosphärischen Halo, der unablässig vom Gas der Eruptionen gespeist wird, beträgt nicht mehr als ein Millionstel Bar. Die Atmosphäre von Io ist wahrscheinlich die dünnste Atmosphäre aller Welten des Sonnensystems.

dagegen gibt es nicht die kleinste Spur eines Einschlags! Die Einschlagskrater zeugen vom Ursprung des Sonnensystems, als überall in der Gasscheibe, in der sich die Sonne und ihr Gefolge bildeten, Planetoiden in allen Richtungen durch den Raum zogen, aufeinander prallten, zerbrachen oder sich zusammenballten und schließlich nacheinander auf die größten unter ihnen stürzten. Seinen Höhepunkt erreichte dieses Meteoritenbombardement in den ersten 500 Millionen Jahren der Existenz des Sonnensystems. In der Tat stellen die Krater, das am meisten verbreitete geologische Element der planetaren Welt, das wichtigste Werkzeug der Planetologen: Zahl, Größe, Tiefe, Form, Auswurfmaterial, Erosion und Überlappungen der Krater gestatten es den Forschern, in der Zeit buchstäblich rückwärts zu gehen, bis in die fernste Vergangenheit der Planeten. Alle Planeten, alle bekannten Satelliten und Asteroiden des Sonnensystems sind von Einschlagskratern durchlöchert, ausgenommen natürlich die vier gasförmigen Riesenplaneten, die keine Oberfläche im eigentlichen Sinne besitzen, und Titan, der von einer mächtigen Atmosphäre verdeckt wird und dessen Oberfläche man bisher noch nicht kennt. Die kleinsten und geologisch am wenigsten aktiven Planeten wie der Merkur oder der Mond weisen die meisten Krater auf. Auf den größten terrestrischen Planeten mit einer Atmosphäre, auf Venus, Erde und Mars, verschwinden die Einschlagskrater im Laufe der Zeit. Auf der Erde ließen der Fluß des Wassers, die Winderosion, die Sedimentschichten von Milliarden Generationen von Lebewesen, die von Vulkanen hinausgeschleuderten Basaltströme und vor allem die langsame Bewegung der Kontinentalplatten nur sehr wenige Spuren der alten himmlischen Bomben zurück. Die Flächen der Erde sind nur noch von den jüngsten Einschlägen gezeichnet. Auf Io jedoch gibt es nicht den kleinsten Einschlagskrater. Dieser Satellit, der so groß ist wie ein Planet, ist ein im Sonnensystem einmaliger Himmelskörper. Denn statt mit Einschlagskratern ist Io von Hunderten ständig aktiver Vulkane und Calderen übersät, die mehr als fünf Prozent ihrer Oberfläche bedecken. Der Vulkanismus ist ein relativ häufiges geologisches Merkmal im Sonnensystem. Auf der Venus, dem Mars und sogar auf dem Mond wurden zahlreiche, anscheinend erloschene Vulkane fotografiert. Heute dagegen gibt es nur auf der Erde, auf Io und in geringerem Maße auch auf Triton einen aktiven Vulkanismus. Der Vulkanismus auf Io ist geradezu entfesselt. Wie kann ein so durchschnittlicher Himmelskörper – der hinsichtlich seiner Größe den 12. Platz unter den Gestirnen des Sonnensystems einnimmt – so energiereich sein? Die Antwort auf diese Frage hat mit der besonderen Stellung Ios im System des Jupiter zu tun. Sie ist dem Riesenplaneten extrem nahe, ihre Masse ist 20 000mal kleiner als die des Jupiter. Unwillkürlich denkt man gleich daran, daß sie den starken Gravitationsgezeiten des Jupiter unterworfen ist. Da andererseits die Umlaufbahn von Io fast exakt kreisförmig verläuft, müßte sie von diesen Gezeiten nicht unbedingt betroffen sein. Die Forscher fanden die Lösung des Rätsels:

Haemus Mons, nicht weit vom Südpol Ios, ist einer der größten Berge des Sonnensystems. Hier taucht der vollkommen von Schwefeleis bedeckte Berg soeben aus dem Dunkel der Nacht auf. Mit einer Basis von etwa 200 Kilometern Durchmesser ist der Haemus Mons sicherlich über 10 000 Meter hoch. Seine geologische Entstehung ist nicht bekannt.

Io ist in geologischer Hinsicht zweifellos einer der jüngsten Himmelskörper des Sonnensystems. Die Raumsonden fanden dort nicht den kleinsten Einschlagskrater. Auf diesem eindrucksvollen Bild sieht man unten rechts gerade einen Ausbruch des Vulkans Pele. Die schwarzen Flecken sind flüssige Lavaseen; bestimmte Regionen werden vom Schwefeleis weiß gefärbt.

Die beiden anderen, sehr großen Jupitersatelliten, Europa und Ganymed, wirken als störende Kräfte, denn bei jeder Umdrehung verändern sie geringfügig die Bahn von Io um den Jupiter. Io, auf diese Weise von Gezeiten mit einer im Sonnensystem einmaligen Intensität zerrieben, wird deformiert und heizt sich auf. Das Innere des Satelliten muß aus einem wahren Magmaozean bestehen, auf dem eine feste Kruste aus Silikatgestein schwimmt. Diese langsam von den Gezeiten umgewälzten Lavameere durchbrechen hier und da die Oberfläche und ergießen sich in die gelben und orangenen Ebenen.

Die großen Vulkane auf Io haben nicht den gleichen Maßstab wie die Vulkane der Erde. Man weiß bisher nicht, wie hoch sie sind – sicherlich zwischen 1000 und 5000 Metern –, doch ihr Durchmesser ist gut bekannt. Es gibt auf Io mehr als 200 Calderen mit einem Durchmesser von mehr als 20 Kilometern. Die größten Vulkane auf Io sind monströs. So hat Ra Patera einen Durchmesser von 250 Kilometern, und die daraus entspringenden Ströme sehr flüssiger Lava graben in die Flanken des Vulkans schwarze Kanäle, die sich über mehr als 200 Kilometer erstrecken. Der Vulkan Loki ist noch aktiver und seltsamer. Ein nahezu runder Lavasee mit 250 Kilometern Durchmesser unter seinem Gipfel wird ständig von dem geschmolzenen Schwefel aus der Tiefe gespeist. Auf diesem See schwimmt »Packeis« aus festem Schwefel, aus dem sich von Zeit zu Zeit Eisberge lösen, die in der auf 200 Grad Celsius erhitzten Lava schließlich schmelzen. Loki wurde, wie übrigens alle Vulkane auf Io,

Pele ist der stärkste bekannte Vulkan auf Io. Er wurde nacheinander von den beiden Voyager-Sonden beobachtet und stieß Fahnen aus Gas und Asche aus, die mit einer Geschwindigkeit von 1800 km/h bis auf eine Höhe von 300 Kilometern aufstiegen. Die vulkanischen Ablagerungen im Gebiet um Pele bedecken mehr als eine Million Quadratkilometer.

Je nachdem, ob der Planet im Dunkel der Nacht liegt, ob er von der Sonne erwärmt oder von einem Vulkanausbruch erschüttert wird, erscheint der Schwefel an seiner Oberfläche cremefarben, rötlich oder fast schwarz. Die mittlere Temperatur auf Io liegt bei etwa –150 Grad Celsius. Unten rechts auf dem Bild ist der gerade ausbrechende Vulkan Loki zu sehen; ihn umgibt ein Hof heller vulkanischer Ablagerungen.

von den Voyager-Sonden 1 und 2 im März und Juli 1979 entdeckt. Zwischen den beiden Begegnungen der Sonden mit dem Jupitermond hatte sich die vulkanische Aktivität beträchtlich verändert, einige Vulkane waren erloschen, andere waren wieder zum Leben erwacht.

An irdischen Kriterien gemessen, erscheinen die Eruptionen auf Io ungeheuer riesig: Die gewaltigsten, wie die des Vulkans Prometheus, schleudern mehr als 300 Kilometer hohe Gasfahnen in den Raum, die auf den Planeten zurückstürzen und sich auf dem Boden als Ringe geschmolzenen Schwefels in einem Umkreis von 1000 bis 2000 Kilometern abzeichnen! Bei jeder dieser sehr starken Eruptionen entreißt Prometheus Io pro Sekunde etwa 10 000 Tonnen schmelzflüssiges Gestein. Jedes Jahr kommt daher eine nicht zu unterschätzende Masse des Planeten zusammen – möglicherweise mehrere tausend Milliarden Tonnen! –, die aus den Tiefen herausgeschleudert wird, ehe sie zurückfällt und die Oberfläche bedeckt. Auf die Dauer überzogen sich die Ebenen von Io vollständig mit diesem Schwefel, der Urmaterie der Vulkane. Die Lavaflüsse, der feine Schwefelregen, der vom Himmel fällt, verschlangen schließlich die ganze Vergangenheit des Planeten. Wird der Prozeß in dieser Geschwindigkeit fortgesetzt, legen sich alle Millionen Jahre Hunderte von Metern bunter Schichten als fahlrote, schweflige Schale über den Planeten! Io hat die geologisch jüngste Oberfläche im gesamten Sonnensystem, und mittlerweile bedecken mehrere Kilometer Schwefel die ehemaligen Einschlagskrater, nach denen die Forscher so lange vergeblich gesucht hatten. Trotz ihrer gigantischen Ausmaße und ihrer eindrucksvollen Fähigkeit, die Landschaften des kleinen Planeten umzubilden und neu zu gestalten, ist die Stärke der Vulkane doch nur relativ. Denn die Schwerkraft ist hier wie auf dem Mond sechsmal schwächer als auf der Erde. Darüber hinaus begünstigt die quasi nicht vorhandene Atmosphäre den Ausstoß der vulkanischen Materie in den Himmel. Auf der Erde würden die mächtigsten Vulkane los verblassen neben Ungeheuern wie dem Krakatau oder dem Tambora, welche die Erdbewohner im letzten Jahrhundert in Schrecken versetzten, oder, um ein Beispiel aus der jüngsten Vergangenheit zu nennen, dem Pinatubo,.

Die fortgesetzten Eruptionen auf Io schleudern Milliarden Tonnen Lava, Asche und Gas in den Weltraum. Ein Teil davon fällt nicht gleich zurück und bildet eine extrem dünne Atmosphäre unterschiedlicher Dichte um Io. Der atmosphärische Druck – wenn man überhaupt davon sprechen kann – auf Io liegt zwischen einem Millionstel und einem Milliardstel Bar! Im Sonnensystem findet man nirgendwo sonst eine so verschwindend geringe Atmosphäre, ausgenommen vielleicht auf Triton und Pluto … Diese Mikroatmosphäre wird außerdem vom starken Magnetfeld des Jupiter gespeist, dessen Kraftlinien ständig durch den kleinen Planeten laufen und einige Natrium- und Schwefelatome von seiner Oberfläche reißen! So zahlt der seltsamste Himmelskörper des Sonnensystems seinem äußerst mächtigen und starken Nachbarn seinen Tribut.

Dieses von Voyager 1 aufgenommene Foto ist wahrscheinlich eines der eigenartigsten, das uns die Weltraumforschung bisher lieferte. Es zeigt den großen See flüssigen Schwefels in der Caldera des Vulkans Loki. Der dunkle See mißt von einem Ufer zum anderen etwa 250 Kilometer. Auf ihm schwimmt ein »Eisberg«, der zweifellos aus festem Schwefel besteht und langsam in der glühend heißen Flüssigkeit zerfällt.

Europa:

der verborgene Ozean

Der Planet Jupiter wird von einem Gefolge vier großer Satelliten begleitet, Io, Europa, Ganymed und Kallisto. Sie alle haben eine unserem Mond vergleichbare Größe und Masse. Europa ist der kleinste und am wenigsten massive dieser vier Himmelskörper. Seine außerordentlich glatte, fast kraterlose Oberfläche ist sehr weiß und stark reflektierend. Sie besteht zweifellos aus Eis. Europa besitzt keine Atmosphäre.

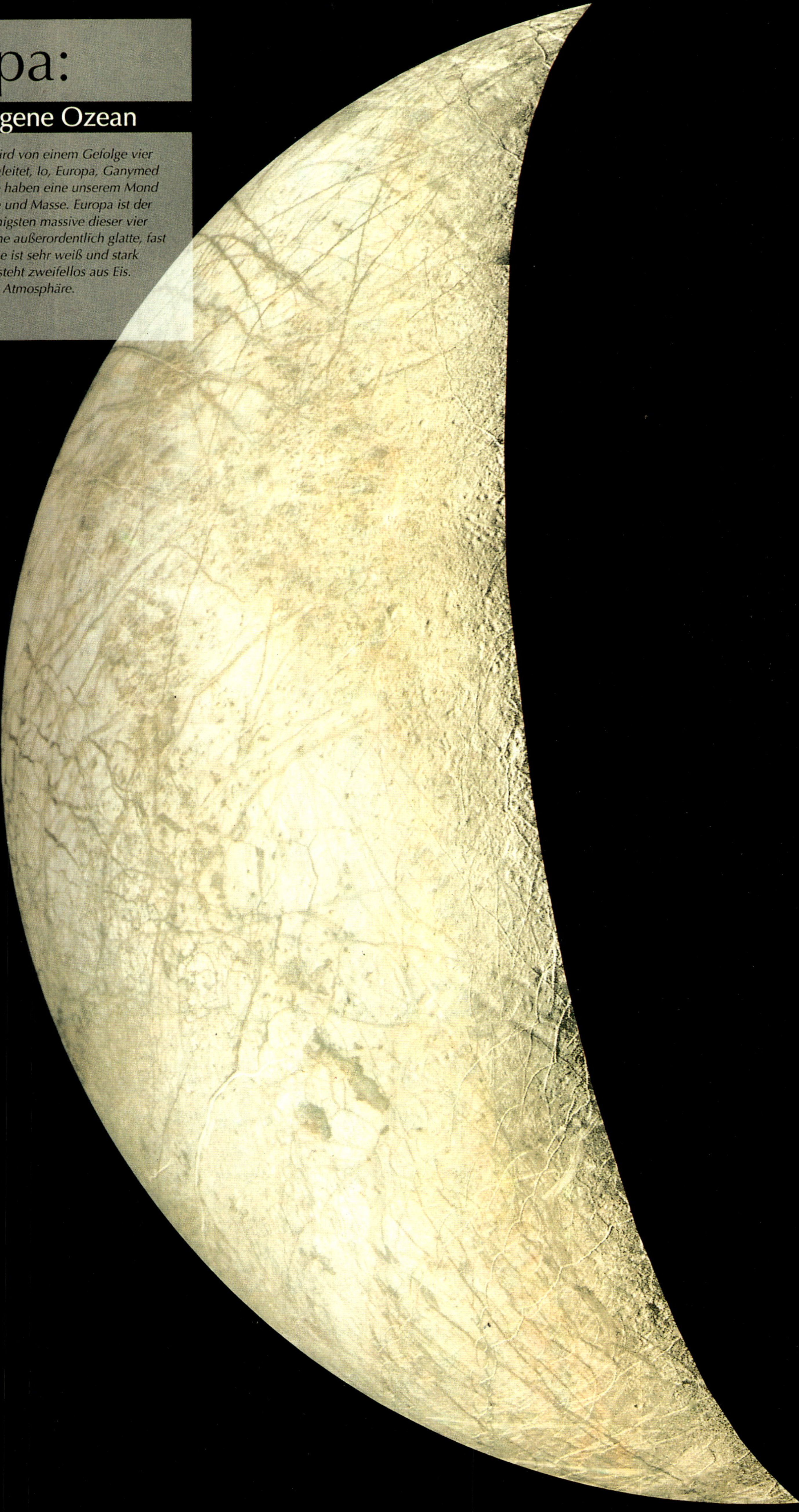

Von weitem erscheint der kleine Planet Europa so glatt wie eine Billardkugel. Bei der Analyse zeigt sich jedoch, daß die Oberfläche des Himmelskörpers komplexe Albedoeigenschaften und sogar ein leichtes Profil aufweist.

Die Landschaft ist einförmig und völlig flach. Keine hohen Berge oder Vulkane am Horizont, keine Canyons, keine im Morgendunst liegenden Täler oder von der untergehenden Sonne geröteten Dünenfelder. Unter einem schwarzen, völlig wolkenlosen Himmel bietet die Ebene des Jupitermondes Europa überall denselben Anblick: eine strenge Eiswüste, glatt wie ein Spiegel. Tausend Kilometer weiter, nach Süden, Westen oder Osten, stets das gleiche Panorama, lediglich hier und da aufgelockert durch den kleinen Krater eines Meteoriten, der vor 1000 oder 10 000 Jahren herabgestürzt ist. Kein anderer Planet im Sonnensystem zeigt ein so monotones Gesicht. Die ganze Oberfläche von Europa ist eine riesige Fläche aus Packeis, die sich unglaublich einförmig über viele Millionen Quadratkilometer erstreckt.

Über unseren Köpfen, am atmosphärelosen Himmel, dreht sich der Jupiter, etwa 700 000 Kilometer entfernt, langsam um sich selbst und zeigt seine tosenden, stillen Stürme, die den Mars, den Mond und die Erde samt ihrer menschlichen Theorien mit einem Mal verschlingen könnten. Nahe der riesigen Scheibe des Jupiter – von hier ist der Riesenplanet 20mal größer als der Mond am Himmel der Erde – erscheint die leuchtende Scheibe Ios, des Vulkanplaneten. Wenn sie in einem Abstand von nur 250 000 Kilometern an Europa vorbeizieht, kann man sehr gut ihre beunruhigenden Vulkane erkennen, die sich als rote oder schwarze Flecken auf den gelben Ebenen des kleinen Himmelskörpers abzeichnen, der von den Gravitationsgezeiten seiner allzu mächtigen Nachbarn zum Schmelzen gebracht wird. Am Himmel von Europa erscheint die orangenfarbene Scheibe Ios fast doppelt so groß und zehnmal heller als der Mond auf der Erde, und nachts wirft der Vulkanplanet einen fahlroten Glanz und Schimmer auf die vereisten Flächen. In dieser Eiswüste, die keine Atmosphäre besitzt, welche die Wärme der zu weit entfernten Sonne festhalten könnte, steigt die Temperatur nie über –160 Grad Celsius.

Europa ist der kleinste der vier großen Satelliten des Jupiter, und sie hat auch die kleinste Masse. Ihr Durchmesser beträgt 3140 Kilometer, ihre Masse $4{,}873 \cdot 10^{22}$ kg bei einer Dichte von fast drei Gramm pro Kubikzentimeter. Sie umrundet den Jupiter in dreieinhalb Tagen in einem Abstand von 671 000 Kilometern auf einer nahezu kreisförmigen Bahn. Von innen nach außen gesehen, ist Europa nach Io und vor Ganymed und Kallisto, welche die Gruppe der vier Galilei-

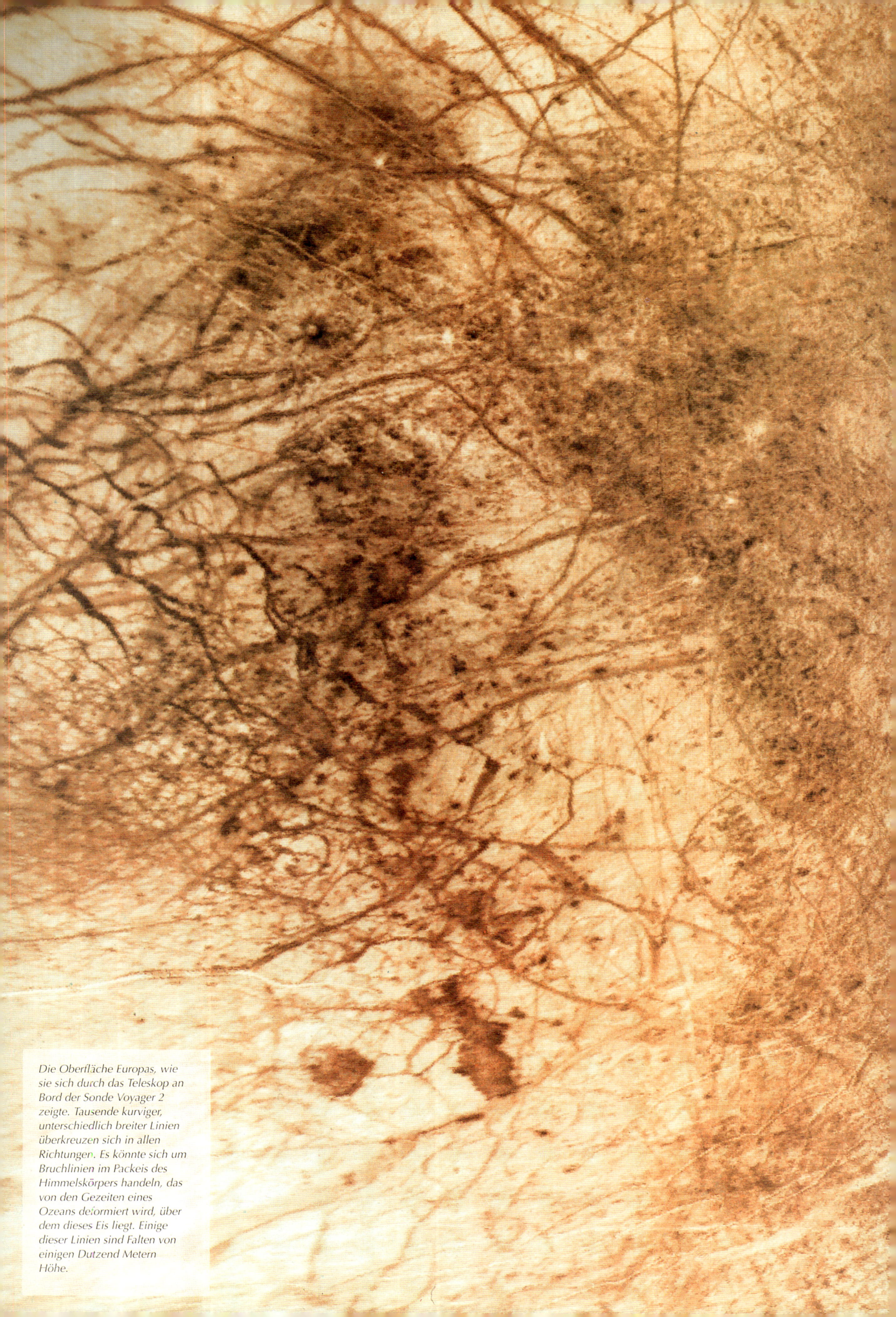

Die Oberfläche Europas, wie sie sich durch das Teleskop an Bord der Sonde Voyager 2 zeigte. Tausende kurviger, unterschiedlich breiter Linien überkreuzen sich in allen Richtungen. Es könnte sich um Bruchlinien im Packeis des Himmelskörpers handeln, das von den Gezeiten eines Ozeans deformiert wird, über dem dieses Eis liegt. Einige dieser Linien sind Falten von einigen Dutzend Metern Höhe.

Ganymed ist der größte und massivste aller Satelliten des Sonnensystems. Seine vielgestaltige Oberfläche deutet auf eine lange, wechselvolle geologische Geschichte hin. Ein Teil des Himmelskörpers ist von Kratern bedeckt, während bestimmte Regionen keine Krater aufweisen; sie sind mit einem ausgedehnten Netz paralleler oder verschlungener Linien und Bänder überzogen, deren Entstehung noch immer unbekannt ist.

schen Monde abschließt, der zweite der großen Jupitersatelliten.

Europa hat das Aussehen einer fast weißen Billardkugel und besitzt eine Albedo von 70 Prozent; das heißt, daß die im wesentlichen aus Eis bestehende Oberfläche des Himmelskörpers 70 Prozent des Sonnenlichts reflektiert. Bei genauerer Betrachtung erkennt man, daß der zweite große Jupitersatellit trotz seiner quasi perfekten Oberfläche marmoriert ist: ein unentwirrbares Netz feiner und gewundener Linien und Bänder überzieht ihn ganz. Diese Linien und Bänder sind auf den elektronischen Bildern der beiden Voyager-Sonden gut sichtbar; in Wirklichkeit sind sie jedoch hinsichtlich Farbe und Helligkeit der übrigen Oberfläche des Himmelskörpers sehr ähnlich. Der Unterschied zwischen dem Rückstrahlungsvermögen dieser dunklen, gelblichen Markierungen und dem elfenbeinfarbenen Rest des Planeten beträgt nämlich nicht einmal zehn Prozent! Ein Kundschafter, der sich Europa näherte, sähe von weitem lediglich eine perfekte, glatte, weiße Kugel. Erst aus der Nähe könnte er Tausende von Linien unterschiedlicher Breite auf ihrer gesamten Oberfläche entdecken. Die schmalsten Linien sind nur wenige Kilometer breit, können sich jedoch in Form großer, gleichmäßiger, geodätischer Linien, die sich der natürlichen Krümmung des Planeten anschmiegen, über Hunderte von Kilometern hinziehen. Andere, breitere Bänder wie Asterius Linea oder Minos Linea sind über 3000 Kilometer lang. Von weitem ähnelt Europa einer Eierschale, die erst in tausend Stücke zerschlagen und dann ohne sichtbare Bruchstelle sorgfältig wiederhergestellt wurde. Dieser verwirrende Himmelskörper fasziniert die Planetologen. Sie haben an seiner Oberfläche keine geologischen oder topografischen Kennzeichen entdeckt, die normalerweise auf einem festen Planeten vorhanden sind. Wie Io weist Europa praktisch keine Einschlagskrater auf, allerdings aus einem ganz anderen Grund. Man fand nur drei oder vier größere Einschläge an ihrer Oberfläche; dies deutet darauf hin, daß Europa sehr jung ist. Der Grad der Verkraterung Europas, der etwa dem der Erde entspricht, ist der schwächste des Sonnensystems, abgesehen von der bemerkenswerten Ausnahme Ios. Auf Europa gibt es pro Oberflächeneinheit mindestens hundertmal weniger Einschlagskrater als auf dem Mond, Mars, Ganymed oder Kallisto. Wie Io zeigt Europa daher ein junges Gesicht; die glatte Eiskruste, die sie bedeckt, kann kaum mehr als einige Dutzend Millionen Jahre alt sein. Was machte Europa zu dieser rätselhaften Kugel ohne sichtbare Spuren ihrer Geschichte?

Da die Dichte Europas – zwischen 2,98 und 3,02 Gramm pro Kubikzentimeter – heute genau bekannt ist, weiß man, daß es sich um eine im wesentlichen felsige Kugel handelt. Die Forscher vermuten, daß bei ihrer Bildung vor 4,5 Milliarden Jahren ihr von radioaktiven Elementen aufgeheizter Kern langsam sein Gas abgab und die leichten Elemente wie das Wassermolekül entschwinden ließ. Das Wasser könnte aus der Dehydratisierung der Silikate stammen, dem Hauptbestandteil des Gesteins von Europa. Um den damals zweifellos von einer dünnen Atmosphäre umgebenen kleinen Planeten bildete sich auf diese Weise ein Ozean, der vom Inneren des Planeten erwärmt wurde, aber der Kälte des Weltraums ausgesetzt war. Er war mehrere Dutzend Kilometer tief; gigantische Wellen müssen über ihn gerollt sein, die von den Jupitergezeiten oder von den ständigen Asteroideneinschlägen ausgelöst wurden. Nachdem die Atmosphäre dann verschwunden war und das Bombardement durch Meteoriten an Intensität nachließ, gefror dieser seltsame außerirdische Ozean. Die rissige Oberfläche, die eines Tages möglicherweise Astronauten betreten werden, entstand sicherlich durch die Bewegung des Urozeans des Planeten. Dieses Meer ist noch immer unter der Oberfläche vorhanden und erzeugt eine Spannung unter dem Eis. Vielleicht steigt das Wasser hin und wieder in Form gewaltiger Geysire in den Himmel Europas und prasselt als Eis auf das Packeis nieder. Die Wissenschaftler nehmen nämlich an, daß der Felskern Europas wie der Ios von den Gravitationsgezeiten Jupiters zerrieben und schließlich aufgeheizt wird. Die innere Strahlung des kleinen Planeten reicht gewiß aus, einen großen Teil seines Wassers flüssig zu halten, und niemand weiß bisher, wie dick die Eiskruste Europas ist.

Die Geschichte dieses Jupitermondes regt die Phantasie von Träumern und Dichtern an: In demselben Augenblick, in dem das Wasser des großen Ozeans über Europa flutete, entstand das Leben in den Meeren der Erde. Hätte dieser chemische und biologische Prozeß auch auf Europa stattfinden können? Und wenn ja, könnten diese sehr hypothetischen unterseeischen Lebensformen heute noch existieren? Unter

Großaufnahme von Ganymed. Dieses Gebiet namens Galileo ist eine Fläche, die von einem großen, sehr hellen Krater dominiert wird. Der sicherlich relativ junge Einschlag hob das blanke Eis des Untergrundes aus und schleuderte es in alle Richtungen über den Planeten. Überall sind in der Galileo-Region Netze paralleler Linien zu sehen.

der Gangmasse aus Eis müssen die Abgründe Europas ebenso kalt und finster sein wie das Wasser des Nordpolarmeers im langen Erdenwinter unter dem Packeis …

Nach den geheimnisvollen Ebenen Europas bleiben noch zwei große Jupitermonde zu besichtigen: Ganymed und Kallisto. Ersterer vollendet seinen Umlauf in etwas mehr als einer Woche auf einer vollkommen kreisförmigen Bahn in einem Abstand von 1 070 000 Kilometern vom Jupiter. Diesen Jupitermond muß man im großen und ganzen als Planet betrachten: Sein Durchmesser erreicht fast 5280 Kilometer; damit ist er vor Merkur, Mond, Titan oder auch Pluto der achtgrößte Himmelskörper des Sonnensystems. Seine Masse, $1{,}490 \cdot 10^{23}$ kg, macht die Hälfte der Merkurmasse aus und übertrifft die des Titan ein wenig. Seine Dichte von 1,94 Gramm pro Kubikzentimeter kennzeichnet Ganymed als einen ziemlich leichten Himmelskörper, der aus einer Mischung verschiedener Eise und Gesteine besteht. Da er sich in einer Entfernung von mehr als einer Million Kilometer um den Jupiter bewegt, wird Ganymed ohne Zweifel kaum vom Riesenplaneten und auch nicht von dessen nächsten Monden, Io und Europa, gestört.

In der Tat weist seine Oberfläche, die von keiner Atmosphäre geschützt wird, riesige, von Einschlagskratern bedeckte Gebiete auf, die das gleiche Alter haben wie die ältesten mit Kratern übersäten Flächen auf dem Mond oder Mars. Einige dieser Einschläge sind von strahlenförmigen, hellen Höfen umgeben, ein Zeichen dafür, daß die Meteore, die die Oberfläche durchbrachen, das sehr reine Eis des Untergrundes freigelegt haben. Ganymed verfügt aber auch über geologische Schätze, die den Fachleuten Rätsel aufgeben: Über Millionen Quadratkilometer erstrecken sich eigenartige, zerfurchte Gebiete mit mehr oder weniger parallelen Gräben und Rillen, die ohne erkennbares System kreuz und quer durcheinander laufen. Das ausgedehnte Geflecht der mehrere hundert Kilometer langen Falten in den vereisten Ebenen Ganymeds ragt bis zu 1000 Metern auf. Es ist von vielen Kratern geradezu übersät: Seine bisher unbekannte Entstehung muß daher weit zurückliegen.

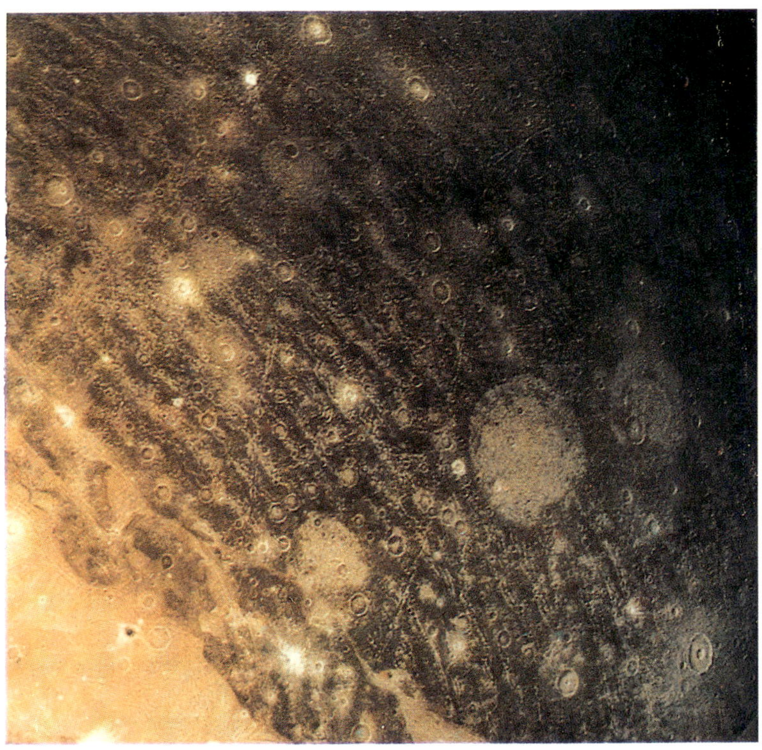

Das älteste Gelände auf Ganymed zeigt die zerstörerische Vergangenheit des kleinen Planeten. Hier erkennt man mehrere Generationen von Einschlagskratern. Die kleinsten und hellsten, welche die Eiskruste deutlich durchlöchern, sind die jüngsten. Es sind aber auch viel ältere Krater in Gestalt dunkler, fast kreisförmiger Flecken zu sehen.

Kallisto ist der jupiterfernste der vier Galileischen Monde. Da dieser Himmelskörper durch die Gravitation des Jupiter wenig beeinflußt wurde, hat er sich seit mehr als drei Milliarden Jahren kaum verändert. Seine Kruste ist von Einschlagskratern bedeckt. Seine Oberfläche besteht wie die des Ganymed im wesentlichen aus Eis und Silikatgestein.

Kallisto, der letzte der großen Jupitermonde, bietet von allen Kleinplaneten die geringsten Überraschungen. Kallisto umrundet den Jupiter in ungefähr 17 Tagen in einem Abstand von rund 1 880 000 Kilometern auf einer fast kreisförmigen Bahn. Mit einem Durchmesser von 4800 Kilometern und einer Masse von $1{,}064 \cdot 10^{23}$ kg ist dieser Himmelskörper etwas kleiner als Ganymed. Auch seine Dichte, 1,86 Gramm pro Kubikzentimeter, liegt ein wenig unter der des größten Satelliten im Sonnensystem, und wie dieser besitzt Kallisto eine innere Struktur und eine Oberfläche, die deutlich zu erkennen geben, daß sie aus Silikaten und Eis bestehen. Die Landschaften dieser toten Welt haben sich seit wahrscheinlich mehr als 3,5 Milliarden Jahren nicht verändert: Ihre Oberfläche ist dicht übersät von Einschlagskratern. Hier gibt es weder Gebirgsketten noch Vulkane noch Spuren von Lavaergüssen oder auch von ehemaligen Gletschern, die aus dem Untergrund hervorgekommen sind. Nur Milliarden von Einschlagskratern. Die vier Galileischen Monde sind von den Raumsonden bisher nur teilweise fotografiert worden; unsere Kenntnis des Miniaturplanetensystems Jupiters ist daher noch sehr unvollständig, und zahlreiche Fragen bleiben offen. Geduldig entwarfen die amerikanischen Planetologen Karten von Io, Europa, Ganymed und Kallisto. Die Karten weisen an einigen Stellen große unbekannte Zonen auf, leer und weiß wie das Papier, auf dem sie gezeichnet sind. Diese Regionen konnten von den Sonden noch nicht fotografiert und von den Wissenschaftlern noch nicht erforscht werden: *Terrae incognitae* im Sonnensystem.

Saturn:

der Herr der Ringe

Die Saturnringe bieten den Astronomen ein Schauspiel von unbeschreiblicher Schönheit, doch ihr schwaches und instabiles Gleichgewicht bleibt der Wissenschaft ein Rätsel. Hier sieht man den Planeten durch die Cassini-Teilung hindurch. Die Ringe werfen ihren Schatten auf die gigantische Gaskugel. Oberhalb des Planeten zeichnet sich der Mond Tethys vor dem schwarzen Hintergrund des Himmels ab.

Der Saturn ist ebenso wie der Jupiter eine im wesentlichen gasförmige Welt. Auf diesem sehr hoch aufgelösten Bild sind die Wolken aus Wasserstoff und Helium zu sehen, die um den Nordpol des Riesenplaneten kreisen.

Dunkelheit. Wir treiben in dichten Wolken aus Wasserstoff und Helium, die von einer aufsteigenden Strömung mit unwiderstehlicher Kraft fortgetragen werden. Die Luft ist hier 30mal dichter als die Luft der Erdatmosphäre, die Temperatur beträgt etwa 20 Grad Celsius. Von der Hand eines Giganten in die Höhe getrieben, erreichen wir eine weniger dichte Region aus gelblichem Dunst, durch den schwach das Licht der Sonne dringt. Die Kraft des Windes überschreitet unser Fassungsvermögen: ein Anemometer würde Böen von 1800 km/h messen… Nirgendwo sonst im Sonnensystem weht der Wind mit solcher Gewalt. Plötzlich reißen die Wolken auf; am vollkommen schwarzen Himmel ist ein heller Stern zu sehen, der sein Licht auf ein Dutzend Mondsicheln wirft. Die Lücke in der Atmosphäre weitet sich mit unglaublicher Geschwindigkeit und enthüllt einen riesigen, funkelnden Bogen über den sich immer schneller bewegenden Wolken. Eine phantastische Begegnung: man könnte ihn für einen gigantischen Regenbogen halten. Von Osten nach Westen spannt er sich über den ganzen Himmel. Er besteht aus unendlich vielen, konzentrischen Streifen, hier glänzend wie reinstes Eis, dort zart wie ein Schleier, weiter weg so durchsichtig, daß man das funkelnde Licht der Sterne durch ihn hindurch sehen kann. Ein Schauspiel von solch unglaublicher Schönheit gibt es auf keinem anderen Planeten. Wir befinden uns in der oberen Atmosphäre des Saturn; in dieser Höhe herrscht der gleiche Druck wie auf der Erde: ein Bar. So weit von der Sonne entfernt, ist die Temperatur allerdings eisig: nur –135 Grad Celsius. Die wolkenlose Stelle in der oberen Atmosphäre weitet sich außerordentlich schnell, und sie umfaßt bald Tausende, dann Millionen Quadratkilometer.

Plötzlich geraten wir in eine mächtige absteigende Strömung, wir tauchen wieder in die Nacht und verlieren die Saturnringe aus dem Blick. Wir sehen nicht, wie die Wolkenlücke noch größer wird, die uns den grandiosen Anblick der Ringe ermöglichte. Das Schauspiel entging den Astronomen auf der Erde dagegen nicht: Sie wissen inzwischen, daß die oberen Schleier der Saturnatmosphäre alle dreißig Jahre aufreißen und den Blick auf heftige Tornados freigeben, die die unteren Schichten der Atmosphäre aufwühlen. Diese bedeutenden atmosphärischen Veränderungen auf Saturn hängen mit der jeweils größten Nähe des Planeten zur Sonne zusammen. Zuletzt wurden die gewaltigen Sommerstürme auf Saturn in den Jahren 1903, 1933, 1960 und 1990

Die vier Riesenplaneten des Sonnensystems sind von Ringen umgeben. Die Saturnringe sind jedoch bei weitem die hellsten und beeindruckendsten. Hier erkennt man große dunkle Fleckmuster in den Ringen. Es handelt sich um Meteoritenstaub, der vom mächtigen Magnetfeld des Planeten aus der Ebene der Scheibe gewirbelt wird.

beobachtet. Den nächsten Sturm erwartet man nun um das Jahr 2020.

Der Saturn ist nach Jupiter hinsichtlich seiner Masse und seiner Dimensionen der zweitgrößte Planet des Sonnensystems. Er kreist in einem Abstand von 1,43 Milliarden Kilometern um die Sonne. Bei einem solchen Abstand hat er eine geringe Orbitalgeschwindigkeit: 9,64 km/s. Der Riese mit den Ringen benötigt daher ungefähr dreißig Jahre für einen Umlauf. Da die Umlaufbahn leicht exzentrisch ist, ändert sich der Abstand des Saturn zur Sonne zwischen Perihel und Aphel um etwa 150 Millionen Kilometer. Die Masse des Planeten, $5{,}688 \cdot 10^{26}$ kg, ist 3,5mal kleiner als die des Jupiter und fast 100mal größer als die Erdmasse. Vor allem aber hat der Planet die geringste Dichte im Sonnensystem. Seine Dichte – also seine Masse pro Volumeneinheit – beträgt nur 0,70 Gramm pro Kubikzentimeter. Zum Vergleich hat die Sonne eine Dichte von 1,4, der Jupiter eine Dichte von 1,34, Neptun und Uranus, die beiden anderen gasförmigen Planeten unseres Sonnensystems, erreichen Werte von 1,3 beziehungsweise 1,64. Und da die Referenzdichte des Wassers 1,0 ist, drängt sich von selbst der Schluß auf: gäbe es einen genügend großen Ozean im Universum, der Saturn würde auf dem Wasser schwimmen!

Trotz seiner geringen Dichte ist der Saturn gigantisch: Sein Durchmesser von 120 000 Kilometern ist zehnmal größer als der der Erde. Die im wesentlichen gasförmige Kugel dreht sich in kaum mehr als zehn Stunden sehr schnell um sich selbst. Der Planetenkörper hat eine ovale Form: Die Abplattung an den Polen beträgt ungefähr zehn Prozent. Von der Erde aus erscheint der Saturn im Teleskop als wahrer Himmelsdiamant, und seine kleine, gelbliche Kugel mit den berühmten hellen Ringen bietet einen fesselnden Anblick. Aus dieser Entfernung, von den astronomischen Observatorien der Erde aus, sieht man, daß der Planet wie der Jupiter von Wolkenbändern bedeckt ist, die am Äquator parallel verlaufen. Allerdings sind diese Bänder bei weitem nicht so kontrastreich und nicht so kompliziert aufgebaut wie auf dem Jupiter.

Vor dem Zeitalter der Raumfahrt konnten die Astronomen auf der Erde die Scheibe um den Saturn in drei Ringe unterteilen. Von den starken Teleskopen der Voyager-Sonden wurden die Ringe in zigtausend kleine Ringe aufgelöst. Einige Ringe sind unregelmäßig, ihre Dimensionen und Dichte variieren, andere verwinden und deformieren sich unter dem Einfluß naher Monde.

Der Saturn entstand wie der Jupiter aus Elementen, die im Urnebel, der ausgedehnten Gas- und Staubscheibe, in der zuerst die Sonne und anschließend ihr Planetengefolge geboren wurden, am häufigsten vertreten waren. Jupiter und Saturn machen zusammen etwa 99 Prozent der gesamten Planetenmasse aus. Ebenso wie der Jupiter besteht der Saturn hauptsächlich aus Wasserstoff und Helium, doch seine Atmosphäre enthält auch geringere Mengen Methan, Ethan, Ammoniak, Azetylen, Ethylen und Phosphin.

Dringt man tiefer in die Atmosphäre des Saturn ein, wird sie immer dichter, und sehr bald herrscht absolute Dunkelheit, durch die hin und wieder ein Gewitterblitz zuckt. Temperatur und Druck steigen gleichmäßig an: In einer Tiefe von etwa 100 Kilometern klettert die Temperatur bereits über null Grad Celsius, und noch tiefer sind die physikalischen Bedingungen für von Menschen konstruierte Maschinen nicht mehr zu verkraften. Auf alle Fälle ist bisher keine Weltraummission zu den Wolken des Saturn geplant. In einigen Tausend Kilometern Tiefe verwandelt sich die Atmosphäre in eine Art von hyperdichter, glühender Melasse. In einer Tiefe von 30 000 Kilometern wird dieser gasförmige »Ozean«, der härter ist als Stahl und auf eine Temperatur von 8000 Grad Celsius aufgeheizt wird, durch einen Druck von mehr als einer Million Bar zusammengepreßt. Noch tiefer träfen wir, falls wir eine solche Reise unternehmen könnten, auf eine Temperatur von ungefähr 15 000

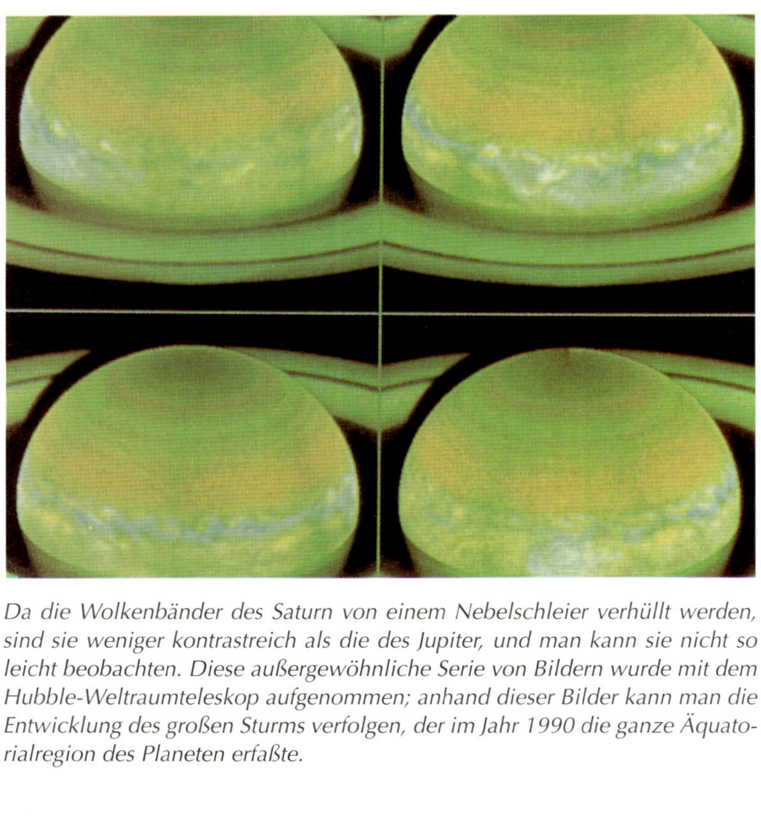

Da die Wolkenbänder des Saturn von einem Nebelschleier verhüllt werden, sind sie weniger kontrastreich als die des Jupiter, und man kann sie nicht so leicht beobachten. Diese außergewöhnliche Serie von Bildern wurde mit dem Hubble-Weltraumteleskop aufgenommen; anhand dieser Bilder kann man die Entwicklung des großen Sturms verfolgen, der im Jahr 1990 die ganze Äquatorialregion des Planeten erfaßte.

Dank seiner sehr niedrigen Dichte könnte der Saturn auf dem Wasser schwimmen, gäbe es einen Ozean, der groß genug wäre, ihn aufzunehmen. Von weitem erscheint das Ringsystem als eine große gleichmäßige Scheibe, die lediglich von der Cassini-Teilung unterbrochen wird. Hier wirft die Kugel des Planeten einen Schatten, der die Ringe scheinbar teilt; diese ihrerseits werfen ihren Schatten auf den Planeten.

Grad Celsius und einen kaum vorstellbaren Druck von über zehn Millionen Bar. Hier würden wir auf den Kern des Planeten stoßen. Dieser Kern – ein Felskern wie der der anderen Planeten – ist doppelt so groß wie die Erde; die Wissenschaftler schreiben ihm einen Durchmesser von 30 000 Kilometern zu. Er muß eine enorme Masse besitzen, der etwa zehn bis zwanzig Erdmassen entsprechen.

Das System des Saturn ist wie das des Jupiter, der das Gefolge der Sonne in kleinerem Maßstab nachbildet, vielfältig und komplex: Man zählt heute nicht weniger als 20 Satelliten dazu, einige, zum Beispiel Titan, so groß wie Planeten, andere, zum Beispiel Atlas, so klein wie Asteroiden. Doch der Saturn schmückt sich vor allem mit einem sehr schönen Band: einem prachtvollen Ringsystem, dessen außerordentliche Kompliziertheit man von Jahr zu Jahr ein wenig besser versteht. Die Ringe ließen den Astronomen seit ihrer Entdeckung vor fast vier Jahrhunderten keine Ruhe. Sie gliedern sich in drei unterschiedlich helle Zonen, die etwa ein Dutzend etwas dunklere Teilungsstreifen aufweisen, und liegen genau auf der Ebene des Saturnäquators. Da dieser gegen die Ebene der Ekliptik des Planeten um 27 Grad geneigt ist, sind die Ringe von der Erde aus in unterschiedlichen Neigungswinkeln zu sehen. In einem Rhythmus von 15 Jahren, also einem halben Umlauf, scheinen sie sich zu öffnen und zu schließen. Zum Zeitpunkt ihrer größten Öffnung liegt der Planet genau in ihrer Mitte; und genau in seiner Äquatorialebene sehen sie wie eine feine, fast unsichtbare Litze aus, ein Zeichen dafür, daß sie extrem dünn sind. Seit langem weiß man, daß die Ringe nicht als ein zusammenhängendes Stück rotieren. Sie sind keine Mikrorillenplatte mit einem Loch in der Mitte, sondern bestehen aus Myriaden von Teilchen, die beträchtlich voneinander entfernt sind und von denen sich jedes wie ein unabhängiger Minisatellit verhält.

In der Tat würden die Saturnringe einen Forscher und Astronauten, der sie aus dem am besten geeigneten Winkel beobachten und fotografieren wollte, vor ein nahezu unlösbares Problem stellen. Sieht man sie aus großer Entfernung, aus einem Abstand von mehreren Millionen Kilometern, etwa von einem Raumschiff aus – zum Beispiel den Sonden Voyager 1 und 2, die in den Jahren 1980 und 1981 auf sie trafen, oder der Cassini-Sonde, die sie gegen Anfang des 21. Jahrhunderts anfliegen wird –, bieten sie im hellen Licht der Sonne einen prächtigen Anblick, zeigen aber wenige Details. Sie direkt vom Planeten aus zu beobachten, ist leider unmöglich, denn zweifellos wird niemand bemannte Sonden losschicken, die auf den schrecklichen Orkanen des

Auf dem Saturn verläuft die atmosphärische Zirkulation parallel zum Äquator. Je näher man den Polen kommt, desto mehr nimmt die Windstärke ab. Die auf diesem Foto sichtbaren Flecken bewegen sich mit nur 60 km/h entlang eines tropischen Wolkenbandes. Am Äquator des Planeten kann die Windgeschwindigkeit dagegen 1800 km/h erreichen.

Dieses prächtige Foto des Saturn wurde vom Hubble-Teleskop aufgenommen, bevor der Planet im Jahr 1990 von einem großen Sturm aufgewühlt wurde. Der Neigungswinkel der Ringe zur Erde hat fast das Maximum erreicht. Die Details auf diesem Foto sind zu erkennen, wenn man den Planeten mit den stärksten Teleskopen der Welt beobachtet.

Saturn reiten. Einen nahen Satelliten wie Janus oder Mimas als Standort eines Observatoriums zu wählen, scheint eine auf den ersten Blick ausgezeichnete Idee zu sein, dem ist aber nicht so: Da die Satelliten wie die Ringe in der Äquatorialebene des Planeten liegen, sind die Ringe von dort nur als feine, glitzernde Linie über dem Himmel des Saturn zu sehen! Das gleiche Problem ergibt sich in den Ringen selbst: Sie sind so dünn, daß es praktisch nicht möglich ist, sie in der Perspektive zu sehen. Würde man einfach ein Raumschiff dorthin steuern, fänden sich dessen Insassen quasi in einer Wolke aus Hagelkörnern wieder, die sich in allen Richtungen bewegen …

Die Saturnringe sind gewaltig: Die Ringe A, B und C, die hellsten und die einzigen, die von der Erde aus zu sehen sind, liegen in einer Entfernung von 73 000 bis 136 000 Kilometern vom Zentrum der Kugel. Der nicht sehr helle D-Ring muß die höchsten Wolken des Planeten beinahe berühren. Der E-Ring schließlich erstreckt sich jenseits der sehr dünnen Ringe F und G bis in eine Entfernung von ungefähr 500 000 Kilometern vom Saturn. Dieses letzte Ringsystem hat also eine größere Ausdehnung als die Umlaufbahn unseres Mondes. Die gewaltigen Saturnringe sind aber auch äußerst fein: Ihre Dicke liegt zwischen 100 und 1000 Metern! Würde man ein großes Blatt Papier auf der Place de la Concorde in Paris ausbreiten, bekäme man eine gute Vorstellung davon, wie dünn die Saturnringe im Verhältnis zu ihrer Oberfläche sind.

Das Aussehen der Ringe ändert sich von Grund auf, je nachdem, ob man sie im reflektierten Licht in verschiedenen Winkeln und Richtungen sieht oder ob man durch sie hin-

Die Saturnringe liegen genau in der Äquatorialebene des Planeten. Sie sind außerordentlich dünn; man schätzt ihre Dicke auf nur wenige hundert, im äußersten Fall vielleicht auch tausend Meter! Auf diesem Bild erscheinen die Ringe, die unter einem sehr kleinen Winkel beobachtet wurden, vor der strahlenden Kugel des Riesenplaneten sehr dunkel.

durchblickt. So reflektiert der dichteste Ring, der B-Ring, das Sonnenlicht sehr stark; sein Rückstrahlwert – seine Albedo – beträgt ungefähr 70 Prozent. Er ist aber vollkommen undurchsichtig, wenn man ihn im Gegenlicht betrachtet. Der C-Ring, der wegen seiner Durchsichtigkeit den hübschen Namen »Florring« trägt, besteht aus kleineren Partikeln, die nicht so dicht verteilt sind; dieser Ring erscheint sehr dunkel, wenn er das Licht reflektiert, hell jedoch, wenn er das Licht streut. Die Saturnringe bestehen zweifellos einerseits aus feinen Eis- und Gesteinsteilchen, andererseits aus reifüberzogenen Felsbrocken von einigen Dezimetern Durchmesser.

Das Ringsystem, das von weitem einfach, glatt und gleichmäßig zu sein scheint, erweist sich als außerordentlich kompliziert, wenn man es in geringem Abstand überfliegt. So gliedern sich die drei von der Erde aus sichtbaren Ringe (A, B, C) auf den Aufnahmen der Voyager-Sonden in mehrere Tausend kleinere konzentrische Ringe. Ihre Dichte und Zusammensetzung wird von der Gravitation der Saturnmonde beeinflußt, daher besitzen bestimmte Zonen eine hohe Teilchendichte, andere eine weitaus niedrigere. Große Monde wie zum Beispiel Mimas und Enceladus, die sich am Rand des Systems bewegen, haben bestimmte Umlaufbahnen vollständig leergefegt. Ihre Störungen markieren die gesamte Scheibe mit äußerster Präzision durch stehende Wellen, an denen sich Materie ansammelt. Daher haben die Ringe keineswegs ein diffuses, sondern ein sehr klares, wie mit dem Rasiermesser gezeichnetes Erscheinungsbild. Andere, viel unauffälligere Satelliten wie Pandora und Prometheus übernehmen in dem System die Rolle von »Hirten«. Diese beiden kleinen Himmelskörper kreisen auf einander sehr nahe gelegenen Umlaufbahnen; ihr Abstand beträgt lediglich rund 2000 Kilometer! Sie umzingeln geradezu den Ring F, dessen Radius 140 210 Kilometer mißt und der nur einige Dutzend Kilometer breit ist. Auf ihrer gesamten Umlaufbahn streifen und stören Pandora und Prometheus diesen Ring, der wie ein zerbrechlicher Reifen zu schwingen beginnt, sich deformiert und eine ovale Form annimmt. Stellenweise werden die Gezeitenkräfte so komplex, daß der Ring sich in fünf, sechs kleine Ringe teilt, die sich weiter von den Monden entfernt wieder vermischen oder wie Papierschlangen ineinander verschlingen!

Es gibt jedoch noch weitere Wechselwirkungen zwischen den Saturnmonden, dem Planeten selbst und seinen Ringen. Der letzte Saturnring (E), der längste und auch der Ring mit der geringsten Dichte – der, erinnern wir uns, ungefähr 500 000 Kilometer vom Planeten entfernt ist – umschließt die Umlaufbahnen von sieben Monden und ist in der Umgebung des Mondes Enceladus deutlich dichter und heller. Nach Auffassung der Fachleute könnte der E-Ring

Die verdeckte Seite der Saturnringe ist vielleicht die eindrucksvollste. Als Voyager 2 sich von dem Riesenplaneten entfernte, machte sie diese Aufnahme im Gegenlicht. Die Ringe reflektieren hier nicht mehr das Sonnenlicht, sondern streuen es. Die dichtesten Ringe sind am dunkelsten, während die Cassini-Teilung sehr hell ist.

vom Eismond mit Materie »versorgt« werden. Enceladus könnte bei Vulkaneruptionen, die allerdings noch nie beobachtet wurden, oder bei Meteoriteneinschlägen Eispartikel in den Raum hinausschleudern, die dem Ring zugeführt werden. Schließlich hat auch das sehr starke Magnetfeld der Saturnkugel einen großen Einfluß auf das System. Magnetische Gewitter auf dem Planeten stören die kleinsten Partikel; diese können von den Kraftlinien des Magnetfeldes verlagert werden. Werden sie leicht über oder unter die Ebene der Ringe gewirbelt, zeichnen diese schwebenden Teilchen große, sternförmige und vergängliche Muster über die gesamte Scheibe.

Die Ringe sind ein gemeinsames Merkmal aller Riesenplaneten. Die des Saturn sind seit dem Jahr 1610 bekannt, indessen wurden die Ringe von Uranus, Jupiter und Neptun erst 1977, 1979 beziehungsweise 1984 entdeckt. Das Ringsystem des Saturn ist das bei weitem massivste, größte, dichteste und hellste von allen. Die Forscher schätzen die Gesamtmasse der Saturnringe auf rund zehn Milliarden mal Milliarden Kilogramm; das entspricht der Masse eines Eismondes wie Mimas, der einen Durchmesser von mehr als 400 Kilometern hat! Zum Vergleich: die Ringe von Jupiter, Uranus und Neptun müssen eine tausend bis eine Million Mal geringere Masse haben.

Niemand weiß bis heute, wie die Ringe der Planeten entstanden sind. Die Zone, in der sich die Ringe um die vier Riesenplaneten befinden, ist sicherlich ein wichtiger Schlüssel für die Lösung des Rätsels: Alle Ringe liegen innerhalb der Roche-Grenze. In dieser »verbotenen Zone«, die jeden Planeten des Sonnensystems umgibt, kann per Akkretion kein Satellit entstehen. Gerät ein bereits gebildeter Satellit in diese Zone hinein, unterliegt er enormen Gravitationsgezeiten, die ihn schließlich zerstören. In einem solchen Fall kann man die Bildung eines Ringsystems um den Planeten miterleben. Sind also die Ringe des Saturn und seiner riesigen Gefährten Reste aus der Entstehungszeit der Planeten, und sind sie daher 4,5 Milliarden Jahre alt? Wenn ja, wie konnte ein so eigenartiges, komplexes System wie die Scheibe der Saturnringe sich über einen so langen Zeitraum erhalten? Wurden die Ringe im Gegenteil nicht viel später, in der Frühgeschichte des Planeten, durch zufällige Begegnungen der Riesenplaneten mit Asteroiden und Kometen gebildet?

Titan:

eine Erde im Winterschlaf

Das rätselhafteste Gestirn des Sonnensystems kreist um den Planeten Saturn: Der Titan ist dauernd unter einer dicken Atmosphäre verborgen, und wir wissen überhaupt nicht, was für Bedingungen an seiner Oberfläche herrschen.
Die Titanatmosphäre besteht wie die der Erde hauptsächlich aus Stickstoff. Aber so fern der Sonne ist der kleine Planet bitter kalt. Welche chemischen Reaktionen können bei einer Temperatur von –180 Grad Celsius auftreten?

Die obere Atmosphäre des Titan, im Gegenlicht fotografiert von Voyager 2. Das Sonnenlicht, das vom Dunst in alle Richtungen gestreut wird, zeichnet eine unwirkliche Sichel, die den Planeten fast vollständig umgibt.

Wir sind sehr weit vom Saturn entfernt. Auch sehr weit von der Sonne, ihren nahen und warmen, einladenden oder verödeten Planeten. Von hier, aus einer Entfernung von mehr als einer Million Kilometern, ähnelt der Saturn einem großen, gelben Kinderball, um den ständig ein vergessener Reif kreist... Die Sonne, deren winzige Scheibe man aus einer Entfernung von ungefähr 1500 Millionen Kilometern kaum noch wahrnehmen kann, strahlt hier hundertmal schwächer als auf der Erde. Die Welt, über die wir fliegen, ist geheimnisvoll: Dieser kleine, echte Planet – der diesen Namen eigentlich nicht verdient, denn strenggenommen handelt es sich um einen Saturnmond – ist von einer dicken Atmosphäre umgeben. Seine Oberfläche ist wie die der Venus sogar vollkommen unter einer homogenen Wolkenschicht verborgen.

Auf der Umlaufbahn um den Himmelskörper gelangen wir nun in seinen Schatten. In Dunkelheit gehüllt, müßte Titan hier eigentlich wie eine pechschwarze Scheibe vor dem sternenübersäten, samtschwarzen Himmel stehen. Doch weit gefehlt; das sich uns darbietende Schauspiel ist von geradezu atemraubender Schönheit und Seltsamkeit: Die das Sonnenlicht streuende Atmosphäre des Planeten zeichnet eine helle Sichel, die seine in die Nacht getauchte Scheibe fast vollständig umgibt! Dieser Himmelskörper ist wirklich verwirrend: Fern von der Sonne und den terrestrischen Planeten mit ihren vertrauten Oberflächen kreist er einsam wie eine kleine verirrte Erde inmitten gasförmiger Riesenplaneten. Woher kommt der Titan?

Der Titan ist nach Ganymed, der um den Jupiter kreist, der zweitgrößte aller Satelliten des Sonnensystems. Seiner Größe nach nimmt er im Gefolge der Sonne den neunten Platz ein; seiner Masse nach den zehnten. Sein Durchmesser von 5150 Kilometern übertrifft bei weitem den des Mondes (3476 Kilometer), den des Pluto (2400 Kilometer) und knapp den des Merkur (4880 Kilometer). Zwar ist der Titan größer als der Merkur, er ist jedoch viel leichter; die Masse des Planeten, der sich nahe der Sonne aus schweren Metallen bildete, beträgt über $3{,}302 \cdot 10^{23}$ kg, während die des Titan nicht ganz $1{,}35 \cdot 10^{23}$ kg erreicht. Wie die riesigen oder vereisten Himmelskörper an den Grenzen des Sonnensystems entstand der Titan überwiegend aus Eis und leichten Gasen. Seine Dichte liegt unter 1,90 Gramm pro Kubikzentimeter. Seine Umlaufbahn ist nahezu kreisförmig und liegt genau

Die obere Atmosphäre des Titan in einer Höhe zwischen 200 und 300 Kilometern. Die Atmosphäre wird bei einer Höhe von 230 Kilometern undurchsichtig. Diese orangefarbenen Wolken bestehen aus Stickstoff, Methan und komplexeren Molekülen. Das Sonnenlicht wird in größerer Höhe von einer bläulichen, viel dünneren Schicht, ähnlich wie vom Himmel der Erde, gestreut. In dieser Höhe beträgt die Temperatur –100 Grad Celsius.

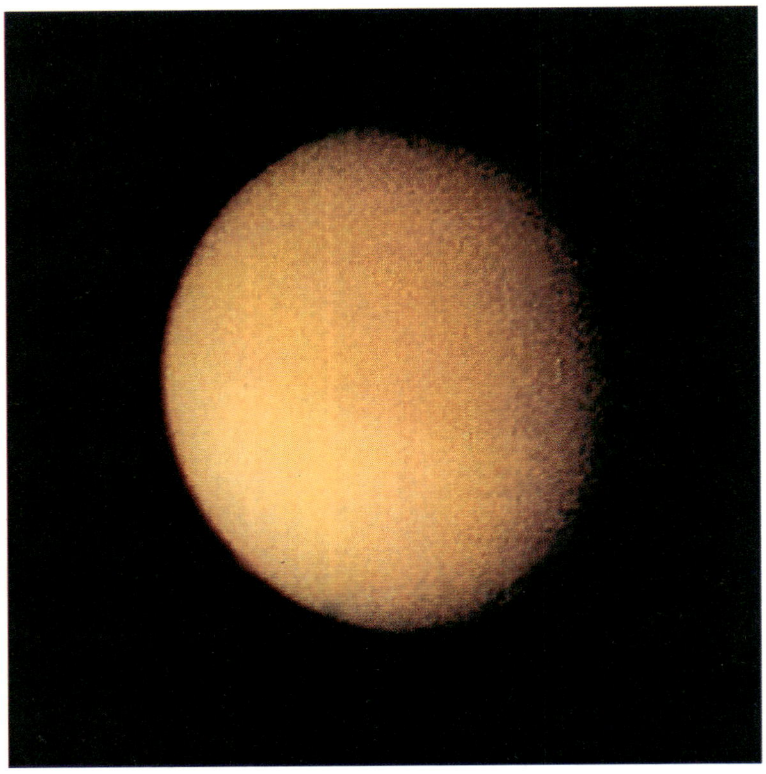

Die Titanatmosphäre ist leider für optische Strahlen undurchlässig, so daß Raumsonden die Oberfläche des Himmelskörpers niemals fotografieren konnten. Wir werden die wahre Gestalt des kleinen Planeten im Winterschlaf erst nach dem Erfolg der schwierigen Cassini-Huygens-Mission kennenlernen, bei der man die Landung einer Sonde auf der Oberfläche plant. Die Begegnung ist für das Jahr 2004 vorgesehen.

in der Ebene des Äquators sowie der Saturnringe. In einem Abstand von etwas mehr als 1,2 Millionen Kilometern vom Saturn – was der dreifachen Entfernung Erde–Mond entspricht – benötigt er für seinen Umlauf ungefähr 16 Tage.

Der Titan ist eine besondere Welt, vielleicht die faszinierendste im gesamten Sonnensystem. Im Bereich des Saturn ist er der einzige Riesenmond, denn die 19 übrigen bekannten Monde des beringten Riesen haben eine 100 bis 100 Millionen Mal geringere Masse als er. Mehr als 90 Prozent der um den Saturn kreisenden Materiemasse, die Ringe eingerechnet, hat der Titan an sich gezogen! Dimensionen und Parameter seiner Umlaufbahn lassen keinen Zweifel hinsichtlich seiner Entstehung: Er entstand zu derselben Zeit wie die Sonne und die Planeten, vor 4,5 Milliarden Jahren, er gehört also zu den ersten Himmelskörpern des Sonnensystems. Gleichzeitig ist der Titan der kleinste Himmelskörper des Sonnensystems, der wie die Erde oder die Venus eine sehr dicke Atmosphäre behalten hat. Die Atmosphären von Pluto, Triton oder Io sind, verglichen mit der des Titan, lediglich kaum vorhandene Gasschleier. Warum ist der große Saturnmond so von Wolken und Nebeln umgeben, während zum Beispiel der Merkur, der Mond, Ganymed, Europa und Kallisto nur den Härten des Weltraums ausgesetzte Wüsten sind? Wir wissen es nicht; wenigstens ein Indiz jedoch gestattet zu erklären, wie der Titan seine bedeutende Gashülle bewahren konnte. Seine Entfernung von der Sonne ist doppelt so groß wie die der Jupitermonde, zehnmal größer als die des Mondes, 25mal größer als die des Merkur. Da er sich in dem vom Saturn vorgegebenen Abstand zusammenballte, war die Kraft des Sonnenwindes schwächer und die Temperatur des interplanetaren Mediums viel niedriger: Gase und Eis blieben auf dem Titan, statt sich aufzulösen und zu entschwinden wie auf den meisten sonnennäheren Planeten und Satelliten. Die Gasmoleküle auf dem größten Saturnmond wurden von der Sonnenstrahlung weniger angeregt und erreichten deshalb nicht die entscheidende Fluchtgeschwindigkeit von 2,5 km/s, mit der sie für immer in den Weltraum hätten entschwinden können. In der ruhigen und eisigen Umgebung seines Planeten, in einem Abstand von mehr als einer Milliarde Kilometern von der Sonne, konnte der Titan seine Atmosphäre über 45 Millionen Jahrhunderte bewahren.

Die Titanatmosphäre besteht ebenso wie die der Erde hauptsächlich aus Stickstoff. Dieses neutrale Gas macht 78 Prozent der Erdatmosphäre und mehr als 90 Prozent der Titanatmosphäre aus. Das heißt natürlich nicht, daß ein Erdbewohner die Oberfläche des Titan gefahrlos erkunden könnte: Unser lebensnotwendiges Gas, der Sauerstoff, kommt dort gar nicht vor! Die Wolken des Satelliten allerdings enthalten neben Stickstoff Methan, vielleicht auch Argon und einige seltenere chemische Zusammensetzungen, darunter zahlreiche Kohlenwasserstoffverbindungen.

Kann man sich vorstellen, was für eine Landschaft die Titanwolken verbergen? Von der Erde aus ist er im Teleskop nur als winzige, verschwommene Scheibe zu sehen, und die beiden Voyager-Sonden, die in den Jahren 1980 und 1981 an ihm vorbeiflogen, konnten die gleichmäßige, blaue und orangefarbene Nebeldecke nicht durchdringen. Radarmessungen, Spektren, gravimetrische und photometrische Messungen befruchteten aber einige theoretische Modelle, die sich alle innerhalb der Grenzen der bereits bekannten physikalischen Bedingungen bewegen: Masse, Dichte, chemische Zusammensetzung, Gasdruck und so weiter. Die Forscher wissen heute, daß die obere Atmosphäre des Titan 200 bis 300 Kilometer über dem Satelliten liegt. In dieser großen Höhe, in die noch die Strahlen der Sonne gelangen, beträgt die Temperatur fast –100 Grad Celsius. Der Druck dieser höchsten, vor allem aus Methan und Ethan bestehenden Schicht beträgt kaum ein Millibar. Im Gegensatz zur Atmosphäre der Planeten Jupiter oder Saturn, die von ihrer inneren Energiequelle aufgeheizt werden, fällt die Temperatur, je tiefer man geht und je mehr man sich dem Boden nähert, während der Druck steigt und die Sonneneinstrahlung abnimmt. Direkt auf der Oberfläche des Titan ist der Druck für eine so kleine Welt außerordentlich groß: 1,5 Bar gegenüber einem Druck von einem Bar an der Erdoberfläche. Da die Sonnenstrahlung fehlt, ist die Temperatur äußerst niedrig: rund –180 Grad Celsius. Auf der Erde lassen Kälte und Polarnacht alles erstarren, Packeis, Flüsse, Steppen und Tundren. Auf dem Titan, auf dem kein freier Sauerstoff vorhanden und Wasser als stahlhartes Eis im Untergrund eingeschlossen ist, existieren vielleicht nur Methan und Stickstoff in Form aktiver Flüssigkeiten. Denn unter den dort herrschenden Druck- und Temperaturbedingungen nähern sich diese beiden Gase, die auf der Erde nur schwer

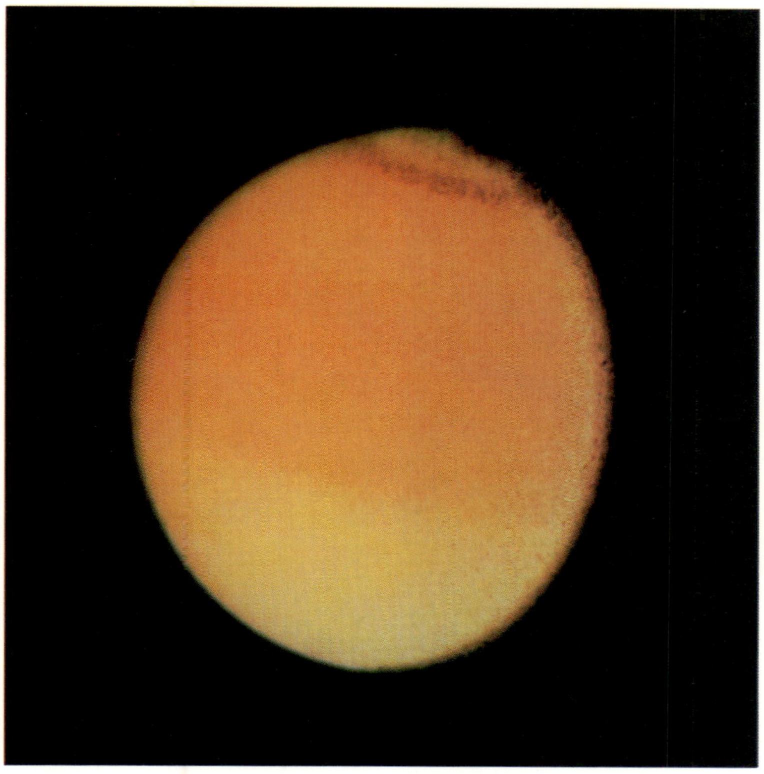

Die Wolkenschicht über dem Titan ist nicht vollkommen gleichförmig. Auf diesem Foto erkennt man einen kleinen Farbunterschied zwischen der Nord- und Südhalbkugel. Die Nordhalbkugel ist dunkel und rötlicher, die Südhalbkugel ist etwas heller. Außerdem zeigt dieses Bild deutlich ein sehr dunkles Wolkenband, das sich um den Nordpol des Planeten zieht.

in flüssigem Zustand zu halten sind, ihrem Tripelpunkt, in dem sie gleichzeitig in fester, flüssiger und gasförmiger Form existieren können. Aufgrund der Umlaufbahn des Saturn, der sich der Sonne bis auf 1,35 Milliarden Kilometer nähert und sich von ihr bis 1,5 Milliarden Kilometer entfernt, gibt es Jahreszeiten auf dem Titan. Im Laufe der vier Jahreszeiten, die ungefähr acht Erdenjahre dauern, könnte die Temperatur auf dem Titan je nach Breitengrad zwischen –170 und –210 Grad Celsius beträchtlich schwanken. Wie wir noch sehen werden, könnte dies auf dem entlegenen Saturntrabanten sehr seltsame Niederschläge zur Folge haben.

Der Titan ist der letzte Himmelskörper des Sonnensystems, über dessen Oberflächenbeschaffenheit wir noch gar nichts wissen. Nach den unterschiedlichen theoretischen Modellen, die von den Forschern zur Beschreibung des großen Saturnmondes aufgestellt wurden, sehen die Oberfläche und deren Landschaften jeweils radikal anders aus. Die einfachste Theorie behauptet, daß die seit ewigen Zeiten vereiste Oberfläche des Titan der des Triton ähnelt: Eine Eiskruste, hier und da von Kratern und Bergen bedeckt, überzieht den Felskern des kleinen Planeten. Nach Meinung einiger Forscher liegt diese Eiskruste dagegen nicht direkt über dem Felskern, sondern über einem riesigen Methanozean. Diese zweite Hypothese rückt den Titan in die Nachbarschaft von Europa: Die Oberfläche des Riesenmondes könnte ein ausgedehntes Packeisfeld sein, das von Wolken bedeckt ist. Die dritte Hypothese: Der Titan könnte *insgesamt* von einem Meer aus Ethan und Methan bedeckt sein …

Das letzte Modell zur Beschreibung der Titanoberfläche schließlich vereinigt alle vorangegangenen Hypothesen in sinnvoller Weise. Der Titan könnte Kontinente unterschiedlichen Profils besitzen, deren Küsten von den Wellen ausgedehnter Methanmeere umspült werden. Wenn nach dem Plan amerikanischer und europäischer Wissenschaftler im Jahr 1998 der Start der ehrgeizigen Weltraummission Cassini-Huygens glückt, werden wir zu Beginn des 21. Jahrhunderts wissen, wie diese Erde im Winterschlaf tatsächlich aussieht. Während die von der NASA konzipierte Cassini-Sonde das Saturnsystem gründlich untersucht, wird das von der europäischen Raumfahrtbehörde hergestellte Huygens-Modul durch die Atmosphäre des Titan hinabgleiten und auf seiner Oberfläche landen.

Bis zur Ankunft der Huygens-Sonde auf dem Titan im Jahre 2004 können wir weiter von den Science-fiction-Landschaften träumen, die sie uns enthüllen wird. Eine Welt, auf ewig in die Polarnacht gehüllt, vom Nebel verschleiert, gleichsam wie von einem unsichtbaren Mond erleuchtet und von eisigen Schauern gepeitscht. Finsternis und Einöde. Eine Welt, auf der weder die Sonne noch der gestirnte Himmel jemals sichtbar sind, eine Welt, auf der man niemals das doch so nahe Juwel des Sonnensystems erblickt: den Saturn. In den hoch gelegenen Gebieten zwischen den alten, erodierten Kratern hat der heftig über die wüsten Ebenen wehende Wind das Eis sicherlich zu endlosen Dünenfeldern geformt. Am Ufer des Meeres wird das Geräusch der Brandung und das Klatschen der Wellen den Astronauten vielleicht für einen Moment vergessen lassen, daß die silbrig glänzende Flüssigkeit kein Wasser ist. Wenn die Temperatur im Winter unter –200 Grad Celsius sinkt, fällt ständig ein Stickstoffregen auf die graue Wüste, und das Meer überziehen Methaneisberge, die sich als unheimliche Silhouetten im Nebelschleier abzeichnen, der den Horizont verhüllt.

Eigenartigerweise ist diese Welt, von der man meint, sie sei durch die Kälte vollkommen erstarrt, in Wirklichkeit sehr aktiv. In der oberen Titanatmosphäre, wo die Sonne noch durch die Wolken dringt, werden Stickstoff und Methan von der ultravioletten Strahlung der Sonne aufgelöst und gehen dann in immer komplexeren Molekülen Verbindungen miteinander ein, die schließlich langsam auf die Oberfläche des Planeten hinuntersinken. Bei einer außerordentlich niedrigen Temperatur synthetisiert eine unglaublich vielfältige Chemie immer schwerere Moleküle: Ethan, Buthan, Propan, Ethylen, Azetylen. Der Boden der vereisten Ebenen ist mit braunen und öligen Pfützen dieser Kohlenwasserstoffverbindungen übersät. Hier finden sich noch kompliziertere Moleküle mit für Biologen vielsagenden Namen: Blausäure, Cyan und Cyanoazetylen. Diese Moleküle, Basen der DNS, sind die Bausteine des Lebens.

Vor vier Milliarden Jahren war die Erde wie der Titan von einer sauerstofflosen, an Methan reichen Stickstoffatmosphäre umgeben. Genau dieselben Produkte des Methan ermöglichten in den warmen Ozeanen der Erde die Entstehung organischer Moleküle, der Aminosäuren und schließlich der ersten lebenden Zellen. Der Titan jedoch liegt nun seit 4,5 Milliarden Jahren im eisigsten Winter.

Enceladus

und die Eiswelten

Die Saturnmonde sind, mit Ausnahme des Titan, kleine Himmelskörper geringer Dichte. Enceladus, wahrscheinlich die interessanteste und geheimnisvollste dieser kleinen Welten, besteht im wesentlichen aus Eis. Sein Durchmesser beträgt lediglich 500 Kilometer. Obwohl der Mond keine Atmosphäre hat, weisen manche Gebiete nur wenige Krater auf oder sind sogar vollkommen glatt, ein Zeichen einer bedeutenden geologischen Aktivität.

Diese stark vergrößerte Aufnahme von der Oberfläche Rheas zeigt, daß der Boden des großen Saturnsatelliten von Einschlagskratern übersät ist. Rheas Rückstrahlwert ist geringer als der des Enceladus, da das Eis mit sehr dunklem Material durchsetzt ist.

Es ist eine reglose Szenerie, aber der Betrachter kann sich ihrer Faszination nicht entziehen. Der Himmel ist auf dieser atmosphärelosen Welt ewig schwarz, und es ist nicht immer leicht, Tag und Nacht zu unterscheiden. Das Sternengewölbe ist hier stets sichtbar, und die etwa 1,5 Milliarden Kilometer entfernte Sonne erscheint nur noch als großer Stern, dessen Dimensionen nicht erkennbar sind, dessen Helligkeit jedoch unerträglich ist. Der Astronaut, der diesen seltsamen Himmelskörper eines Tages vielleicht besucht, wird seinen Heimatplaneten nicht sehen können, da die Erde der Sonne zu nahe und von diesem Ort zu weit entfernt ist. Unter seinen Füßen wird der Forscher Eis finden, in polarer Kälte erstarrt und hart wie Stahl. Die Nächte auf Enceladus sind fürchterlich: Vor der Morgendämmerung kann die Temperatur auf –230 Grad Celsius fallen. Die Tage aber sind auf diesem Saturntrabanten ebenso eisig, sogar zur Mittagszeit steigt das Thermometer niemals über –170 Grad Celsius.

Selbst mit einer schweren Überlebensausrüstung und mit seinen Sauerstoffflaschen wöge der Forscher wegen der geringen Anziehungskraft dieser Welt kaum mehr als zwei Kilogramm! Wenn er mit einem Sprung etwa zehn Meter in die Höhe steigt, kann er leicht über den Horizont hinaus blicken, denn dieser ist auf dem winzigen Planeten weniger als einen Kilometer entfernt. So legt unser Astronaut des dritten Jahrtausends mit einigen lockeren Känguruhsprüngen mehrere hundert Meter zurück und fliegt in einem eleganten Parabelbogen über eine Landschaft von fremdartiger Schönheit. Überall zeigt sich die gleiche Polarlandschaft: glänzende Eisflächen mit sanften Formen, manchmal auch von einem wahren Labyrinth riesiger, prismatischer Kristalle bedeckt; Eistäler mit steilen, spiegelglatten Flanken. Fast überall spiegelt sich die Sonne auf dem nackten Eis und wirft ein flüchtiges Sternenmuster über die Landschaft. Anderswo erheben sich Eisberge, schimmern im Licht. Auf dem ausgedehnten Packeis, hier und da von Kratern gezeichnet, die in das nackte Eis gegraben sind, sucht der Astronaut nach den zahlreichen, leicht zu findenden Meteoriten, mit denen der Boden übersät ist. Sie sind schwarz wie Kohle, durch die Wucht des Aufpralls auf die Oberfläche von Enceladus zerbrachen sie in tausend Stücke.

Enceladus ist eine der wildesten und schönsten Welten des Sonnensystems. Sie stellt auch einen außergewöhnlich guten Aussichtspunkt auf das Saturnsystem dar. Wie alle

Monde wird Enceladus von der Schwerkraft des Planeten blockiert, um den er in 33 Stunden kreist. Da die Umlaufperiode genauso lang ist wie die Eigenrotation des Mondes, wendet er seinem Planeten immer dieselbe Seite zu. Von der Hemisphäre des Enceladus aus betrachtet, scheint der Saturn in der Tat vollkommen unbeweglich über der Landschaft zu stehen, während das Himmelsgewölbe hinter ihm sich langsam dreht … Abends sieht man von den Polarregionen des kleinen Planeten aus den Saturn über den Bergen hinter dem südöstlichen Horizont aufgehen: Der Planet mit den Ringen zeichnet sich als gewaltige Sichel ab und erhebt sich hoch am Himmel. Über den in die Nacht getauchten Teil der Kugel, die nur sichtbar ist, weil sie die Sterne verbirgt, prasseln heftige und stille Gewitter, vergängliche Funken, die schnell von der fantastischen Wolkenmasse des Saturn aufgesaugt werden. Seine Ringe, auf deren messerscharfe Kante man blickt, bilden eine blendende Linie, gerade und von körperloser Feinheit.

Dione wendet ebenso wie Mimas, Enceladus, Tethys oder auch Rhea dem Saturn stets dieselbe Seite zu. Dieses Foto zeigt die verborgene Seite von Dione, das heißt die Hemisphäre, von der aus man den Saturn niemals sieht. Sehr helle Streifen ziehen sich über den Mond. Es sind zweifellos Brüche, an denen das nackte Eis hervortritt.

Enceladus ist dem Saturn außerordentlich nahe. Aus einer Entfernung von 238 000 Kilometern ist der Anblick des beringten Planeten märchenhaft. Nachts tritt der Saturn an die Stelle der Sonne und strahlt so stark, daß er die Landschaft erleuchtet. Überall schimmert das Eis in diesem sanften gelben Licht; diffus und unscharf sind die Schatten. Der scheinbare Durchmesser des Saturn beträgt mehr als 25 Grad, 50mal größer ist er als der des Mondes am Himmel der Erde!

Im Nordwesten ist das Schauspiel fast ebenso schön und verwirrend: Am schwarzen Himmel sind fünf bunte Sicheln aufgereiht. Sie bleiben nicht wie der Saturn am Horizont von Enceladus stehen, alle ziehen vielmehr wie in einem langsamen, prächtigen Ballett ihre eigene Bahn. Tethys, hell leuchtend und doppelt so groß wie der Mond am Himmel der Erde, verschwindet in einigen Stunden hinter dem Horizont, während die kleineren Monde Dione und Rhea sich gegenseitig verdunkeln, ehe auch sie untergehen. Der Titan, eine Million Kilometer entfernt, zeigt sich nur als bräunliche Sichel; er ist scheinbar nur halb so groß wie unser Mond. Morgen um die gleiche Zeit wird unser Astronaut ihn praktisch an derselben Stelle am Himmel von Enceladus wiederfinden; die anderen Monde, die ihn für einen Tag begleitet haben, werden jedoch verschwunden sein und einsam irgendwo auf der anderen Seite des Saturn ihre Bahn ziehen …

Im Vergleich mit dem Riesenplaneten sind die Saturnmonde winzig. Hier zieht der Mond Dione, der einen Durchmesser von 1120 Kilometern hat, langsam an der gigantischen Gaskugel vorbei. Der Saturn hat eine etwa eine Million Mal größere Masse als Dione.

Dieses eindrucksvolle Bild des am Saturn vorbeiziehenden Mondes Dione wurde von der Sonde Voyager 1 aufgenommen. Diese Szene aus einem Science-fiction-Film wiederholt sich bei den meisten Saturnmonden einschließlich Titan, doch man kann sie kaum von der Erde aus beobachten.

Der Saturn hat 20 bekannte und benannte Monde, deren Umlaufbahnparameter und physikalische Eigenschaften mehr oder weniger gut gemessen wurden. Sein Einflußbereich, der vielgestaltigste und komplizierteste im ganzen Sonnensystem, umfaßt zweifellos zahlreiche weitere kleine Körper, einzelne Mini-Satelliten inmitten seiner Ringe, die wir erst nach einer vollständigen und genauen Untersuchung kennenlernen werden, wie sie von der Cassini-Huygens-Mission zu Beginn des nächsten Jahrhunderts durchgeführt werden soll. Im vorhergehenden Kapitel sahen wir, daß Titan der größte und massereichste Saturnmond ist; alle anderen Körper besitzen jeweils nicht einmal zwei Prozent seiner Masse. Die kleinsten Saturnmonde, Atlas, Prometheus, Pandora, Epimetheus und Janus, liegen sehr nahe beieinander, sie befinden sich in einem Abstand von 137 640 bis 151 472 Kilometern vom Zentrum des Planeten, das heißt am Rand des hellen A-Ringes. Es handelt sich lediglich um große, unregelmäßige Felsbrocken mit Durchmessern von 20 bis 100 Kilometern.

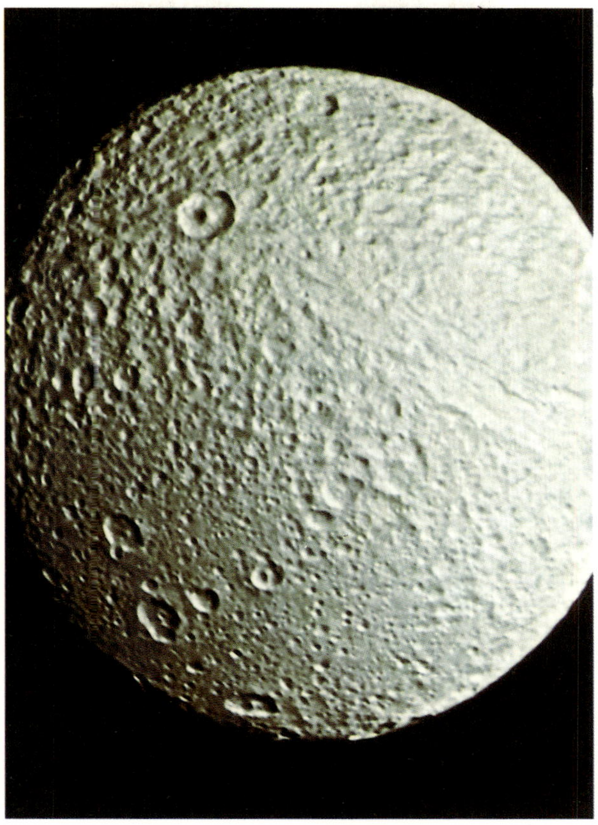

Die Oberfläche von Tethys ist eine der ältesten im Sonnensystem. Zwar ist sie völlig von Kratern übersät, dennoch finden sich auf ihr Spuren geologischer Aktivität. So ist der Mond von der Narbe eines gigantischen Canyons, Ithaca Chasma, gezeichnet, der über 2000 Kilometer lang ist.

Das – sogenannte »klassische« – Gefolge der Saturnmonde, das seit dem 18. Jahrhundert bekannt ist, besteht aus kleinen, kugelförmigen Planeten mit unterschiedlichen Oberflächen: Es sind in der Reihenfolge ihres Abstands vom Saturn Mimas, Enceladus, Tethys, Dione, Rhea, Titan und Japetus. Diese Himmelskörper haben von allen Gestirnen des Sonnensystems die geringste Dichte, und überraschenderweise bestehen sie im wesentlichen aus Eis, das einen kleinen Felskern umgibt. Die beiden kleinsten und dem Saturn am nächsten liegenden Himmelskörper, Mimas und Enceladus, haben einen Durchmesser von lediglich 390 beziehungsweise 500 Kilometern. Ihre Dichte von 1,17 und 1,24 Gramm pro Kubikzentimeter ist sehr gering; man vergleiche diesen Wert mit dem des Wassers: 1,00. Die Masse von Enceladus ist daher tausendmal kleiner als die des Mondes! Der Saturn hingegen hat eine fünf Millionen Mal größere Masse als sein winziger Satellit. Tethys und Dione, die nächsten Trabanten, sind mit einem Durchmesser von 1050 beziehungsweise 1120 Kilometern größer, aber kaum dichter: 1,26 beziehungsweise 1,44 Gramm pro Kubikzentimeter. Auch ihre Masse ist größer; Dione wiegt beispielsweise $1{,}05 \cdot 10^{21}$ kg. Rhea und Japetus schließlich, noch weiter vom Saturn entfernt, sind noch größer. Japetus hat einen Durchmesser von 1440 Kilometern und eine Dichte von 1,21. Rhea, nach dem Titan der zweitgrößte Saturnmond, mißt 1530 Kilometer, ihre Dichte beträgt lediglich 1,33, ihre Masse $2{,}49 \cdot 10^{21}$ kg: weniger als zwei Prozent der Titanmasse!

Mimas ist vielleicht der kleinste Planet des Sonnensystems. Denn trotz eines Durchmessers von nur 390 Kilometern hat diese Welt eine richtige Kugelform, die sich sonst im allgemeinen bei viel größeren Himmelskörpern entwickelt. Mimas ist mit Einschlagskratern bedeckt.

Schließlich kreist noch eine dritte Familie von Satelliten in sehr großer Entfernung um den Saturn: Hyperion und Phoebe sind nur unregelmäßige Brocken mit einem Durchmesser von etwa 100 Kilometern. Phoebe benötigt bei einem Abstand von ungefähr 13 Millionen Kilometern für einen Umlauf um den Saturn eineinhalb Jahre!

Hinsichtlich der Himmelsmechanik bietet das System des Saturn neben der außergewöhnlichen Vielfalt seiner Verbindung von Ringen und Satelliten wirkliche Eigentümlichkeiten, die man nirgends sonst im Sonnensystem antrifft: mehrere Satelliten haben dieselbe Umlaufbahn um den Saturn! Atlas, Prometheus und Pandora beispielsweise kreisen auf Bahnen, die weniger als 4000 Kilometer auseinander liegen. Epimetheus und Japetus aber liegen auf genau derselben Umlaufbahn, doch dank der Gesetze der Gravitation werden sie sich glücklicherweise niemals begegnen. Tethys ihrerseits wird von zwei Mini-Satelliten begleitet, Telesto und Calypso, die ihr auf ihrer Umlaufbahn folgen beziehungsweise vorangehen. Die beiden Objekte sind lediglich Brocken mit einem Durchmesser von einem Dutzend Kilometern. Auch Dione schließlich hat ihre Begleiterin, Helene, einen kleinen unregelmäßigen Körper mit einem Durchmesser von etwa 15 Kilometern. Wurden diese kleinen Satelliten, die sich auf offensichtlich gefährlichen und instabilen Umlaufbahnen bewegen, erst in jüngerer Zeit eingefangen, sind sie Trümmer heftiger Kollisionen zwischen voluminöseren Körpern, oder kreisen sie so seit der Entstehung des Saturnsystems? Wir wissen es nicht.

Von weitem gesehen erinnern die kleinen Welten, die den Saturn umgeben, tatsächlich an den Merkur, den Mond oder Kallisto. Ebenso wie diese Himmelskörper sind die meisten Kleinplaneten des Saturn von Kratern überzogen: Mimas, Tethys, Dione und Rhea sind davon praktisch ganz bedeckt. So zeugt die Oberfläche dieser abgelegenen Welten davon, daß sich unser Planetensystem überall in gleicher Weise entwickelt hat. Enceladus besitzt jedoch eine Topographie, die überhaupt nicht in das allgemeine Modell paßt. Der kleine Eismond, im Vergleich zu den meisten Kör-

Der Mond Dione ist sehr verkratert. Seine Oberfläche ist also sehr alt, davon zeugt auch die Gewalt einiger Einschläge: Die größten, auf diesem Foto sichtbaren Krater haben einen Durchmesser von über 100 Kilometern. Wie die großen Mondkessel besitzen sie einen deutlich ausgeprägten Zentralberg, obwohl die Oberfläche des Himmelskörpers zum großen Teil aus Eis besteht.

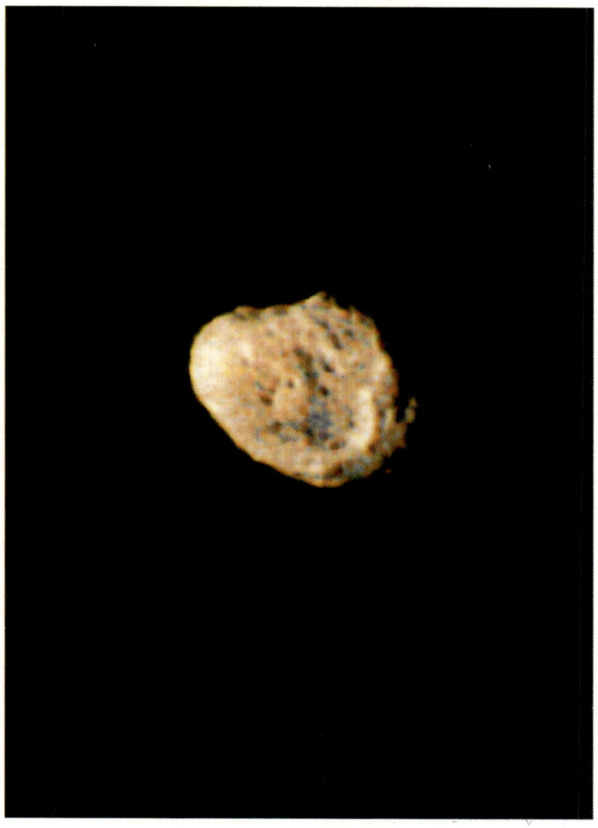

Hyperion kreist in einem großen Abstand vom Saturn. Seine Eigenschaften sind bisher nur wenig bekannt. Obgleich seine Masse der von Mimas ziemlich genau entspricht, hat Hyperion keine für Planeten charakteristische Kugelform. Seine Abmessungen betragen etwa 400 x 260 x 200 Kilometer.

pern des Sonnensystems ein winziger Himmelskörper, müßte im Prinzip geologisch inaktiv sein. Nur die großen Planeten wie zum Beispiel die Erde oder der Mars besitzen eine Felsmasse, die für eine Erwärmung ihres Innern ausreicht, aufgrund der Radioaktivität bestimmter Elemente, aus denen sie bestehen, oder aufgrund des enormen Drucks, der in der Tiefe herrscht, oder aus beiden Gründen zusammen. Die Plattentektonik, die Faltengebirge sind ein Zeichen der inneren Aktivität unseres Planeten, und ebenso zeugen die Vulkane und Canyons von der Aktivität der Venus und des Mars. Eine weitere mögliche Wärmequelle liegt in starken Gravitationsgezeiten, wie sie etwa auf Io einwirken: Dieser kleine Planet platzt vor Energie und gibt sie in einer absolut entfesselten vulkanischen Aktivität ab. Enceladus, winzig und leicht, erfüllt keine der Bedingungen, die für eine geologische Aktivität nötig sind, und ist dennoch einer der aktivsten Himmelskörper des Sonnensystems. Zwar ist er teilweise verkratert, auf seiner Oberfläche gibt es aber keine Krater mit einem Durchmesser von mehr als rund 25 Kilometern, ein Zeichen dafür, daß die ersten, die bedeutendsten Kollisionen in der Zwischenzeit ausgelöscht wurden. Zum Vergleich: Mimas besitzt einen Krater mit einem Durchmesser von 130 Kilometern. Die Oberfläche von Tethys ihrerseits bewahrte die Spur eines gewaltigen Kessels von 400 Kilometern, Dione und Rhea schließlich besitzen mehrere Krater von 100 bis 200 Kilometern Durchmesser. Aber vor allem entdeckten die Astronomen dank der Voyager-Missionen zu ihrer großen Überraschung, daß ein beträchtlicher Teil der Oberfläche von Enceladus glatt ist. Nicht der kleinste Krater auf zig Kilometern im Umkreis. Diese vereisten Landschaften scheinen extrem jung zu sein: Ihr Boden reflektiert das Licht wie frischer Schnee. Die mittlere Albedo von Enceladus, über 90 Prozent, ist die höchste im gesamten Sonnensystem. Stellenweise wurden alte, stark mit Kratern überzogene Flächen von der Materie des Untergrunds begraben; die Forscher schätzen das Alter dieser Eistäler auf weniger als 100 Millionen Jahre. Warum und wie ergießt sich das Eis an der Oberfläche von Enceladus? Wir wissen es nicht. Vielleicht besitzt Enceladus wie Europa unter ihrer Eiskruste einen Ozean. Die sich bis an die Oberfläche erstrekkenden Gletscher könnten also von Geysiren stammen, die unter Druck heißes Wasser aus dem Untergrund herausschleudern, das sofort gefriert, sobald es sich auf der Oberfläche niederschlägt. Es sei denn, die Eiskruste von Enceladus deformiert und bewegt sich hin und wieder wie Packeis unter dem Druck eines verborgenen Ozeans. Wir wissen also nicht, ob es eine bestimmte Form des Vulkanismus auf Enceladus gibt. Es wäre ein seltsamer und exotischer Vulkanismus, dessen Vulkane perfekte Eiskegel wären und dessen Lava aus zunächst flüssigem, dann erstarrtem Wasser bestehen würde. Einige Fachleute nehmen an, daß Enceladus den E-Ring, in welchem er kreist, mit Eiskristallen auffüllt. Es ist richtig, daß auf einer so kleinen und leichten Welt ein Geysir durchaus Wasser in eine Umlaufbahn bringen könnte: Die Geschwindigkeit, die ausreicht, das Gravitationsfeld von Enceladus zu verlassen, 700 km/h, ist fünfzigmal geringer als auf der Erde!

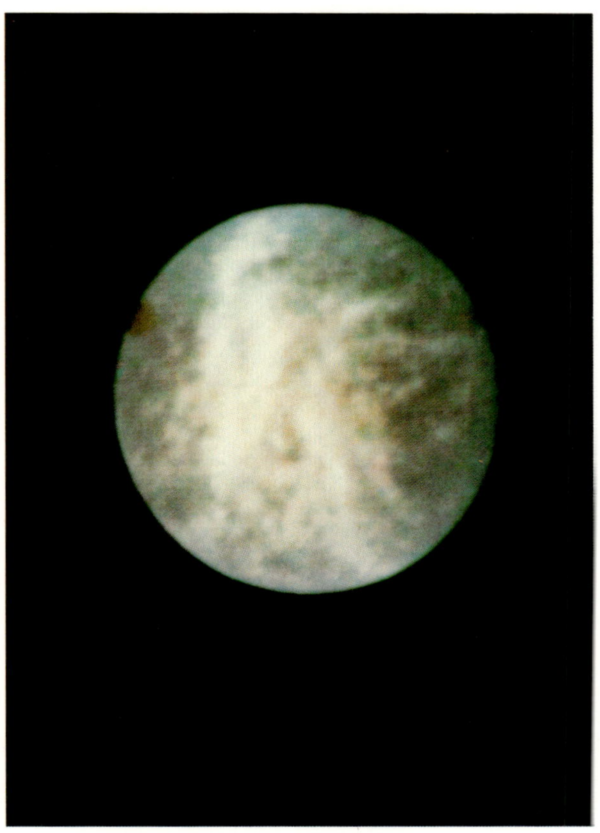

Rhea ist nach dem Titan der zweitgrößte Saturnmond. Ihre Oberfläche ist nahezu gleichmäßig von Kratern bedeckt. Auf diesem Bild sieht man Rhea im direkten Sonnenlicht: die Krater sind daher nicht sichtbar. Das nackte, hellere Eis tritt dagegen deutlich hervor.

Das Saturnsystem – mit seinen Ringen und seinen sich vielschichtig wechselseitig beeinflussenden Mini-Satelliten, mit Titan, der faszinierenden Erde im Winterschlaf, und seinen seltsamen Eismonden – weist noch zahlreiche Geheimnisse auf, deren Aufklärung dazu beitragen könnte, Ursprung und Entwicklung des Sonnensystems insgesamt besser zu verstehen. So lautet auch das ehrgeizige Ziel der Cassini-Huygens-Mission. Doch Geduld: die amerikanisch-europäische Sonde wird die Gefilde des beringten Riesen erst im Jahr 2004 erreichen.

Halley:

der große Reisende

Kein Komet wurde mit so vielen Beobachtungsinstrumenten untersucht wie der Halleysche Komet. Bei seinem letzten Vorbeiflug an der Erde im Jahre 1986 bemühten sich drei Raumsonden, ihn zu treffen. Wenn der Halleysche Komet der Sonne und der Erde genügend nahe kommt, kann man ihn sehr gut mit bloßem Auge erkennen. Auf diesem Bild hebt sich der Komet von den dichten Sternenfeldern der Milchstraße ab.

Dieses Dokument ist außergewöhnlich: die Aufnahme der europäischen Sonde Giotto zeigt zum ersten Mal den Eiskern des Halleyschen Kometen. Man erkennt sehr gut seine unregelmäßige Form sowie heftige Gasausbrüche.

Die Oberfläche dieser Eiswelt ist porös, rissig, durcheinander gewirbelt, als wäre sie gerade intensiv gepflügt worden. Der Boden, schwarz wie Kohle, besteht in der Tat zu einem großen Teil aus Kohlenstoffverbindungen und organischen Molekülen. Unter der dunklen Kruste schimmern stellenweise Adern reinen Eises für einen Augenblick in der Sonne. Wir sind weit von unserem Stern entfernt; von hier erscheint die Sonne nicht mehr als die vertraute Scheibe, sondern lediglich als starker Lichtpunkt. Dennoch ist es unmöglich, länger in das Tagesgestirn zu blicken; sehr schnell wird sein Strahlen unerträglich und zwingt uns, den Blick abzuwenden.

Unwirklich: die Welt, auf der wir uns befinden, scheint direkt einem Traum entsprungen zu sein. Die Szenerie ist verwirrend, vollkommen unbegreiflich: Vor uns schießt seit mehreren Stunden in absoluter Stille eine Gas- und Eisfahne in die Höhe und verschwindet langsam im Weltraum, wo sie sich mit den Nebelschleiern der Milchstraße vermischt. Rings um diesen Geysir schweben Eisblöcke über dem Boden, steigen oder fallen langsam im Rhythmus unsichtbarer Wellen. Plötzlich hört der Ausbruch genauso schnell auf, wie er begonnen hat. Ein Gasschleier bleibt noch eine ganze Weile wie ein morgendlicher Nebelfetzen stehen, dann löst er sich auf und verschwindet. Über dem nunmehr inaktiven und leeren Krater schweben Tausende von Eisstücken, Kristallwolken, Flocken und Gesteinsstaub weiter hartnäckig im leeren Raum, wollen einfach nicht wie auf jedem anderen Planeten auf die Oberfläche zurückfallen.

Wir befinden uns 2,5 Milliarden Kilometer von der Sonne entfernt an Bord des seltsamsten Raumschiffs, das man sich vorstellen kann: des Halleyschen Kometen. Dieser Himmelskörper, der seit mehr als zwei Jahrtausenden die Astrologen, Wahrsager und Astronomen fasziniert, der »umherirrende Stern«, das schlechte Vorzeichen, das die Menschheit von jeher in Angst und Schrecken versetzt hat, ist in Wirklichkeit nur ein winziger Körper. Seine unregelmäßige Gestalt hat ungefähr die Form einer Ellipse, deren drei Achsen 16 mal 8,2 mal 7,5 Kilometer messen. Halley ist also der kleinste Himmelskörper, dem wir auf unserer Reise durch das Sonnensystem einen Besuch abstatten. Er ist kleiner als der Asteroid Gaspra (19 mal 12 mal 11 Kilometer), kleiner als die Marsmonde Phobos und Deimos, die 27 mal 21 mal 19 Kilometer beziehungsweise 15 mal 12 mal 11 Kilometer messen. Der Halleysche Komet ist kleiner und vor allem

Dieses Foto, praktisch im gleichen Moment aufgenommen wie das Bild des Kerns auf der nebenstehenden Seite, zeigt den riesigen Schweif des Halleyschen Kometen. Der verschwommene Schweif, der sich über Millionen Kilometer erstreckt, wird von Gasausbrüchen verursacht, die auf der Großaufnahme des Kerns zu sehen sind. Im Maßstab dieses Bildes, das von der Erde aus gemacht wurde, ist der Kern nur ein Punkt.

März 1986: Der Halleysche Komet zieht über den Himmel der Erde, bevor er sich wieder an die Grenzen des Universums begibt. Von der Sonnenstrahlung aufgeheizt, schmilzt sein Eis und schießt heftig aus seinem Kern hervor. Während dieser Phase verliert Halley in jeder Sekun-

auch außerordentlich leicht. Seine Dichte von sicherlich kaum 0,50 Gramm pro Kubikzentimeter ist geringer als die der eisigen Saturnmonde wie Mimas oder Enceladus (1,17 und 1,24) und sogar noch niedriger als die des Saturn: 0,70 Gramm pro Kubikzentimeter. Die Masse des Kometen ist, verglichen mit den Planeten, verschwindend klein: zweifellos weniger als 100 Milliarden Tonnen! Auf der Erde entspräche dies dem Gewicht einer Packeisscholle von etwa zehn Kilometern Länge. Der Halleysche Komet ist mit Sicherheit eine Art kosmischer Eisberg, zerbrechlich und ohne Felskern. Dieser Körper ist so leicht, daß sein Gravitationsfeld keine Rolle spielt. Ein Astronaut wöge auf dem Kometen nicht mehr als ein Gramm! Er hätte äußerste Schwierigkeiten sich fortzubewegen, denn die kleinste plötzliche Bewegung würde ihn in die Höhe heben und in eine Umlaufbahn schicken.

Das einzige Mittel, auf diesem Himmelskörper zu verharren oder ihn gefahrlos zu besuchen, wäre der Raketenstuhl, den die Astronauten im Erdorbit verwenden, wenn sie ihre Fähre verlassen. Dieses Gerät verfügt über winzige, mit Gas gefüllte Behälter. Wird das Gas in gerichteten Stößen freigesetzt, kann man sich unabhängig und sicher bewegen.

Der Halleysche Komet ist, streng astronomisch genommen, eigentlich ein Planet: wie Merkur, Venus oder Erde kreist er um die Sonne – allerdings gegenläufig zur allgemeinen Bewegungsrichtung der Himmelskörper des Sonnensystems. In 76 Jahren durchläuft er eine sehr elliptische Umlaufbahn, die ihn in einen Abstand von weniger als 88 Millionen Kilometern zur Sonne bringt, zwischen Merkur und

de 30 Tonnen Wasser, Stickstoff und Methan. Auf diesem lang belichteten Foto, das mit drei Farbfiltern, blau, grün und rot, gemacht wurde, folgte das Teleskop exakt der Eigenbewegung des Kometen. So erklärt sich das unscharfe und farbige Aussehen der Sterne.

Venus. Sein Aphel, also sein größter Abstand zur Sonne, liegt jenseits der Neptunbahn, etwa 5,3 Milliarden Kilometer von unserem Stern entfernt.

Die Astronomen haben die wirkliche Bedeutung der zerstreuten Himmelskörper, die sie hin und wieder schnell über den Himmel der Erde ziehen sahen, erst spät begriffen. Abgesehen von rein irrationalen, wenig interessanten Erklärungen fragte man sich lange Zeit ernsthaft, ob es sich nicht um atmosphärische Phänomene handelte. Der englische Astronom, nach dem der Halleysche Komet benannt wurde, entdeckte als erster, daß der helle, geschweifte Besucher aus dem Weltraum ein und derselbe Himmelskörper war. Nachdem er die spektakuläre Erscheinung im Jahr 1682 beobachtet hatte, berechnete er deren Wiederkehr für das Jahr 1759 voraus. Der Komet erschien zur vorgesehenen Stunde, leider aber 16 Jahre nach dem Tode Halleys, dem der Ruhm nur posthum zufiel.

Seitdem warten die Astronomen alle 76 Jahre auf die Rückkehr des Kometen. Jedesmal nämlich zieht er mehr oder weniger nah an unserem Planeten vorbei. Wie wir gesehen haben, ist der Himmelskörper zwar winzig, gerät er jedoch in Sonnennähe, wird er außerordentlich hell. Die sehr schwarze Oberfläche von Halley – seine Albedo beträgt weniger als vier Prozent – absorbiert sehr wirksam die Strahlung unseres Sterns. In einer Entfernung von weniger als 450 Millionen Kilometern von der Sonne beginnt das Eis des Kometen unter der Kruste zu schmelzen und zu verdampfen. Die Gasblasen explodieren, reißen die Oberfläche auf und schleudern riesige Geysire in den Weltraum, die von der verschwindend geringen Gravitation nicht festgehalten werden können. Während der Komet zur Sonne rast, wird er aufgeheizt, und der Wind der Sonnenpartikel treibt die seinem Kern entweichenden Gase von ihm weg, so daß sie einen eleganten Schweif an den Himmel zeichnen. Diesem Gebilde folgen zwei weitere Schweife, die aus Gesteinsstaub beziehungsweise ionisiertem Gas bestehen und die fantastische Länge von 100 Millionen Kilometern erreichen können! Obwohl der Schweif des Kometen im wesentlichen »leer« ist – er wiegt kaum eine Million Tonnen –, kann der Halleysche Komet zum hellsten Himmelskörper am nächtlichen Himmel werden.

In der Nähe des Perihels steigt die Temperatur an der Oberfläche des Kometen über 70 Grad Celsius. Seine Aktivität erreicht dann ihren Höhepunkt, die Gase – vorwiegend Wasserdampf, aber auch Kohlendioxid, Stickstoff, Methan und Ammoniak – werden mit einer Geschwindigkeit von 500 m/s herausgeschleudert. Pro Sekunde entweicht dabei eine Masse von 30 Tonnen.

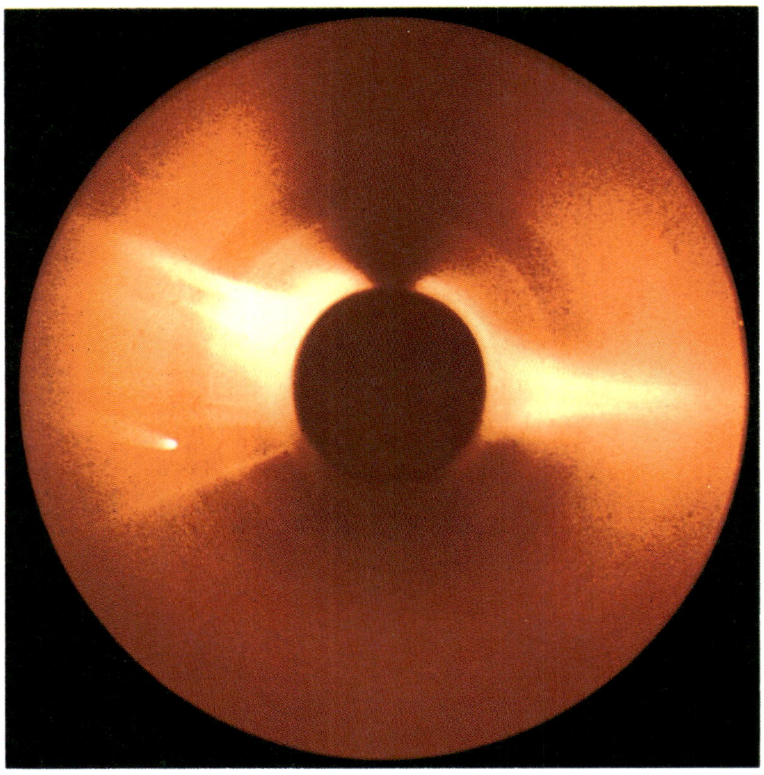

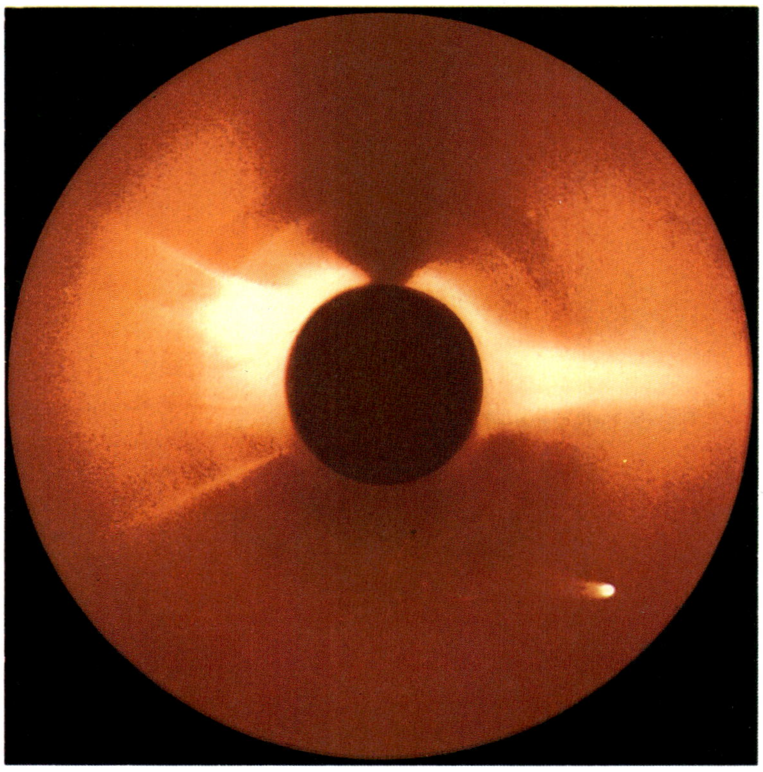

Im Jahr 1973 flog der Komet Kohoutek für einen kurzen Moment nahe an der Sonne vorbei. Die Astronauten an Bord der Station Skylab konnten das Ereignis mittels eines Koronographen aufnehmen, der das Licht unseres Sterns verdeckt. Auf diesen beiden außergewöhnlichen Dokumenten bewegt sich der Komet direkt durch die Ausbrüche der Korona der oberen Sonnenatmosphäre.

Seit seiner Wiederkehr im Jahr 1759 verfolgen die Astronomen den Vorbeiflug des Halleyschen Kometen respektvoller und aufmerksamer. Jede neue Forschergeneration richtet immer stärkere Instrumente auf den ehrwürdigen Reisenden. Nach seinem vorletzten Vorbeiflug im Jahr 1910 verschwand er nach einigen Monaten erneut aus dem Objektiv der Teleskope. Zu Beginn der achtziger Jahre wurde die Jagd auf den Kometen wieder aufgenommen, und am 16. Oktober 1982 entdeckten ihn zuerst die Amerikaner im Observatorium auf dem Mount Palomar. Der Höhepunkt der Jagd auf den Kometen fiel in das Jahr 1986, als man ihn mit dem bloßen Auge sehr gut erkennen konnte und er unter dem Kreuzfeuer von Raumsonden und Tausender Teleskope von Amateuren und professionellen Astronomen lag. Die europäische Raumsonde Giotto, die weniger als 600 Kilometer am Kometen vorbeiflog, machte schließlich eine Großaufnahme von ihm. Nach dem Jahr 1986 verringerte sich die Helligkeit des Halleyschen Kometen allmählich, sein Abstand zur Sonne wuchs, und seine Aktivität nahm ab. Als der Komet im Jahr 1991 zur allgemeinen Überraschung plötzlich eine Gaswolke ausstieß, während er sich bereits jenseits des Saturn befand, konnte man ihn nur noch mit den stärksten Teleskopen erkennen. Im Jahr 1992 konnte ihn nur ein einziges Teleskop, das des Observatoriums La Silla in Chile, fotografieren. Man muß hinzufügen, daß der Himmelskörper fast die Größe 26 erreicht hatte, daß also seine Helligkeit 100 Millionen Mal schwächer war als der blasseste, mit dem bloßen Auge sichtbare Stern ... Im Jahr 1993 ist der Halleysche Komet schließlich verschwunden. Endgültig? Sicher nicht: Verbesserte Teleskope versprechen eine Wiederentdeckung des Kometen zwischen 1994 und 1996. Danach wird man den Halleyschen Kometen sicherlich nie wieder aus dem Auge verlieren, selbst nicht im Jahr 2024, wenn er am weitesten von der Erde entfernt ist: über fünf Milliarden Kilometer. Der Halleysche Komet wendet dann erneut auf seiner Bahn und kommt im Jahr 2061 zur Erde und zur Sonne zurück.

Der Halleysche Komet ist der berühmteste Komet aus einer riesigen Familie. Die Menschheit sah nämlich schon einige Tausend Kometen am Himmel der Erde vorbeiziehen, und die Astronomen, professionelle aber auch Amateure, entdecken jedes Jahr neue. Aufgrund der Eigenschaften ihrer Umlaufbahnen sowie ihrer physikalisch-chemischen Charakteristika weiß man heute, daß diese winzigen Himmels-

Auch Kometen sterben: Anfang 1993 machten die Astronomen des Observatoriums Mauna Kea auf Hawaii dieses erstaunliche Bild des gerade zerfallenden Kometen Shoemaker-Levy. Der Kern des Kometen scheint in mehrere Dutzend Stücke zerbrochen zu sein, als er dem Riesenplaneten Jupiter zu nahe kam.

körper sich wie die Planeten vor 4,5 Milliarden Jahren zusammenballten. Da sie wie die Saturnmonde hauptsächlich aus Wasser bestehen, kann man mit Recht annehmen, daß sie relativ weit von der Sonne entfernt aus den leichtesten Elementen entstanden, die vom werdenden Stern an den Rand unseres Planetensystems geblasen wurden. Ebenso wie die Asteroiden erschütterten die Milliarden von Kometen die jungen Planeten. Nach Meinung einiger Wissenschaftler können allein die wiederholten Kollisionen Tausender Kometen mit der Erde schon das Vorhandensein großer Mengen Wassers auf unserem Planeten erklären. Noch heute bleibt der Zusammenstoß der Erde mit einem Kometen eine ernsthafte Bedrohung. Fiele ein Komet von der Größe des Halleyschen Kometen auf die Erde, würde er eine bedeutende Katastrophe auslösen, die uns zum Verhängnis werden könnte.

Als nach der stürmischen Episode der Entstehung der Planeten ein Teil der Kometen von den Planeten »verschluckt« worden war, wurden die meisten dieser kosmischen Eisstücke von der Gravitationsschleuder der Riesenplaneten weit an die Peripherie unseres Sonnensystems hinausgeschleudert. Die genaue Untersuchung der Umlaufbahnen mehrerer hundert bereits registrierter Kometen läßt die Annahme zu, daß heute ein sehr ausgedehnter, mit diesen Himmelskörpern angefüllter Raum in sehr großer Entfernung von der Sonne existiert. Diese kugelförmige Wolke, wie sie sich der niederländische Astronom Oort vorstellt, muß rund ein Lichtjahr von der Erde entfernt sein, also 10000 Milliarden Kilometer. Sie umfaßt möglicherweise 1000 Milliarden Kometen, dies entspricht

Wenn die Kometen unserem Planeten genügend nahe kommen, kann ihre Helligkeit mit der des Vollmonds konkurrieren, und gelegentlich erstreckt sich ihr Schweif von einem Ende des Horizonts zum anderen. Ein solches Schauspiel ist sehr selten. Der Halleysche Komet, der die Erde seit mindestens 2000 Jahren besucht, enthält nicht mehr so viel Gas, daß er den Himmel der Erde auf diese Weise erglühen lassen könnte.

insgesamt – bei einer Masse von einer bis 1000 Milliarden Tonnen pro Komet – einer Jupitermasse!

Die Oortsche Wolke ist fast so weit weg wie die nächsten Sterne, zum Beispiel Proxima Centauri oder der Stern von Barnard, die 4,3 beziehungsweise 5,8 Lichtjahre von der Sonne entfernt sind. Sähe man diese von einem Kometen der Oortschen Wolke aus, würde sie sich tatsächlich nicht mehr von den Tausenden anderer Sterne am sternenübersäten Himmel unterscheiden. Die Kometen kreisen innerhalb mehrerer Millionen Jahre um die Sonne, und ihre bei einer Temperatur von –250 Grad Celsius erstarrte Oberfläche liegt in ewiger Nacht. Hin und wieder werden einige Kometen durch die Gravitationsstörungen eines Sterns, der in die Gefilde des Sonnensystems gelangt, von ihrer Umlaufbahn abgelenkt. Diese Kometen verlassen dann endgültig das Anziehungsfeld der Sonne und irren Millionen Jahre lang durch die Galaxie, bis sie vielleicht von anderen Sternen eingefangen werden.

Andere Kometen stürzen dagegen dank der Gravitationsgezeiten allmählich in das innere Sonnensystem. Innerhalb einiger hunderttausend Jahre nimmt ihre Geschwindigkeit in dem Maße zu, wie die Anziehungskraft der Sonne wächst, dann setzt die Hitze an der Oberfläche die ersten Gasstöße frei: Auf der Erde bemächtigt sich ein vom Zufall begünstigter, überglücklicher Astronom des Phänomens und heftet seinen Namen an einen neuen Kometen! Das Erglühen eines Kometen in der Nähe der inneren Planeten bedeutet allerdings oft sein Todesurteil. Obwohl die Kometen 4,5 Milliarden Jahre lang unter »Ultra-Tieftemperatur« ewig jung geblieben sind, werden sie zu äußerst zerbrechlichen und vergänglichen Himmelskörpern, sobald sie sich ihre Flügel am Feuer der Sonne verbrennen. Einige unter ihnen fliegen nur einmal vorbei und verschwinden dann endgültig, befreit von der Anziehungskraft unseres Sterns. Andere werden von der Sonne eingefangen, um die sie dann auf normalen, obgleich stark elliptischen, planetaren Umlaufbahnen kreisen: dies ist bei dem Halleyschen Kometen der Fall, gilt aber auch für den Enckeschen Kometen, der uns im Jahr 1993 besuchte, den Kometen Schwassmann-Wachmann, der im Jahr 2004 erneut in Erdnähe geraten wird, oder auch für den Kometen Ikeya-Seki, auf dessen Wiederkehr man geduldig wartet, denn sie ist für das Jahr… 2845 vorgesehen! Diese Kometen entwickeln im Perihel jedesmal ihren langen Schweif aus Gas und Staub, durch den sie natürlich eine beträchtliche Masse verlieren. Der Halleysche Komet beispielsweise verlor bei seiner Rückkehr zur Sonne mehr als 100 Millionen Tonnen, also eine zehn Meter dicke Eisschicht. Die Kometen haben auf diese Weise nach einigen hundert Tiefflügen über die Protuberanzen der Sonne all ihre gasförmigen Bestandteile verloren.

Aber den schönen Reisenden des Kosmos drohen weitere Gefahren. So wirken die starken Geysire, die an ihrer vereisten Oberfläche hervortreten, wie Düsentriebwerke, die die Bahn der Kometen merklich ändern können. Den Zufällen einer gestörten und unregelmäßigen Umlaufbahn unterworfen, finden die Kometen oft ein schlimmes Ende: Im Jahr 1979 stürzte der Komet Howard-Koomen buchstäblich auf die Sonne. Im Jahr 1976 überstand der Komet West, zerbrechlich wie das arktische Packeis zu Beginn des Frühlings, seinen einzigen Vorbeiflug an der Sonne nicht und zerbrach in mehrere Stücke. Anfang 1993 schließlich zerfiel anscheinend der Komet Shoemaker-Levy, nachdem er vom Jupiter eingefangen worden war Insgesamt schätzt man die Lebensdauer eines Kometen mit einer sonnennahen Umlaufbahn auf lediglich einige hundert Millionen Jahre: ein Wimpernschlag vor dem Maßstab des Universums…

Die beeindruckende Wiederkehr des Halleyschen Kometen dauert deshalb nicht ewig, und eines Tages wird die Begegnung des Jahrhunderts nicht mehr stattfinden. Aber selbst wenn sie im Schmelzofen der Sonne oder im interstellaren Raum verschwunden sind, lassen die Kometen noch eine Spur zurück. Ihre langen Schweife verteilen im Weltraum winzige Staubpartikel, die ihre Umlaufbahn markieren. Regelmäßig kreuzt unser Planet eine Kometenbahn und fegt für einige Tage den mit Staubteilchen gefüllten Weltraum. Diese fallen mit einer Geschwindigkeit von mehreren tausend Kilometern pro Stunde in die Atmosphäre, glühen auf, und bevor sie sich auflösen, hinterlassen sie am Himmel der Erde die flüchtige, hübsche Spur einer Sternschnuppe.

Der Halleysche Komet, hier ein Foto vom April 1986, kann seitdem mit den größten Teleskopen der Welt verfolgt werden. Zwischen 1990 und 1994 befand er sich zwischen den Umlaufbahnen von Saturn und Uranus. Seine größte Entfernung wird er im Jahr 2024 erreichen, danach schwenkt seine Umlaufbahn wieder in Richtung Sonne.

Uranus:

zwischen zwei Welten

Der Uranus ist einer der unbekanntesten Planeten des Sonnensystems. Er ist so weit entfernt, daß man von der Erde aus mit Teleskopen keine Einzelheiten erkennen kann. Der Uranus wurde im Jahr 1986 nur von der Raumsonde Voyager 2 besucht und blieb von einem dichten, bläulichen Nebel verhüllt. Daher wissen wir nichts über seine atmosphärischen Phänomene. Ebenso wie Jupiter, Saturn und Neptun besteht diese gasförmige Welt vor allem aus Wasserstoff und Helium.

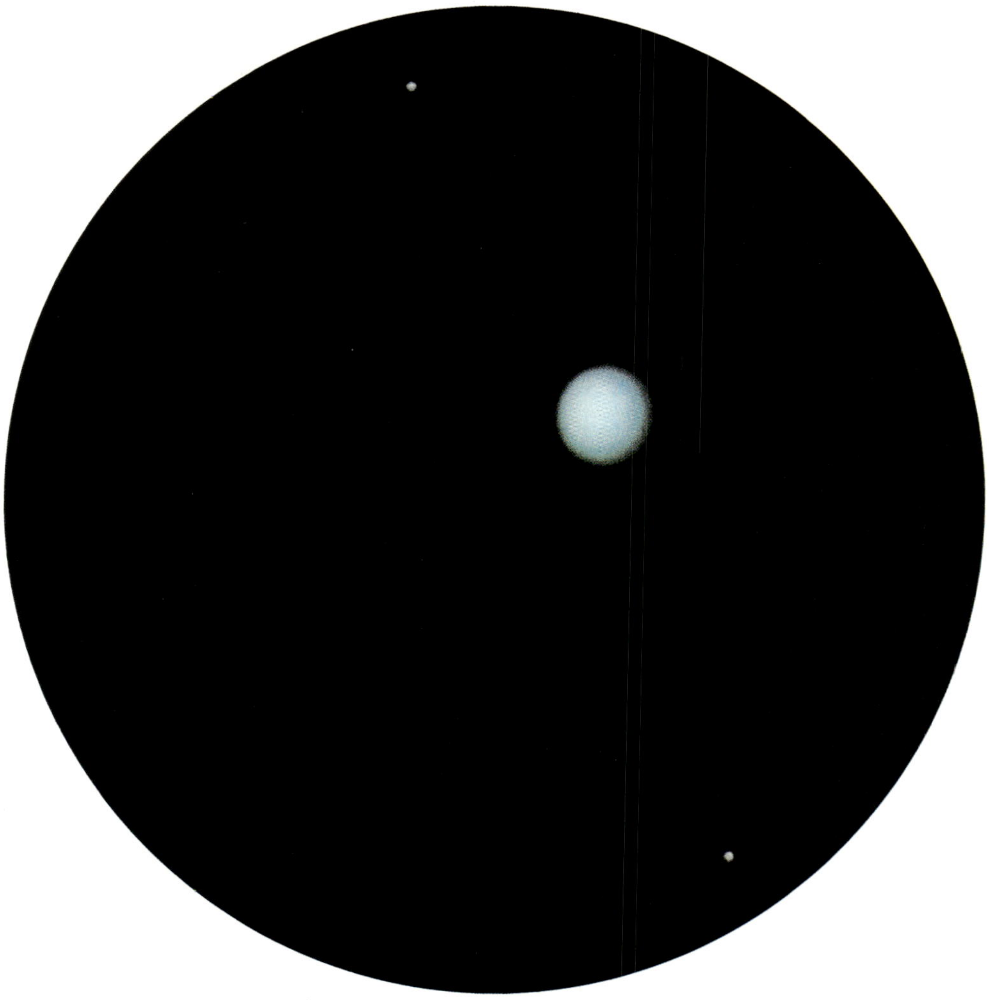

Der Uranus ist für das bloße Auge nicht sichtbar. Mit einem starken Teleskop sieht man den Riesenplaneten von der Erde aus nur als kleine bläuliche Scheibe, die von einigen winzigen, hellen Punkten begleitet wird: seinen größten Monden.

Von hier sieht der blaue Planet gewaltig aus. Er zeichnet sich als blendende Scheibe mit einem scheinbaren Durchmesser von mehr als 110 Grad auf dem vollkommen schwarzen Himmel ab. Die höchsten Nebelwolken des riesigen Planeten sind fast zum Greifen nahe, etwa 50 000 Kilometer entfernt. Wir befinden uns auf einem winzigen Stern, Cordelia, der den Uranus in etwa 25 000 Kilometern Entfernung umkreist. In nur acht Stunden durchläuft dieser kleine, unregelmäßige Satellit mit einem Durchmesser von etwa 15 Kilometern seine Bahn. Der Uranus ist auf ewige Zeiten am Himmel von Cordelia erstarrt und verändert sich nicht: eine gleichförmig diffuse und bläuliche Kugel.

Im Gegensatz zu Sonne, Mond, Merkur, Venus, Mars, Jupiter und Saturn, Himmelskörpern, die den Menschen bekannt sind, seitdem sie ihre Augen zum Himmel richten, kommt der Uranus weder im Altertum noch in der Mythologie vor. Denn von der Erde aus kann man diesen fernen, lediglich punktartigen Himmelskörper mit bloßem Auge nicht mehr sehen. Nur zufällig entdeckte der Amateurastronom Wilhelm Herschel daher den Uranus am 13. März 1781. Da er in den stärksten Teleskopen der Welt nur als kleine, bläuliche Scheibe zu erkennen ist, gibt dieser Himmelskörper den Astronomen fast nichts von seiner physischen Beschaffenheit preis, und bis 1986, dem Jahr der Begegnung zwischen der Raumsonde Voyager 2 und dem Riesenplaneten, wußten wir praktisch nichts von ihm, abgesehen natürlich von den Eigenschaften seiner Kreisbahn, die seit mehr als zwei Jahrhunderten sorgfältig vermessen wurde.

Der Uranus, durchschnittlich 2,8 Milliarden Kilometer von der Sonne entfernt, hat eine fast kreisförmige Umlaufbahn, die er in etwas mehr als 84 Jahren durchläuft. Er ist der kleinste der vier Riesenplaneten des Sonnensystems. Mit einer Masse von $8{,}70 \cdot 10^{25}$ kg ist er kaum kleiner als der Neptun und fast 15mal größer als die Erde. Der Durchmesser des Riesenplaneten beträgt knapp über 50 000 Kilometer und seine Dichte fast 1,30 Gramm pro Kubikzentimeter. Der Uranus ist eine im wesentlichen gasförmige Welt, die hauptsächlich aus Wasserstoff, Helium, Methan und Ammoniak besteht. Seine obere Atmosphäre ist wie die des Titan von einem nahezu gleichmäßigen Nebel verhüllt, der uns daran hindert, die großen Klimaperioden, Stürme und Wolkenbewegungen des Himmelskörpers zu beobachten. Die Wissenschaftler vermuten, daß im Zentrum des Uranus ein

Die vier Riesenplaneten des Sonnensystems besitzen ein Ringsystem. Das des Uranus ist von geringer Dichte und reflektiert nur wenig Licht; es wurde 1977 entdeckt und 1986 von der Raumsonde Voyager 2 genau beobachtet. Auf diesem Bild sind die neun leuchtenden Ringe des Planeten zu sehen, die dunkleren Linien entstanden bei der Bildbearbeitung im Computer.

felsiger, glühender Kern existiert, der einem Druck von mehreren Millionen Bar unterliegt.

Die wichtigste Besonderheit des Uranus besteht jedoch in seiner Orbitalbewegung. Die Rotationsebene der meisten Planeten liegt genau in der mittleren Ebene des Sonnensystems oder fast parallel zu ihr – der sogenannten Ebene der Ekliptik. Der Uranus dagegen erweist sich als wirklich eigenartig: Seine Äquatorialebene steht praktisch senkrecht auf seiner Umlaufbahn. Daraus ergeben sich erstaunliche jahreszeitliche Effekte: alle 42 Jahre ist einer der beiden Pole des Planeten genau auf die Sonne ausgerichtet, die dann im Zenit erscheint. Während eines halben Uranusjahres, dieser Zeitraum entspricht 42 Erdjahren, liegt eine Polregion dauernd in der Nacht, während es am anderen Pol stets Tag ist. Aufgrund der Nebelschicht über dem Planeten können wir nicht sehen, welche besonderen atmosphärischen Wirkungen diese eigenartige Ausrichtung des Planeten im Weltraum auslöst. Die Ausrichtung beruht möglicherweise auf einer Katastrophe. Das Umkippen des Planeten könnte man damit erklären, daß ein riesiger Planetoid in einem bestimmten Winkel mit dem Uranus zusammenprallte.

Der Uranus ist der kleinste der vier gasförmigen Planeten unseres Planetensystems. Seine Masse ist fast 15mal größer als die Erdmasse, und sein Durchmesser beträgt etwa 50 000 Kilometer. Die Uranusatmosphäre ist von einer dicken Nebelschicht bedeckt und läßt keine Einzelheiten erkennen (oben mit falschen Farben reproduziert, unten in natürlichem Licht).

Wie die anderen drei jupiterähnlichen Planeten besitzt der Uranus ein imposantes Satellitensystem. Heute sind nicht weniger als 15 Monde des riesigen Himmelskörpers bekannt. Viele von ihnen, wie Cordelia, Ophelia, Bianca, Cressida oder Desdemona, sind nicht größer als die Marsmonde. Juliet, Portia, Belinda und Rosalind sind mit einem Durchmesser von 30 bis 60 Kilometern ein wenig größer. Puck mißt 75 Kilometer. Diese kleinen Monde wurden alle im Jahre 1986 von Voyager 2 entdeckt, während man die fünf historischen, weitaus größeren Monde des Uranus zwischen 1787 und 1948 von der Erde aus fand. Es handelt sich dabei in der Reihenfolge ihres Abstands vom Planeten um Miranda, Ariel, Umbriel, Titania und Oberon. Diese fünf sind hinsichtlich ihrer Größe und Dichte mit den kleinen Saturnmonden verwandt. Miranda mißt nur 470 Kilometer im Durchmesser, Ariel ebenso wie Umbriel ungefähr 1200 Kilometer, Oberon 1500 Kilometer und Titania 1600 Kilometer.

Miranda ist dank der sehr hoch aufgelösten Bilder, die von der Sonde Voyager 2 aufgenommen wurden, von allen Monden des Uranus am besten bekannt. Obgleich dieses Objekt klein ist, erwies es sich doch als äußerst interessant. Die Topographie dieser Welt ist eine der seltsamsten des ganzen Sonnensystems. Hier sind Tausende von Quadratkilometern eines ziemlich dunklen Geländes aus Eis und Fels von Kratern überzogen, so daß man meinen könnte, man befände sich auf dem Mond oder dem Merkur. Weiter entfernt zeichnen die streng parallelen Bündel von Falten und Verwerfungen perfekte geodätische Linien, die der starken Krümmung des winzigen Planeten genau folgen. Hier sind die Einschlagskrater praktisch verschwunden. Die auf Miranda vorkommenden geologischen Formen sind eine Herausforderung für die Fachleute. In dem als »Dachsparren« bezeichneten Gebiet liegen zwei Reihen rechtwinkliger Verwerfungen, die sich ohne sichtlichen Grund treffen und miteinander vereinigen. Neben dieser rätselhaften Region ragt die senkrechte Wand einer gewaltigen Klippe 15 000 Meter über ein hügeliges Gelände, das von einer kosmischen Katastrophe verwüstet wurde.

Wie konnte auf einem so kleinen Körper eine derart entfesselte Geologie auftreten? Mit der im Herzen des Himmelskörpers gespeicherten thermischen Energie läßt sich die Geographie Mirandas nicht erklären. Die Wirkungen der Koppelung der Gravitation dieses Himmelskörpers, des Uranus und dessen anderer Monde reichen ebenfalls dafür nicht aus, denn die starken Gravitationsgezeiten, die Io buchstäblich zum Schmelzen gebracht haben, sind in der Umgebung von Miranda lediglich kleine Wellen. Bei näherer Betrachtung macht der Satellit tatsächlich den Eindruck, als ob er in einer fernen Vergangenheit eine außergewöhnlich heftige Erschütterung erlitten hätte. Man kann sich sogar folgendes hypothetische Szenario vorstellen: Miranda könnte vor nahezu 4,5 Milliarden Jahren bei dem Einschlag eines großen Planetoiden teilweise zerstört worden sein. Ganze Teile des

Mit einem Durchmesser von 1180 Kilometern ist Ariel einer der größten Monde des Uranus. Dieser kleine Himmelskörper ist zu einem großen Teil mit Einschlagskratern bedeckt, aber er weist auch viele seltene und interessante geologische Formationen auf: lange und tiefe Täler, deren Rillen bestimmte Regionen über Hunderte von Kilometern markieren. Sie könnten daher rühren, daß sich einst Eis an der Oberfläche ergoß.

Mondes könnten losgerissen worden sein und einige Zeit über dem Himmelskörper geschwebt haben, bevor sie von seinem Gravitationsfeld angezogen wurden. Zu dieser Zeit, kurz nach ihrer Entstehung, war Miranda zweifellos noch heiß und in Bewegung: Das erneute Zusammenkleben der fehlenden Teile durch die Schwerkraft wäre dadurch vereinfacht worden.

Ariel ist zwar weniger spektakulär als Miranda, aber nichtsdestoweniger gibt er Aufschlüsse über die Welt des Uranus. Auf den ersten Blick scheint seine Oberfläche von Einschlagskratern übersät zu sein, augenscheinlicher Beweis für ein hohes Alter und eine Evolution, die in der Frühzeit des Sonnensystems gestoppt wurde. Ariel weist jedoch nur kleine Krater auf. Die erste Generation von Kratern, die von den größten der im jungen Sonnensystem umherirrenden Planetoiden ausgehoben wurden, ist völlig ausgelöscht. Schließlich ziehen sich über den Satelliten die Streifen eines bemerkenswerten Geflechts von Tälern, die mehrere hundert Kilometer lang sind und deren Grund scheinbar keine Narben der Verkraterung aufweist. Die Oberfläche von Ariel wurde demnach gründlich umgestaltet. Wir wissen noch nicht, durch welche Prozesse. Einige Planetologen nehmen an, daß die Bahnen der Monde bei der Entstehung des Uranussystems möglicherweise chaotisch waren und infolgedessen so starke Gravitationswellen erzeugten, daß einige der Monde aufgeheizt wurden. Heute kreisen die fünf großen Uranusmonde brav um den Riesenplaneten. Ihre Bahnen sind fast vollkommen kreisförmig, und sie liegen genau in einer Ebene. Miranda umkreist den Uranus in 34 Stunden, nur 100 000 Kilometer von seinen höchsten Wolken entfernt. Oberon dagegen zieht seine Bahn in 13½ Tagen und in einem Abstand von über 550 000 Kilometern. Der Uranus besitzt auch ein Ringsystem. Da seine sehr dunklen Ringe eine viel geringere Dichte haben als die Saturnringe, wurden sie erst 1977 entdeckt. Wie die Ringe des Saturn sind sie gewaltig – der Epsilon-Ring hat einen Durchmesser von 100 000 Kilometern – und außerordentlich dünn, ihre Dicke wird auf weniger als 100 Meter geschätzt.

Das Planetengefolge des Uranus ähnelt einer Miniaturnachbildung der Systeme von Jupiter und Saturn. Der Planet selbst hat eine etwa zehnmal geringere Masse als der Saturn und ist hinsichtlich seiner Masse und Größe zwischen den terrestrischen Welten wie Venus und Erde und den gasförmigen, riesigen Welten wie Jupiter anzusiedeln. Auch sind die Uranusmonde ungefähr zehnmal kleiner als der Titan oder die Galileischen Monde. Ihre Dichte, bedeutend höher als die der Eismonde des Saturn, versetzt die Fachleute noch immer in Erstaunen, denn man hatte erwartet, in wachsender Entfernung von der Sonne Objekte von immer geringerer Dichte zu finden. Überall im Universum bringen dieselben physikalischen Gesetze dieselben astronomischen Strukturen hervor: Haufen, Galaxien, Nebel, Sterne und schließlich Planeten. Im Einzelfall dagegen führen geringe Unterschiede in den örtlichen Bedingungen und insbesondere die Zufälle des Schicksals jedes einzelnen Sterns zu einer Überfülle verschiedener Welten, zu komplexen und bisweilen einzigartigen Entwicklungen, wie das Beispiel Miranda zeigt.

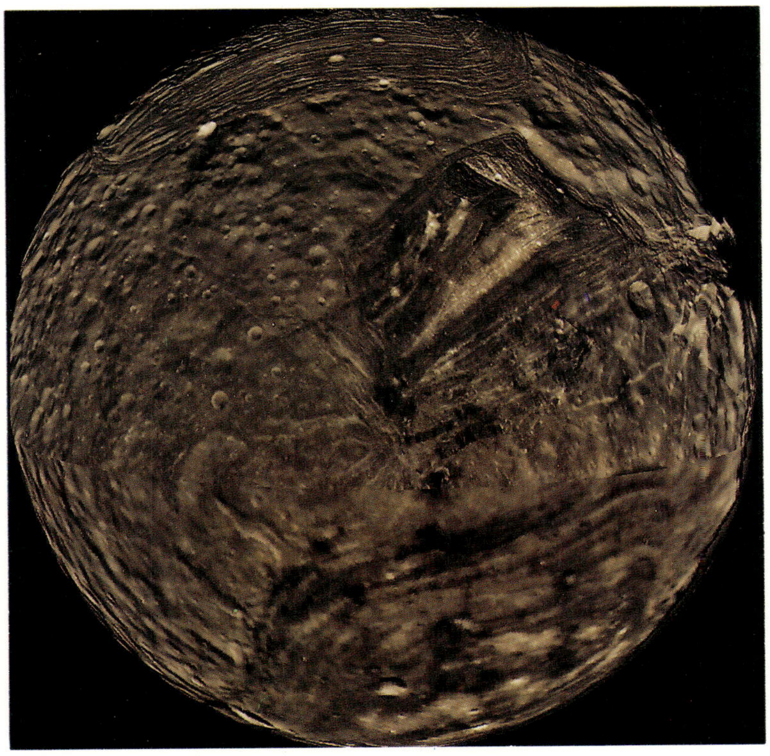

Miranda ist eine der rätselhaftesten Welten des Sonnensystems. Ihre Oberfläche weist Dislokationen auf, die in keinem Verhältnis zu ihrer geringen Größe stehen: riesige Berge und schwindelerregende Spalten. Die Wissenschaftler nehmen an, daß Miranda einst in mehrere Teile zerbrochen war, bevor sie von der Gravitationskraft wieder zusammengeklebt wurde.

Neptun:

ein blauer Riese

An den eisigen Grenzen des Sonnensystems kreist der Neptun, der letzte in der Kette der Riesenplaneten, in ewiger Dämmerung. Für die Wissenschaftler ist dieser Himmelskörper, auf dem Tiefseegräben zu schimmern scheinen, eine wirklich neue Welt. Er ist von der Erde aus – selbst durch ein Teleskop – fast nicht zu sehen. Im August 1989 lieferten die starken Kameras der Raumsonde Voyager 2 zum ersten Mal Bilder des Planeten.

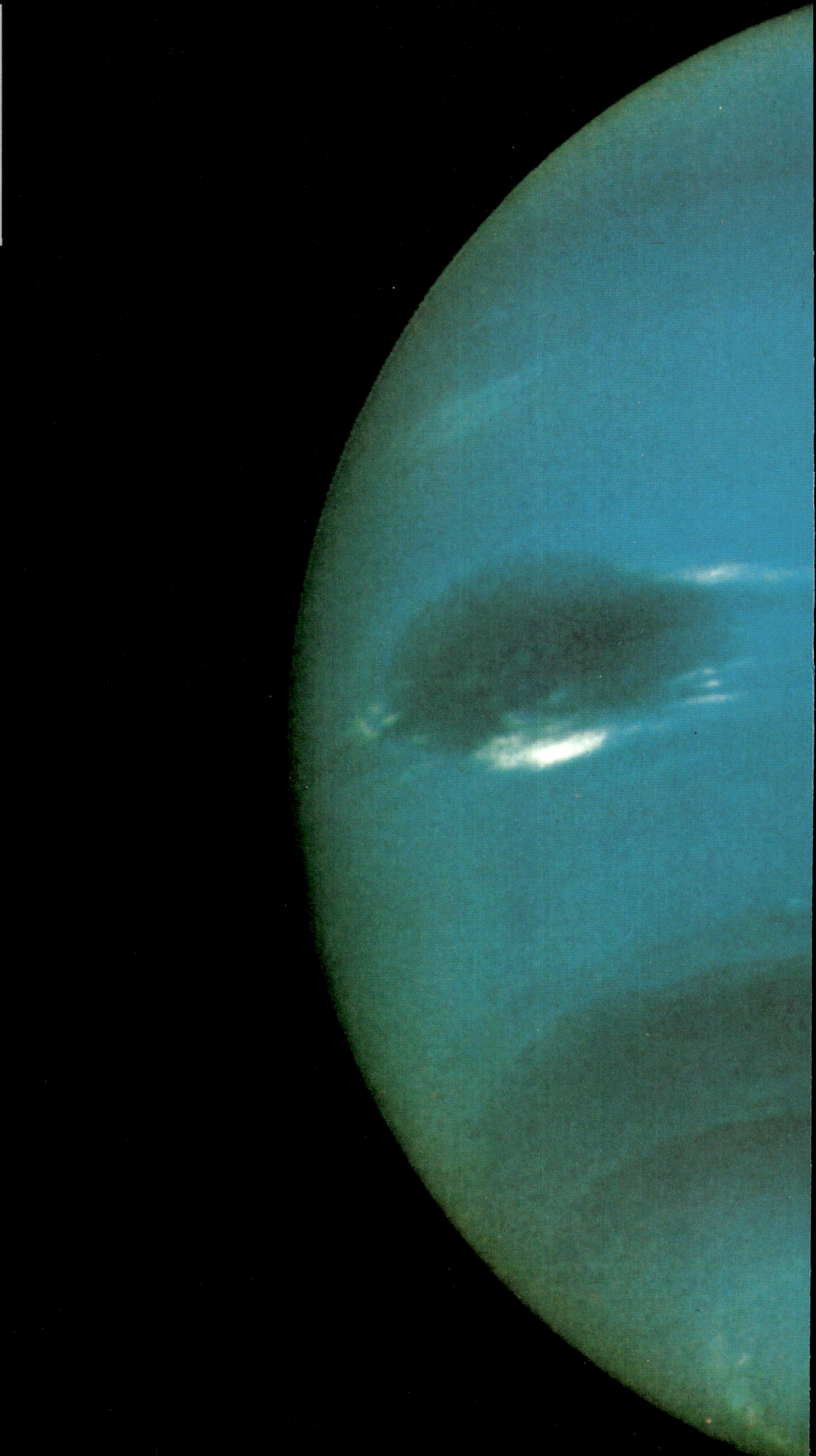

Die Neptunatmosphäre wird von einem Hochdruckgebiet erstaunlicher Größe durcheinander gewirbelt: dem Großen Dunklen Fleck. Dieser gewaltige Wirbel könnte die Erde verschlingen und existiert vielleicht schon seit mehreren Jahrhunderten am Himmel des Neptun.

Wir fliegen die Gefilde eines der schönsten Planeten des ganzen Sonnensystems an. Der dunkle, gewaltige Himmelskörper erinnert an den Uranus, doch sein azurblaues Kleid ist kontrastreicher und wirklich prachtvoll. Ein kurzer Überblick über den blauen Riesen zeigt eine unendliche Weite, einen finsteren Abgrund von 20 000 Kilometern Tiefe, glatt und monoton über Zehntausende von Quadratkilometern. Einige blendendweiße Wolken über diesem schwindelerregenden Ozean werfen ihren Schatten auf das »Wasser«. Seltsamerweise ist diese vermeintliche weite Meeresfläche nichts weiter als die obere Schicht der Neptunatmosphäre, ein Gemisch aus Wasserstoff und Helium, Methan und Ammoniak. Der Meeresgott ist gegenwärtig der Wächter am Tor zum Sonnensystem, denn bis zum Jahr 2000 bleibt der Neptun weiter von uns entfernt als Pluto, der letzte in der Reihe der Planeten, der die Umlaufbahn des blauen Riesen vor etwa 20 Jahren kreuzte. Wir befinden uns in einer in ständiger Dämmerung versinkenden Eiswelt: Der Neptun, 4,5 Milliarden Kilometer von der Sonne entfernt, erhält fast tausendmal weniger Energie von unserem Stern als die Erde.

Die Entdeckung des Neptun ist in der Geschichte der Wissenschaft eines der mit den meisten Rückschlägen verbundenen Abenteuer. Nachdem Wilhelm Herschel im Jahr 1781 durch Zufall den Uranus entdeckt hatte, studierten die Mathematiker des 19. Jahrhunderts sehr genau alle Elemente der Planetenbahnen im Sonnensystem. Es ging darum, die Bewegung und die Charakteristika des Uranus genau festzustellen. Laplace, Mechain und später Bouvard bemühten sich, die von Jupiter und Saturn verursachten gravitativen Störungen hervorzuheben, die man bei dem neuen Riesenplaneten feststellte. Damals ging man davon aus, daß er der letzte Planet des Sonnensystems sei. Bei allen Berechnungen blieb eine kleine Differenz zwischen der theoretischen und der beobachteten Umlaufbahn des Uranus. Zog dort ein »Fremdkörper« seine Bahn? Den Ratschlägen des großen Physikers Arago folgend, forschte im Jahr 1845 der junge Astronom Urbain Leverrier, allein auf der Grundlage von Berechnungen, nach der Existenz eines neuen vermuteten Planeten, von dem man annahm, er störe den Uranus. Umsichtig nimmt er zunächst alle Berechnungen seiner Vorgänger wieder auf und veröffentlicht eine Abhandlung über den Uranus, die ihm den Eintritt in die französische Akade-

Flug über den blauen Riesen: eine dicke Atmosphäre aus Wasserstoff, Helium und Methan bedeckt den ganzen Neptun. Dieses Gas hüllt den Riesenplaneten in sein prächtiges blaues Gewand. Über der sehr dichten Atmosphäre schweben mitunter hohe Wolken, die den Zirruswolken der Erdatmosphäre ähnlich sehen. Sie bestehen aus Eiskristallen; innerhalb weniger Stunden kondensieren sie und lösen sich auf.

mie der Wissenschaften verschafft. Beharrlich verfolgt Leverrier die Bewegung des Uranus und findet die Elemente der Umlaufbahn des neuen unbekannten Planeten. Er bestimmt die Koordinaten des Himmelskörpers am Himmelsgewölbe, und weil er es verschmäht, diesen selbst mit dem Teleskop zu suchen, teilt er die Koordinaten Johann Galle mit, Astronom am Berliner Observatorium, der den Planeten bald unweit der Stelle entdeckt, die Leverrier vorausgesagt hatte. Der französische Astronom, der das Pariser Observatorium seit 17 Jahren despotisch leitet, erlangt Berühmtheit. In England indessen ist diese Entwicklung für den jungen Forscher John Adams niederschmetternd, der die Entdeckung und den Ruhm nur knapp verfehlte, weil seine eigenen Berechnungen, die er dem Astronomen George Airy unterbreitet hatte, nicht ernst genommen worden waren! Wer ist der wahre Entdecker des Neptun? Adams, Leverrier oder Galle? Wohl keiner von ihnen, denn schon 1795 machte der französische Astronom Lalande einen Stern ausfindig, der sich auf dem unbeweglichen Hintergrund des Himmels verschob. Leider schenkte der berühmte Astronom seinem glücklichen Fund ebenfalls keine Beachtung und schrieb ihn einem Beobachtungsfehler zu. Noch viel überraschender ist, wem letztlich die wahre Entdekkung des Neptun zuzuschreiben sein könnte... Galilei selbst! Denn im Jahre 1613 hatte der italienische Astronom in seinen Beobachtungsheften die Bewegung des Neptun verzeichnet, der in diesem Jahr dem Jupiter ganz nahe war. Der große florentinische Gelehrte stand unmittelbar vor einer bedeutenden Entdeckung, aber er hielt sich nicht damit auf.

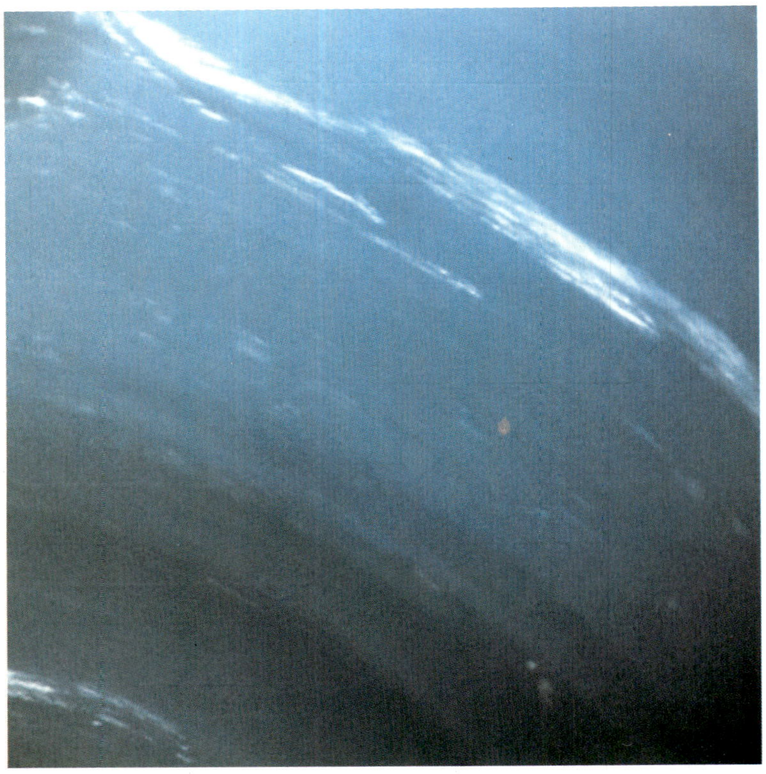

Wie auf dem Jupiter und dem Saturn verläuft die Zirkulation der Neptunatmosphäre parallel zum Äquator des Planeten. Auf der Ebene der höchsten Wolken beträgt die Windgeschwindigkeit bis zu 2200 km/h: der Spitzenwert im Sonnensystem. Die Temperatur der oberen Neptunatmosphäre erreicht fast –210 Grad Celsius, in einer Tiefe von 3000 Kilometern steigt sie über 3000 Grad Celsius.

Noch heute ist es selbst mit starken Teleskopen praktisch unmöglich, auf der winzigen bläulichen Scheibe des Neptun, nur 2,5 Bogensekunden groß und für das bloße Auge unsichtbar, Details zu erkennen. Daher enthielt das Kapitel »Neptun« in den Lehrbüchern der Astronomie bis in die achtziger Jahre im allgemeinen nur eine einzige Seite. Statt einer Abbildung, eines Fotos des Planeten zeigte man lediglich einen leuchtenden Punkt inmitten der Sterne. Wie im Fall Uranus gestattete es uns erst der nahe am Neptun vorbeiführende Flug der Raumsonde Voyager 2 im August 1989, die wichtigsten Erkenntnisse über den letzten Riesenplaneten zu gewinnen. Die Begegnung zwischen Voyager 2 und Neptun ist buchstäblich einem Wunder der Technik zu verdanken. Ursprünglich nämlich war die Raumsonde nur für den Besuch der Planeten Jupiter und Saturn konzipiert worden. Nachdem die Sonde die Erde im Jahr 1977 verlassen hatte, reiste Voyager 2 im Jahr 1979 zunächst durch das Jupitersystem. Als sie dann ganz nah am Riesenplaneten vorbeiflog, der in diesem Moment als Gravitationsschleuder wirkte, wurde die amerikanische Sonde mit mehr als 100 000 km/h in Richtung Saturn katapultiert, den sie 1981 erreichte. Genau zu Beginn der achtziger Jahre befanden sich die vier Riesenplaneten durch einen seltenen Zufall in einer außergewöhnlichen geometrischen Konstellation, die sich nur alle 179 Jahre bietet. Die vier Himmelskörper stellten nämlich eine Art Spirale dar, die sich im Drehsinn des Sonnensystems aufrollte. Auf diese Weise stand der Neptun vor dem Uranus, dieser

Die obere Atmosphäre des Neptun verdankt ihre blaue Farbe der Absorption des Lichts durch das Methan. Dieses Gas macht vielleicht ein Prozent der chemischen Bestandteile der Atmosphäre aus. Ihre Hauptbestandteile sind Wasserstoff und Helium, während der Mission von Voyager 2 fand man jedoch auch Spuren von Ethan, Acetylen und Ammoniak.

Die Astronomen vermuten, daß der Neptun drei Hauptschichten aufweist, deren Dichte zunimmt, je tiefer man in den Planeten eindringt. Die eigentliche Atmosphäre hört in einer Tiefe von 6000 Kilometern auf und macht einem extrem heißen und dichten Ozean aus Teilchen Platz. Im Herzen des Planeten könnte sich ein Felskern von der Größe der Erdkugel befinden.

zog vor dem Saturn her, der sich wiederum vor dem Jupiter befand. Eine einmalige Gelegenheit für die Ingenieure der NASA, »die große Tour« zu versuchen: den Besuch der vier Planeten, bei dem die Sonde auf jeder Etappe eine Beschleunigung durch die Gravitation erfährt.

Nachdem die offizielle Mission der beiden Voyager-Sonden beendet war, nämlich die umfassende Untersuchung der Systeme von Jupiter und Saturn, wurde Voyager 2 zum Uranus geschickt. Die Raumsonde begann allerdings zu altern, sie war von den schwierigen Manövern in Mitleidenschaft gezogen, die sie während des ersten Teils ihrer Mission hatte durchführen müssen. Außerdem hingen die Datenübertragung und die Korrekturen der Flugbahn eines etwa drei Milliarden Kilometer von der Erde entfernten Roboters von einem Drahtseilakt ab. Denn trotz Lichtgeschwindigkeit trafen von der Erde aus übertragene Befehle erst nach fast drei Stunden bei der Raumsonde ein! Die Begegnung im Jahr 1986 wurde dennoch ein voller Erfolg, denn die NASA hatte sich entschlossen, mehrere hundert Millionen Dollar zusätzlich zu investieren, um eine letzte Begegnung mit dem fernen Neptun zu versuchen.

Die Ingenieure mußten schwierigste technische Probleme meistern. Beispielsweise ist das Sonnenlicht in der Nähe des Neptun tausendmal schwächer als auf der Erde. Die Teleskopkameras von Voyager 2 benötigten trotz ihrer Empfindlichkeit beträchtliche Belichtungszeiten, um die Bilder des Planeten und seiner Satelliten aufzuzeichnen. Zur Vermeidung von Unschärfen mußte die Raumsonde der Eigenbewegung jedes fotografierten Himmelskörpers folgen: eine

Der Neptun ist von einem Gefolge aus acht Monden umgeben, sechs davon wurden von der Sonde Voyager 2 entdeckt. Abgesehen von Triton ist Proteus der größte unter ihnen. Der unregelmäßig geformte, mit vielen Kratern bedeckte Proteus ist ein Himmelskörper, dessen physische Eigenschaften bisher nur wenig bekannt sind. Er hat einen Durchmesser von etwa 400 Kilometern und kreist in einem Abstand von 118 000 Kilometern in etwas mehr als 24 Stunden um den Neptun.

wirklich harte Nuß für die Datenverarbeitung. Die Software an Bord der Raumsonde konnte aus der Ferne verbessert werden, man entwickelte Datenkompressionsverfahren, die Empfangsantennen der NASA, die in Kalifornien, Spanien und Australien aufgestellt waren, wurden speziell ausgerichtet. Im Jahr 1989, zwölf Jahre nach ihrem Start von der Erde, vollendete Voyager 2 ihre Mission in höchst lobenswerter Weise, indem sie das Neptunsystem durchquerte und uns Bilder von ungeahnter Schönheit und Fremdartigkeit übermittelte.

Mit seinem Durchmesser von 49 000 Kilometern ist der Neptun der kleinste der vier Riesenplaneten. Er ist aber etwas schwerer als der Uranus und vor allem viel dichter als die anderen drei Jupiterplaneten. Seine Dichte beträgt 1,64 Gramm pro Kubikzentimeter, gegenüber 1,29, 1,33 beziehungsweise 0,70 für Uranus, Jupiter und Saturn. Für seine fast vollkommen kreisförmige Umlaufbahn benötigt der Neptun etwas mehr als 164 Jahre.

Wie die anderen drei Riesen besteht der Neptun vor allem aus leichten Gasen, Wasserstoff und Helium, sowie einigen Prozent Methan, das die obere Atmosphäre des Planeten in ein herrliches blaues Gewand hüllt. Im Gegensatz zum Uranus, dessen atmosphärische Phänomene ständig vom Nebel verborgen sind, läßt die Atmosphäre Neptuns zahlreiche Einzelheiten erkennen. Der blaue Planet ist wie Jupiter und Saturn von wolkigen, parallel zum Äquator verlaufenden Bändern umgeben. Diese großen Wolkenbänke bringen Hochdruckgebiete mit sich, die in kleinerem Maßstab an den Großen Roten Fleck des Jupiter erinnern. Auf der Erde sind die atmosphärischen Störungen und der Kreis der Jahreszeiten eng mit dem Einfluß der Sonnenstrahlen verbunden. Der Neptun, am äußersten Ende des Sonnensystems gelegen, wo die Sonne nur noch als heller, das Schwarz der Nacht durchdringender Stern erscheint, wird vom Tagesgestirn praktisch gar nicht beeinflußt. Dennoch überrascht die Vielfalt seiner atmosphärischen Phänomene. Wie ist dies zu erklären? Zweifellos wird die Atmosphäre Neptuns von der Strahlung aus dem Innern des Planeten gestört. Denn die Messungen der Infrarotemission zeigten, daß der Planet ungefähr dreimal mehr Energie abstrahlt, als er von der Sonne erhält. Da die Oberfläche der Neptunatmosphäre der eisigen Kälte des Weltraums direkt ausgesetzt ist, kühlt sie auf eine extrem niedrige Temperatur von weniger als –220 Grad Celsius ab. Tatsächlich wird sie besonders durch die Wärme aus dem hyperdichten und glühendheißen Kern des Neptun gestört. Diese Umkehrung der atmosphärischen Phänomene, die quasi von einem inneren Stern gesteuert werden, wirkt sich auf den Planeten so aus, als ob er von der Sonne beeinflußt würde. Auf dem großen, blauen, unergründlichen Neptun gibt es in der Tat unbeschreiblich heftige Stürme mit Windgeschwindigkeiten bis zu 2200 km/h. Der Große Dunkle Fleck, ein riesiges Hochdruckgebiet ähnlich dem Großen Roten Fleck des Jupiter und groß genug, um die Erde zu verschlingen, gräbt sich in die obere Neptunatmosphäre und wirft weiße Federwolken an den Himmel, die sich innerhalb einiger Stunden auflösen.

Die Neptunringe sind außerordentlich scharf umrissen und dünn. Sie sind so schmal, daß sie auf dieser Aufnahme nur teilweise als leuchtende Bögen zu sehen sind. Man nimmt an, daß die unterschiedlich starken bogenförmigen Verdichtungen in den Neptunringen mit der Existenz kleiner, störender Monde zusammenhängen, die dort eingelagert sind.

Dieses eindrucksvolle Foto des Neptun, das von der Sonde Voyager 2 mit Spezialfiltern aufgenommen wurde, zeigt, daß die dicke Atmosphäre des Planeten von einer feinen Dunstschicht umgeben ist. Dieser Schleier ist besonders gut am Rand des Planeten als rötlicher Schein sichtbar. Einige hohe, sehr weiße Wolken ziehen sich in der Nähe des Äquators auseinander.

Die Eigenrotation des Planeten dauert 16 Stunden 9 Minuten. Wie alle Planeten des Sonnensystems, mit Ausnahme von Pluto vielleicht, besitzt der Neptun ein starkes Magnetfeld. Die Magnetfelder haben ihren Ursprung im Innern der großen Himmelskörper. Die heißen Metallkerne der Planeten sind ausgezeichnete elektrische Leiter, und ihre Rotation löst einen mehr oder weniger starken Dynamoeffekt aus. Die Magnetosphäre des Neptun reicht viele hunderttausend Kilometer über den Planeten hinaus. Sie fängt den Strom geladener Teilchen ein, die ständig von der Sonne weggeblasen werden. Dieser aus Protonen und Elektronen bestehende Sonnenwind verdichtet sich an den Magnetfeldlinien, und wenn er in die obere Atmosphäre des Planeten gelangt, ionisiert sein Gas. Nachts leuchtet die in Dunkelheit liegende Hemisphäre des Neptun, ähnlich wie die des Jupiter oder die der Erde, in prächtigen Polarlichtern auf.

Das Satellitensystem des Neptun ist weniger imposant als das der anderen drei Riesenplaneten, obwohl zu ihm Triton gehört, neben dem Titan der einzige Satellit mit einer bemerkenswerten Atmosphäre. Sechs weitere von Voyager 2 entdeckte Satelliten sind nichts weiter als unregelmäßig geformte Felsbrocken geringer Größe: ihr Durchmesser beträgt nur 50 bis 300 Kilometer. Sie umkreisen den Neptun in einem Abstand von 48 000 bis 118 000 Kilometern von seinem Zentrum, und über ihre Eigenschaften weiß man nicht sehr viel. Nereide, die im Jahr 1949 entdeckt wurde, ist ein sehr ungewöhnlicher Himmelskörper. Ihre Umlaufbahn liegt in einem Winkel von 29 Grad zur Rotationsebene des Neptun und ist erstaunlich elliptisch. Sieht man von den Bahnen der meisten Kometen ab, ist diese Bahn die exzentrischste

Dieses beeindruckende Bild des Paares Neptun-Triton wurde im August 1989 von der Sonde Voyager 2 im Gegenlicht aufgenommen. Zu diesem Zeitpunkt entfernte sich die Sonde vom Neptun und trat eine Reise ohne Rückkehr an. Die Sonde hat das Sonnensystem inzwischen

von allen Himmelskörpern des Sonnensystems. Nereide braucht fast ein Jahr für eine ganze Neptunumkreisung. Ihr geringster Abstand zum Planeten beträgt weniger als 1,4 Millionen Kilometer, aber sie entfernt sich von ihm sehr weit: 9,7 Millionen Kilometer! Zusammen mit Triton, der auf einer rückläufigen Umlaufbahn um Neptun kreist, stellt Nereide die Wissenschaftler vor ein schwieriges Rätsel. Wie entstand dieses Planetengefolge mit so eigenartig verwickelten Umlaufbahnen?

Ein weiteres Studienobjekt für die Spezialisten der Himmelsmechanik ist das Ringsystem des Riesenplaneten. Es erinnert auf den ersten Blick an das von Jupiter, Saturn und Uranus. Die vier Neptunringe sind erstaunlich dünn. Die Leverrier und Adams getauften Ringe haben einen Durchmesser von 120 000 beziehungsweise 100 000 Kilometern, sind nur zehn Kilometer breit und sicher nicht mehr als 100 Meter dick! Ebenso wie die Ringe von Saturn und Uranus sind die Neptunringe seltsam unregelmäßig geformt. Ihre Peripherie weist starke Verdichtungen, Bögen genannt, auf, deren Ursprung, Beschaffenheit, Stabilität und Entwicklung man noch immer nicht kennt. Sind diese Strukturen vergänglich? Werden sie über Millionen von Jahren fortbestehen? Wir wissen es nicht. Die Forscher vermuten jedenfalls, daß die Existenz dieser Bögen an die Anwesenheit der sechs Monde inmitten der Ringe gebunden ist. Diese spielen in der Umgebung Neptuns zweifellos die Rolle von »Hirten«, indem sie auf ihre Herde, die Staubteilchen der Ringe, aufpassen und sie auf scharf begrenzte Umlaufbah-

verlassen und war im Jahr 1993 ungefähr sechs Milliarden Kilometer von der Erde entfernt. Ihre lange Reise durch die Galaxie hat kaum begonnen, und es ist gut möglich, daß sie noch fortgesetzt wird, nachdem die Erde und ihre Bewohner längst verschwunden sind.

nen verbannen. Mit den Monden, die zwischen den Ringen kreisen, lassen sich sicherlich auch deren Feinheit und scharfe Abgrenzungen erklären.

Ohne Zweifel ist der Neptun der letzte echte Planet des Sonnensystems; der Status des Paares Pluto-Charon, das alle zweieinhalb Jahrhunderte die Umlaufbahn Neptuns kreuzt, ist noch nicht geklärt. Wenn man diese beiden kleinen, vereisten Objekte ausklammert, wurde die Gesamtheit des Sonnensystems innerhalb eines Vierteljahrhunderts von einem Dutzend Raumsonden entdeckt, unter denen Voyager 2 unbestreitbar die Hauptrolle spielt. Am Ende dieses Jahrhunderts und zu Beginn des nächsten Jahrtausends werden die Raumsonden Galileo und Cassini die Fackel übernehmen und von neuem einen Blick auf den Jupiter und den Saturn werfen, wobei sie unsere Kenntnisse über die beiden größten Planeten des Sonnensystems verzehnfachen werden. Es ist allerdings keine Weltraummission vorgesehen, die mit leistungsfähigeren Raumsonden erneut den Uranus und den Neptun zum Ziel hätte, obgleich doch diese beiden noch viele Geheimnisse verbergen.

Vielleicht noch vor Ende des 21. Jahrhunderts, werden die Menschen einer künftigen Generation die Landung von Astronauten auf der Oberfläche einiger der rund 40 Satelliten miterleben, die um die vier gasförmigen Riesenplaneten kreisen und eine ideale Beobachtungskanzel bieten. Von den Oberflächen Amaltheas, Prometheus', Ophelias oder Tritons aus und in der absoluten Stille des leeren Weltraums wird der Anblick der Sturmplaneten wunderbar sein.

Triton:

die Eisvulkane

Triton ist eine der rätselhaftesten Welten des Sonnensystems. Er ist so groß wie ein Planet, hat eine schwache Atmosphäre, ist geologisch sehr aktiv und kreist entgegen der allgemeinen Bewegungsrichtung der Planeten. Entstand Triton im System des Neptun, oder wurde er vielmehr von außen herangeholt? Die meisten Fachleute halten den Himmelskörper für einen Verwandten von Pluto und Charon.

Eines der seltsamsten geologischen Merkmale Tritons: Eisfurchen und kreisförmige, verschachtelte Senken unbekannten Ursprungs. Ein solches Gelände wurde nirgendwo sonst im Sonnensystem beobachtet.

Eine Wüste aus zerfurchtem Eis erstreckt sich, flachen, schneebedeckten Dünen gleich, bis zum Horizont. Die ganze Landschaft ist in ein dämmriges Licht getaucht, und das Eis ist eintönig grau und trübe. In der Ferne strahlen einige nach Süden gerichtete Hügel einen schwachen, bläulichen Schimmer aus. In Richtung Osten ist die eisige Fläche vollkommen eben und, soweit das Auge reicht, von einem Geflecht perfekter Polygone bedeckt, ähnlich denen, die man auf den Salzseen von Chile oder Bolivien antrifft. Dieser Planet ist einer der sonderbarsten des Sonnensystems. Die Astronauten, die als erste seine Polarlandschaften betreten, werden hier sicherlich verwirrter sein als sonst irgendwo. Aber das wird sie nicht davon abhalten, diese neue Welt zu erforschen. Sie werden sich erstaunlich leicht fühlen; selbst in den dicken Raumanzügen, denen sie eine Masse von fast 200 Kilogramm verdanken, wiegen sie hier nicht mehr als zwölf Kilogramm. Werden sie die Einsamkeit, die süße Bitterkeit empfinden, in die sich das Gefühl der Angst mischt, das sie aufgrund der Entfernung von ihrem Heimatplaneten überkommt? Selbst die Sonne, einziger gemeinsamer Anhaltspunkt in unserem gesamten Planetensystem, wird sie kaum beruhigen können: sie erscheint hier ungewöhnlich weit entfernt. Am Himmel von Triton ist das Tagesgestirn winzig und leuchtet tausendmal schwächer als auf der Erde. Die Schatten der Eisdünen sind sehr blaß. Nicht die Sonne beherrscht das Himmelsgewölbe, sondern eine riesige, meerblaue Kugel, die sich langsam um sich selbst dreht und ihre Reflexe auf die Kristallfacetten des nackten Eises wirft. Der Neptun hat von hier aus einen scheinbaren Durchmesser von etwa acht Grad, er erscheint fünfmal größer als die Erde vom Mond aus gesehen.

Wind ist aufgekommen. Eine Brise, von der jene potentiellen Forscher, die sich zum Schutz gegen die Kälte eingehüllt haben, allerdings nichts spüren. Triton ist die kälteste uns bekannte Welt im Sonnensystem. Das Eis an seiner Oberfläche reflektiert 60 bis 90 Prozent der einfallenden Sonnenenergie. Und auch der verschwindend kleine atmosphärische Schleier über dem Planeten könnte die Wärme nicht festhalten, mit der dieses Gestirn so sehr geizt. Das Thermometer zeigt hier –235 Grad Celsius an, das ist ein absoluter Rekord.

In der Ferne hat sich etwas bewegt. Für einen kurzen Augenblick glitzerte das Eis, ein kristallener Schleier sprudelte aus der bleichen Ebene hervor und funkelte im frostigen Glanz der Sonne. Ein gewaltiger Geysir richtet sich über dem

Diese fast glatte, nur von einem Einschlagskrater aufgebrochene Eisebene ist geologisch sehr jung und eine der interessantesten Regionen Tritons. Die Entstehung dieser großen Fläche ließe sich damit erklären, daß sich das Wasser aus dem Untergrund an der Oberfläche ergoß und beim Kontakt mit dem eisigen, leeren Weltraum gefror.

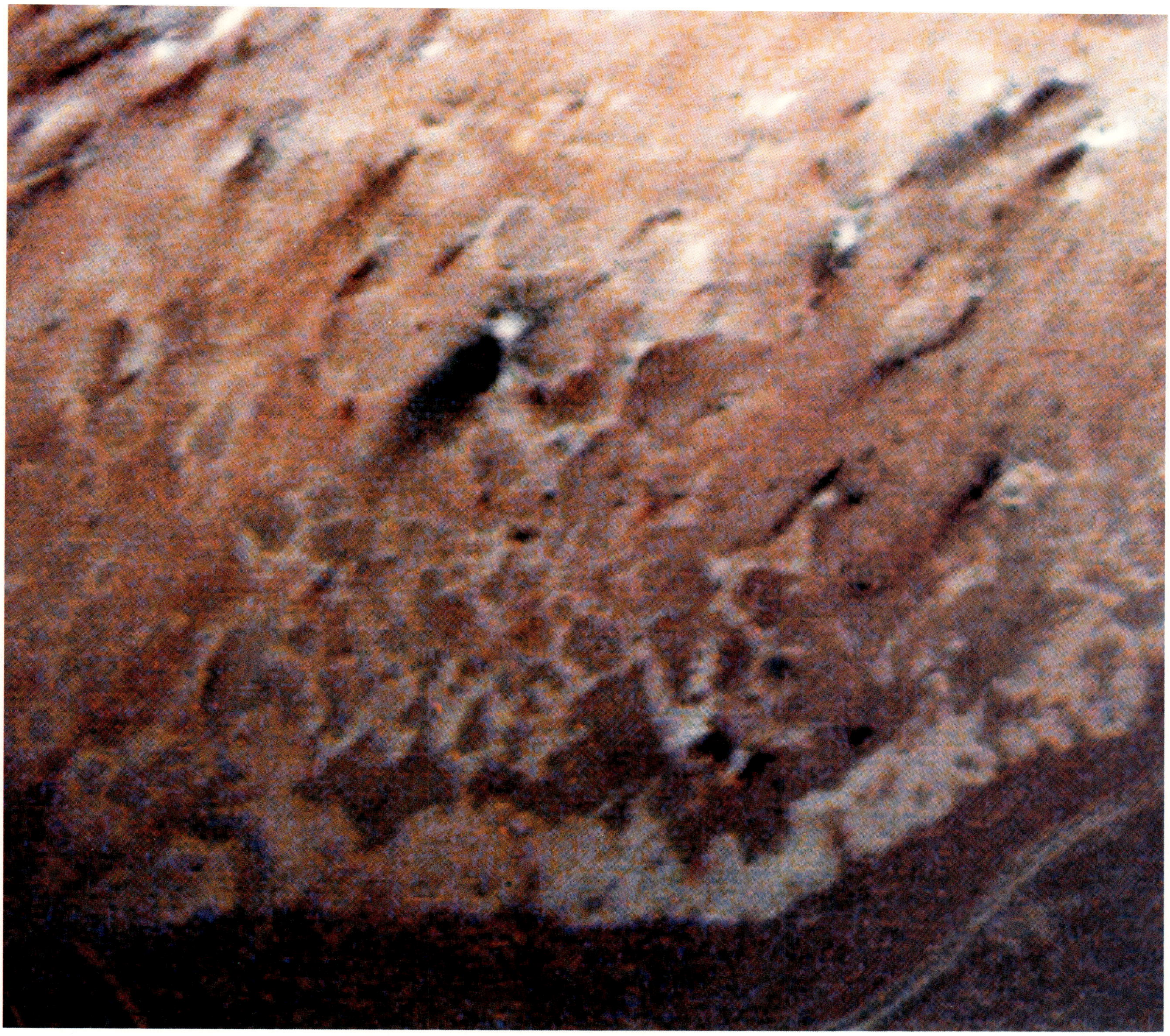

Die Tritonoberfläche in einer hochaufgelösten Aufnahme. Die kleinsten, hier sichtbaren Details messen vier Kilometer. Kleine weiße Flecken sind von dunklen, länglichen Fahnen begleitet. Es handelt sich wahrscheinlich um Geysire und deren Ablagerungen, die von der vorherrschenden Windströmung des Planeten weggeweht wurden. Nur die Erde und Io weisen gegenwärtig eine ähnliche vulkanische Aktivität auf.

Horizont auf, erhebt sich nun in den sternenübersäten Himmel. Stickstoff schießt, auf fast −100 Grad Celsius erhitzt, mit einer Geschwindigkeit von mehreren hundert Stundenkilometern aus den Tiefen des Planeten hervor, wo er unter höchsten Temperaturen schmolz. Der Geysir steigt in der sehr dünnen Atmosphäre bis in eine Höhe von mehr als 8000 Metern; dort kühlt sich die Gasfahne, die langsam von den vorherrschenden Winden des Planeten weggetrieben wird, ab und kondensiert zu Kristallen, die als Schnee wieder auf die eisigen Weiten von Triton fallen, manchmal über 100 Kilometer von dem Ausbruch entfernt.

Triton ist bei weitem der größte der acht bekannten Neptunmonde. Sein Durchmesser beträgt mehr als 2700 Kilometer, seine Masse $3{,}4 \cdot 10^{22}$ kg. Hinsichtlich seiner Masse nimmt er unter den Himmelskörpern des Sonnensystems den fünfzehnten Platz ein, nach Europa, die mehr als doppelt so schwer ist, und knapp vor Pluto. Seine Dichte von 2 Gramm pro Kubikzentimeter ist praktisch genauso hoch wie die von Ganymed, Titan und Pluto (1,94, 1,88 beziehungsweise 2,1). Triton zieht in fünf Tagen und 21 Stunden auf einer vollkommen kreisförmigen Umlaufbahn um den Neptun. Seine Entfernung vom Zentrum des Planeten beträgt 354 800 Kilometer. Von der Gravitation des Planeten blockiert, dreht er ihm ständig dieselbe Seite zu; ein Umlauf dauert also genauso lange wie seine Eigenrotation. Man beachte, daß der Neptun von Triton praktisch ebenso weit entfernt ist wie die Erde vom Mond. Dieser benötigt allerdings etwa einen Monat für eine Erdumkreisung. Warum bewegt sich Triton fünfmal schneller um seinen Planeten? Die Antwort ergibt sich aus den Massenverhältnissen zwischen den beiden Himmelskörperpaaren. Die Erde, die den Mond mit sich führt, ist 81mal schwerer als ihr Satellit. Der Neptun, der den Umlauf Tritons lenkt, ist 5000mal schwerer als dieser! Um der ungeheuren und vernichtenden Anziehungskraft des Riesenplaneten zu entkommen, entwickelte Triton eine wesentlich höhere Umlaufgeschwindigkeit als der Mond. Nach dem Mond und dem atypischen Charon, dem Satelliten Plutos, hält Triton, bezogen auf die Masse seines Planeten, den Masserekord.

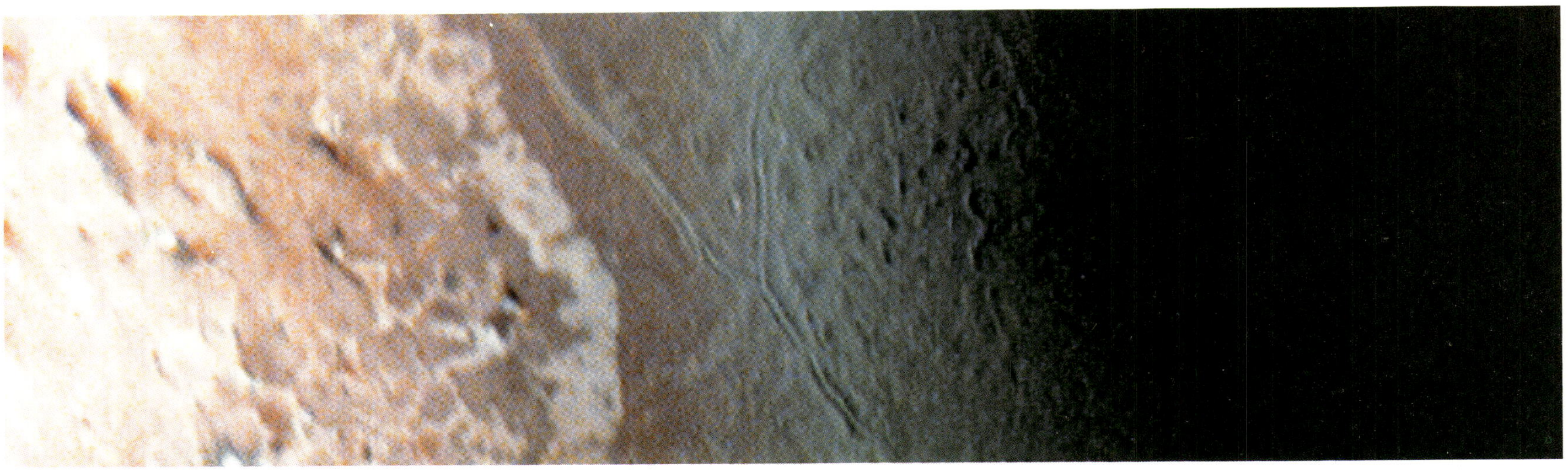

Auf dieser Aufnahme der Sonde Voyager 2 sieht man sehr gut die geologische Vielfalt von Triton. In der Mitte ziehen sich zwei in das Eis gegrabene Canyons an einem hügeligen, vielgestaltigen Gelände entlang. Links markieren Geysire eine von Rauhreif marmorierte Fläche. Diese sehr junge Region weist nur einen Einschlagskrater an der Verzweigung der beiden Canyons auf.

Triton, Titan und das Paar Pluto-Charon haben viele Gemeinsamkeiten: ihre große Entfernung zur Sonne, ihre vergleichbare Größe, Masse und Dichte sowie schließlich ihre Atmosphäre. Triton besitzt nämlich eine sehr dünne Atmosphäre, die wahrscheinlich mit der von Pluto identisch ist und in ihrer Zusammensetzung an diejenige des Titan erinnert. Wie diese besteht die Atmosphäre des großen Neptunmondes im wesentlichen aus Stickstoff und Methan. Obgleich auf dem der Sonne viel näheren Titan die mittlere Temperatur mit –180 Grad Celsius außerordentlich niedrig ist, kann der Stickstoff dort fest, flüssig oder gasförmig bleiben. Auf Triton dagegen ist der atmosphärische Stickstoff zweifellos fast vollständig an der Oberfläche kondensiert. Deshalb ist der Atmosphärendruck hier der schwächste, den wir im gesamten Sonnensystem gemessen haben: 0,000015 Bar. Die Tritonatmosphäre ist also 65 000mal dünner als die auf Meeresniveau gemessene Erdatmosphäre. Obwohl sie so dünn ist, kann man sie auf den von der Raumsonde Voyager 2 aufgenommenen Fotos als ganz feinen Schleier erkennen, der den Planeten bis in eine Höhe von 5000 Metern gleichmäßig bedeckt. Ebenso wie auf dem Titan besteht der Nebel von Triton aus Methan und Ethan. Im Gegensatz zur Erdatmosphäre, in der die Temperatur mit wachsender Höhe gleichmäßig abnimmt, erreicht die Umgebungstemperatur von Triton ihr Maximum von fast –100 Grad Celsius in dieser dünnen Wolkenschicht.

Triton kreist ständig in der Magnetosphäre des Neptun. Da er von einer Atmosphäre umgeben ist, gelangen die von dem starken Magnetfeld des Riesenplaneten angezogenen geladenen Teilchen durch seine dünne Atmosphäre, in der die Stickstoffatome zeitweise ionisiert sind, bis auf seine Oberfläche. So sind die künftigen Erforscher des Sonnensystems nicht nur in der glücklichen Lage, eine punktförmige Sonne, die unbewegliche meerblaue Kugel eines Riesenplaneten sowie Eisvulkane zu beobachten, die Stickstoffahnen von der Höhe eines Himalayagipfels ausstoßen können, sondern sie haben auch das seltene Privileg, auf Triton das Aufleuchten prächtiger Nordlichter bewundern zu können …

Der große Neptunmond war früher eine der aktivsten Welten des gesamten Sonnensystems. Zwar zeugt sein Eisvulkanismus noch immer von einer bedeutenden inneren Aktivität, seine Vergangenheit erweist sich indessen als unvergleichlich vielfältiger. Wie bei den meisten Monden von Jupiter, Saturn und Uranus ist die Kruste Tritons teilweise von Einschlagskratern bedeckt. Dennoch sind weite Teile seiner Oberfläche fast frei davon und weisen dafür eigenartige Eisgirlanden und -falten auf, deren Entstehung noch unbekannt ist. Die Oberfläche scheint hier rissig zu sein, und seltsame, unregelmäßige, dunkle Flecken sind von einem Hof aus helleren Ringen umgeben, die vermutlich aus reinstem Eis bestehen. Dort scheint ein ehemaliger Kessel von einem Guß aus glattem und eintönig grauem Eis verschüttet worden zu sein. Wie der Titan besitzt Triton wahrscheinlich einen festen Felskern, der von konzentrischen, immer leichteren Eisschichten umgeben ist. Die erstaunliche Topographie, die durch starke tektonische Bewegungen geformt wurde, erklärt sich aus der stür-

Dieses ungewöhnliche Dokument zeigt die sehr dünne Atmosphäre Tritons über der vereisten Scheibe des Planeten. Die sehr feine Hülle hat einen bläulichen Schimmer. An der Oberfläche Tritons steigt die Temperatur nicht über –235 Grad Celsius: Kälterekord im Sonnensystem. Der Atmosphärendruck ist 65 000mal kleiner als der Druck an der Erdoberfläche.

Das Schicksal Tritons ist ebenso geheimnisvoll wie seine Entstehung. Da der große Mond auf seiner Bahn um den Neptun langsamer wird, sagen einige Astronomen voraus, daß er sich dem Planeten allmählich nähern wird. In weniger als 100 Millionen Jahren könnte Triton sogar in die Roche-Grenze eindringen und unter dem gravitativen Druck des Riesenplaneten zerbrechen.

mischen Vergangenheit des kleinen Planeten.

Man kann versuchen, die Geschichte Tritons wenigstens bruchstückhaft zu rekonstruieren, indem man seine äußerst ungewöhnliche Bahn um den Neptun untersucht. Wir wissen bereits, daß diese kreisförmig ist. Erstaunlicherweise ist sie jedoch um 157 Grad gegen die Rotationsebene des Neptun geneigt, während Mondbahnen in der Regel genau in der Äquatorialebene der Planeten liegen; darüber hinaus ist die Bewegung Tritons rückläufig. Anders gesagt, blickt man von einem fiktiven Punkt über dem Nordpol der Sonne, kreist Triton im Uhrzeigersinn um den Neptun, entgegen der Drehrichtung der Planeten und aller großen Satelliten des Sonnensystems! Von den 60 gegenwärtig bekannten Satelliten in unserem Planetensystem kreisen nur sechs, Ananke, Carme, Pasiphaë, Sinope, Phoebe und Triton, in umgekehrter Richtung. Die vier ersten sind lediglich Felsbrocken mit einem Durchmesser von etwa 30 Kilometern; sie kreisen auf riesigen, gegen die Ebene des Jupiter stark geneigten Umlaufbahnen: Es handelt sich bei ihnen mit großer Sicherheit um eingefangene Asteroiden. Der Mond Phoebe, dessen Durchmesser 200 Kilometer beträgt, wurde vom Saturn wahrscheinlich ebenfalls eingefangen.

Triton liegt wie Pluto und Charon an der Grenze des Sonnensystems und ähnelt diesen möglicherweise sehr. Wie Triton sind diese kleinen Welten von einer sehr dünnen Atmosphäre umgeben.

Was aber geschah im Fall Triton? Seine Größe, Dichte und Zusammensetzung gestatten es nicht, ihm den Status eines Asteroiden zuzuweisen. Die meisten Fachleute betrachten ihn – zusammen mit Pluto und Charon, wie wir im letzten Kapitel dieses Buches sehen werden – als ein Wunderkind im Prozeß der Entstehung des Sonnensystems. Triton, der sich wie die vier Riesenplaneten in großer Entfernung von der Sonne bildete, könnte um Haaresbreite einer Kollision mit dem Neptun entgangen und von dem blauen Riesenplaneten auf einer rückläufigen, stark geneigten und elliptischen Umlaufbahn eingefangen worden sein. Im Laufe der Zeit nahm die Bahn Tritons möglicherweise durch die Gravitationsreibung des Neptun kreisförmige Gestalt an. Über Hunderte von Millionen – oder gar Milliarden? – Jahre hinweg, die dieser Prozeß vielleicht gedauert hat, könnten die Gravitationsgezeiten des Neptun den Kern Tritons teilweise zum Schmelzen gebracht und die geologischen Dislokationen erzeugt haben, die man noch heute an seiner Oberfläche sieht.

Pluto und Charon:

gestaltlose Planeten

Pluto, der letzte Planet des Sonnensystems, bildet zusammen mit Charon ein einzigartiges Paar, dessen Umlaufbahn eigentümlich und dessen Entstehung rätselhaft ist. Beide Planeten sind noch nie von Raumsonden besucht worden. Das bisher beste Bild des Planetenpaares wurde mit dem Hubble-Teleskop aufgenommen.

Pluto ist der letzte Planet, der nach systematischer Erforschung in Arizona durch den amerikanischen Astronomen Clyde Tombaugh entdeckt wurde. Obenstehend die Aufnahme der Entdeckung vom 29. Januar 1930.

Kohlendioxideis, hart wie Stahl, und einige schwarze Felsen bedecken den Boden. In der weiteren Umgebung sieht man, soweit das Auge reicht, eine Landschaft aus niedrigen, fahlen Hügeln, die in schwaches Dämmerlicht getaucht sind. Überall die trübselige Variation ein und desselben grauen, matten und düsteren Themas. Über das samtschwarze, mit Sternen übersäte Himmelsgewölbe spannt sich der silberne Bogen der Milchstraße, die erstaunlich nah und leuchtend erscheint. Wega, Deneb und Altaïr, wunderbare Diamanten am Himmel, bilden ein großes Dreieck am Sommerhimmel. Das Thermometer zeigt −220 Grad Celsius an, es ist früher Morgen auf dem Planeten Pluto, und die Temperatur wird nicht weiter steigen. Über dem westlichen Horizont steht eigenartig unbeweglich die riesige, eisige Kugel Charons am Himmel und leuchtet mit fahlem Glanz.

Im Osten zieht mitten unter den unzähligen Gestirnen im Sternbild des Stieres ein außergewöhnlich heller Stern den Blick auf sich. Er läßt die Eissplitter schillern, die den Boden übersäen und so spröde sind wie Kristall. Er schafft es, einen blassen Schatten hinter die bizarr geformten Felsen und die großen Eisorgeln zu werfen, die aus der öden Ebene hervorschießen. Es ist die Sonne. Von hier aus ist sie jedoch nicht wiederzuerkennen; mit bloßem Auge betrachtet könnte sie ein einfacher Stern sein, vollkommen punktförmig und von beständigem Glanz, ohne Wärme: Sie ist 1500mal lichtschwächer als die Sonne der Erde und kaum 200mal heller als der Vollmond …

Der Mensch liebt es, sein Territorium abzustecken, Grenzen zu definieren und sein Universum mit mehr oder weniger symbolischen Grenzsteinen zu versehen. Die Bewachung der herkömmlichen Grenze des Sonnensystems wurde Pluto anvertraut, dessen Umlaufbahn die Bahnen aller anderen bekannten Planeten in einer Entfernung von rund sechs Milliarden Kilometern von der Sonne umgibt.

Der entfernteste Planet ist zugleich der rätselhafteste; über seinen Ursprung, seinen inneren Aufbau und seine Oberflächengestalt wissen wir nichts, und kein von Menschen gebauter Roboter hat ihn je besucht. Einzige Hoffnung der Astronomen ist die Mission Pluto Fast Flyby, für die die amerikanischen Wissenschaftler die NASA gewinnen möchten. Es handelt sich dabei um eine kleine automatische Sonde, welche die Erde im Jahr 1999 verlassen könnte, um Pluto im Jahr 2006 zu erreichen. Die aktuelle Position des Paares

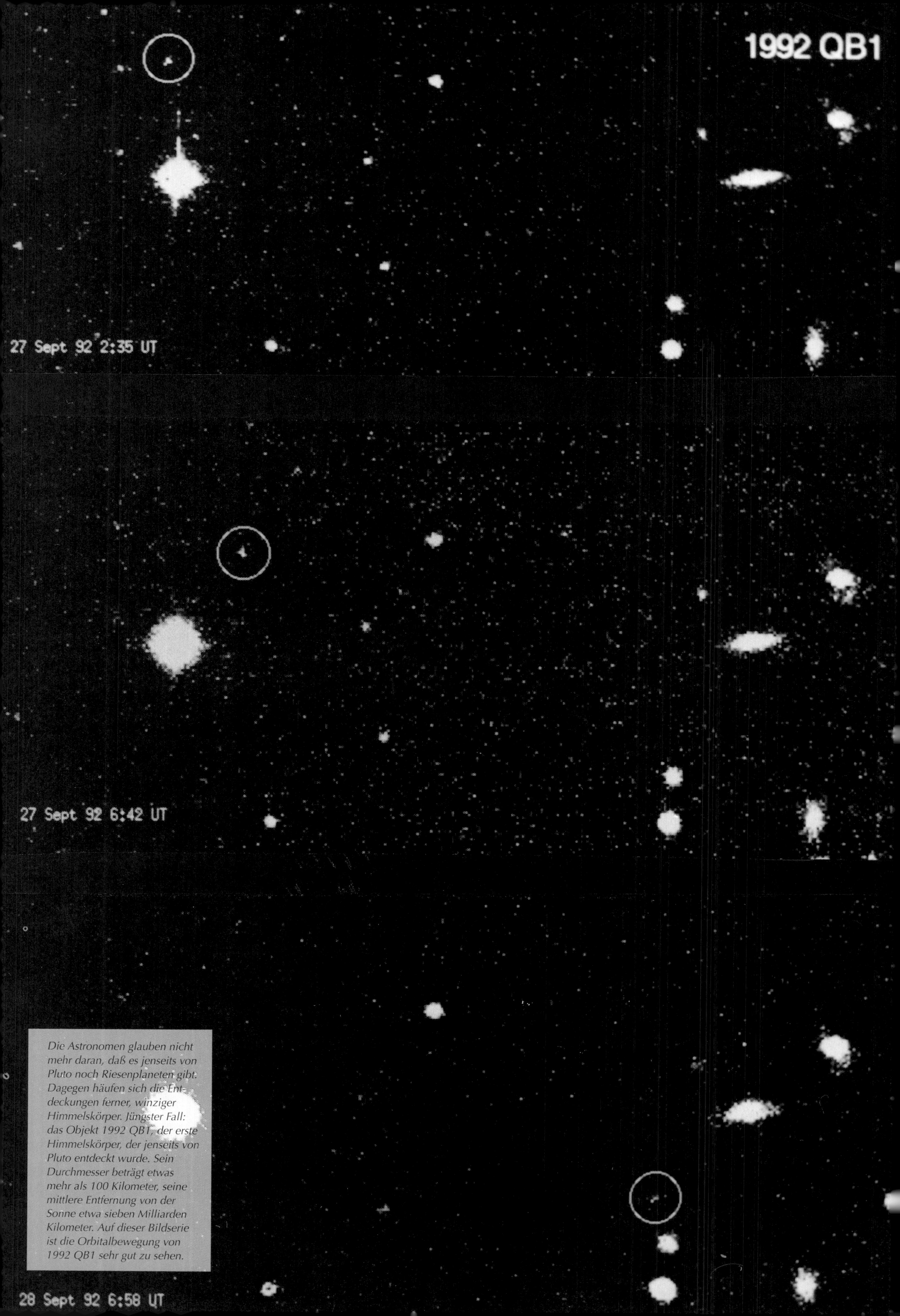

Die Astronomen glauben nicht mehr daran, daß es jenseits von Pluto noch Riesenplaneten gibt. Dagegen häufen sich die Entdeckungen ferner, winziger Himmelskörper. Jüngster Fall: das Objekt 1992 QB1, der erste Himmelskörper, der jenseits von Pluto entdeckt wurde. Sein Durchmesser beträgt etwas mehr als 100 Kilometer, seine mittlere Entfernung von der Sonne etwa sieben Milliarden Kilometer. Auf dieser Bildserie ist die Orbitalbewegung von 1992 QB1 sehr gut zu sehen.

auf seiner Umlaufbahn ist außergewöhnlich und macht es besonders leicht erreichbar. Sollte es unmöglich sein, diese Sonde auf den Weg zu bringen, könnten Pluto und Charon erst in mehreren Jahrzehnten besucht werden, weil ihre Entfernung zur Sonne und ihre Neigung gegen die mittlere Ebene der Planetenbahnen von Jahr zu Jahr wächst.

So besteht die Gefahr, daß Pluto noch lange Zeit eine einfache, leuchtende Scheibe am Himmel bleibt, und nur mit riesigen Teleskopen können wir in den kommenden Jahren den geheimnisvollsten Himmelskörper des Sonnensystems besser erforschen. Dennoch haben die Astronomen des Planeten Erde auf der Grundlage astronomischer Aufzeichnungen sowie photometrischer und spektrographischer Messungen Plutos schon eine beeindruckende Sammlung von Informationen zusammengestellt. Der 1930 von Clyde Tombaugh entdeckte Planet ist inzwischen kein Unbekannter mehr. Ein Tag dauert hier fast eine Erdenwoche und ein Jahr 248 unserer Jahre. Pluto mißt genau 2400 Kilometer im Durchmesser. Mit einer Dichte von nur 2,1 Gramm pro Kubikzentimeter ist er ein leichter Himmelskörper. Ein dicker Eismantel umgibt ihn. Die Masse Plutos ist fast 500mal geringer als die Erdmasse. Das Objekt ist also wirklich winzig: viel kleiner als Merkur, Titan, Triton, der Mond, Io, Europa, Ganymed oder Kallisto…

Charons Durchmesser beträgt ungefähr 1200 Kilometer. Seine Masse ist fast zehnmal geringer als die Plutos. Nach den letzten Beobachtungen des Hubble-Teleskops aus dem Jahr 1993 könnte er eine Dichte von nur 1,4 Gramm pro Kubikzentimeter haben. Seiner Größe nach ist er also mit den kleinen Saturnmonden Rhea, Tethys, Japetus und Dione verwandt. Doch verglichen mit dem Planeten Pluto ist der Mond Charon riesig, und eigentlich muß man Pluto und Charon nicht als einen Planeten und dessen Mond, sondern als Doppelplaneten ansehen. Die beiden Himmelskörper kleben übrigens buchstäblich aneinander: Nach den Messungen des Hubble-Teleskops im Jahr 1991 sind ihre Zentren nur 19 000 Kilometer und folglich ihre Oberflächen nur 17 000 Kilometer voneinander entfernt! Zum Vergleich: Die Entfernung Erde–Mond beträgt ungefähr 380 000 Kilometer. Charon kreist in 6,39 Tagen um Pluto, diese Umlaufzeit ist identisch mit der Rotationszeit des Planeten.

Die Situation, die wir auf der Oberfläche Plutos antreffen, ist im gesamten Sonnensystem einmalig: von der einen der beiden Hemisphären Plutos aus betrachtet, ist Charon niemals zu sehen. Von jedem anderen Punkt des Planeten aus scheint sein Mond starr und völlig unbeweglich am Himmel zu stehen. Im Laufe der Wochen wechselt seine Phase wie die des Mondes, und der Himmel, die Planeten sowie die Sonne wandern langsam zusammen mit dem Himmelsgewölbe hinter der riesigen bleichen Kugel vorbei, die achtmal größer erscheint als unser Mond, den wir von der Erde aus sehen. Begeben wir uns in die Äquatorialzone des Planeten. Dort steht Charon dauernd im Zenit, während an den Polen seine blaßweiße Kugel – zur Hälfte verborgen hinter den Eishügeln am Horizont – niemals aufgeht.

Trotz der starken Kälte, die den Planeten auf ewig versteinert zu haben scheint, genießt Pluto gegenwärtig die mildesten Bedingungen, die er auf seiner ganzen zweieinhalb Jahrhunderte dauernden Rundreise um die Sonne erleben kann, denn am Ende des 20. Jahrhunderts herrscht Sommer auf dem Planeten. Er umkreist die Sonne auf einer sehr exzentrischen Umlaufbahn in einem Abstand von 4,4 bis 7,5 Milliarden Kilometern. Seit etwa 15 Jahren und bis zum Jahr 2000 ist Pluto mit einem Abstand von 4,5 Milliarden Kilometern näher an der Erde und der Sonne als der Neptun! Dies ist, wie wir schon anmerkten, eine einmalige Gelegenheit, eine Forschungsmission zum Planetenpaar zu starten. Die außergewöhnliche Sonnenbestrahlung scheint auszureichen, Jahreszeiten auf Pluto und Charon zu erzeugen. Eine winzige Atmosphäre aus Stickstoff, Kohlendioxid und Methan umgibt gegenwärtig die beiden Himmelskörper. Wenn der Herbst im Laufe der ersten Jahrzehnte des 21. Jahrhunderts kommt, wird diese dünne, eisige Hülle an der Oberfläche Plutos und Charons wahrscheinlich mit der eintretenden Kälte kondensieren. Die Rauhreifschicht, die sich auf den eisigen Weiten der letzten Planeten des Sonnensystems niederschlägt, wird fast zwei Jahrhunderte überdauern, bevor sie sich – im nächsten Sommer – auflöst.

Und dahinter? Was liegt jenseits der letzten Planeten des Sonnensystems? Die scheinbar ungewöhnliche Entfernung, die uns von Pluto trennt – vierzigmal die Entfernung Erde–Sonne – bleibt vor dem Maßstab des Kosmos verschwindend klein. Eine Weltraumsonde mit einer Geschwindigkeit von 100 000 km/h würde etwa zehn Jahre benötigen, um die Entfernung zu überbrücken, die uns von Pluto trennt, eine Strecke, die das Licht in weniger als sechs Stunden zurücklegt! Der Abstand des allerersten Sterns nach der Sonne, Proxima Centauri, beträgt demgegenüber 40 000 Milliarden Kilometer, ein Abgrund leeren Raumes, für dessen Überbrückung das Licht etwas mehr als vier Jahre benötigt. Die wirkliche Grenze des Sonnensystems ist sehr schwer zu definieren; sie liegt irgendwo zwischen unserem Stern und Proxima Centauri in einer Entfernung von einem oder zwei Lichtjahren. Sehr weit von der Sonne, fast ein Lichtjahr (das entspricht 10 000 Milliarden Kilometern) entfernt, aber immer noch unter dem Einfluß ihrer Gravitation, befindet sich zweifellos die Oortsche Wolke, eine Art großer, quasi sphärischer Schale aus einigen Tausend Milliarden Kometen, die zusammen nahezu der Masse des Jupiter entsprechen. Ist es möglich, daß auch an den Grenzen des Sonnensystems Planeten existieren, die noch immer unbekannt sind? Sehr massereiche Himmelskörper wie Jupiter und Uranus hätte man bereits entweder durch systematische Himmelsbeobachtung oder durch Berechnung aufgrund der Störungen geortet, die sie auf das innere Sonnensystem ausüben würden. Es scheint, daß die bekannten Planeten von Merkur bis Neptun vor 4,6 Milliarden Jahren praktisch die ganze verfügbare Materie der sich bildenden protoplanetaren Scheibe zusammengefegt und angehäuft haben. Übrig blieben die

Neun Hauptplaneten, etwa 40 Satelliten, Tausende von bekannten Kometen und Asteroiden sowie Milliarden anderer unsichtbarer Objekte: das Sonnensystem ist unermeßlich und noch weitgehend unerforscht. Doch über das Gefolge der Sonne hinaus beher-

Kometen, die auf die Urplaneten hinunterstürzten oder weit weg in die Oortsche Wolke geworfen wurden, sowie... einige seltsame Erscheinungen wie Pluto, Charon und Triton. Diese drei Miniplaneten ähneln sich so sehr, daß sie einen gemeinsamen Ursprung haben müssen: die gleichen Abmessungen, die gleiche Masse und Zusammensetzung. Nach den jüngsten Untersuchungen vermuten die Astronomen, daß Triton, Pluto und Charon zur selben Zeit entstanden wie die gasförmigen Riesen, und daß sie die einzigen Überreste einer gigantischen kosmischen Billardpartie sein könnten. Triton wurde vom Neptun eingefangen. Pluto befindet sich auf einer Umlaufbahn, welche die des Neptun schneidet, und wird vor einer Kollision mit dem Riesen durch eine besondere Wirkung der Gravitation, der Resonanz, geschützt, die verhindert, daß die beiden Körper sich einander nähern. Charon schließlich, hinsichtlich Größe und Abstand von seinem Planeten ein anormaler Mond, ist zweifellos das Ergebnis einer Kollision mit Pluto, nach der er von diesem eingefangen wurde. Die Gewalt dieser Kollision könnte die »gewundene« Umlaufbahn Plutos um die Sonne erklären. Bei dem Zusammenprall blies Charon möglicherweise eine große Menge Eis, das ursprünglich auf Pluto vorhanden war,

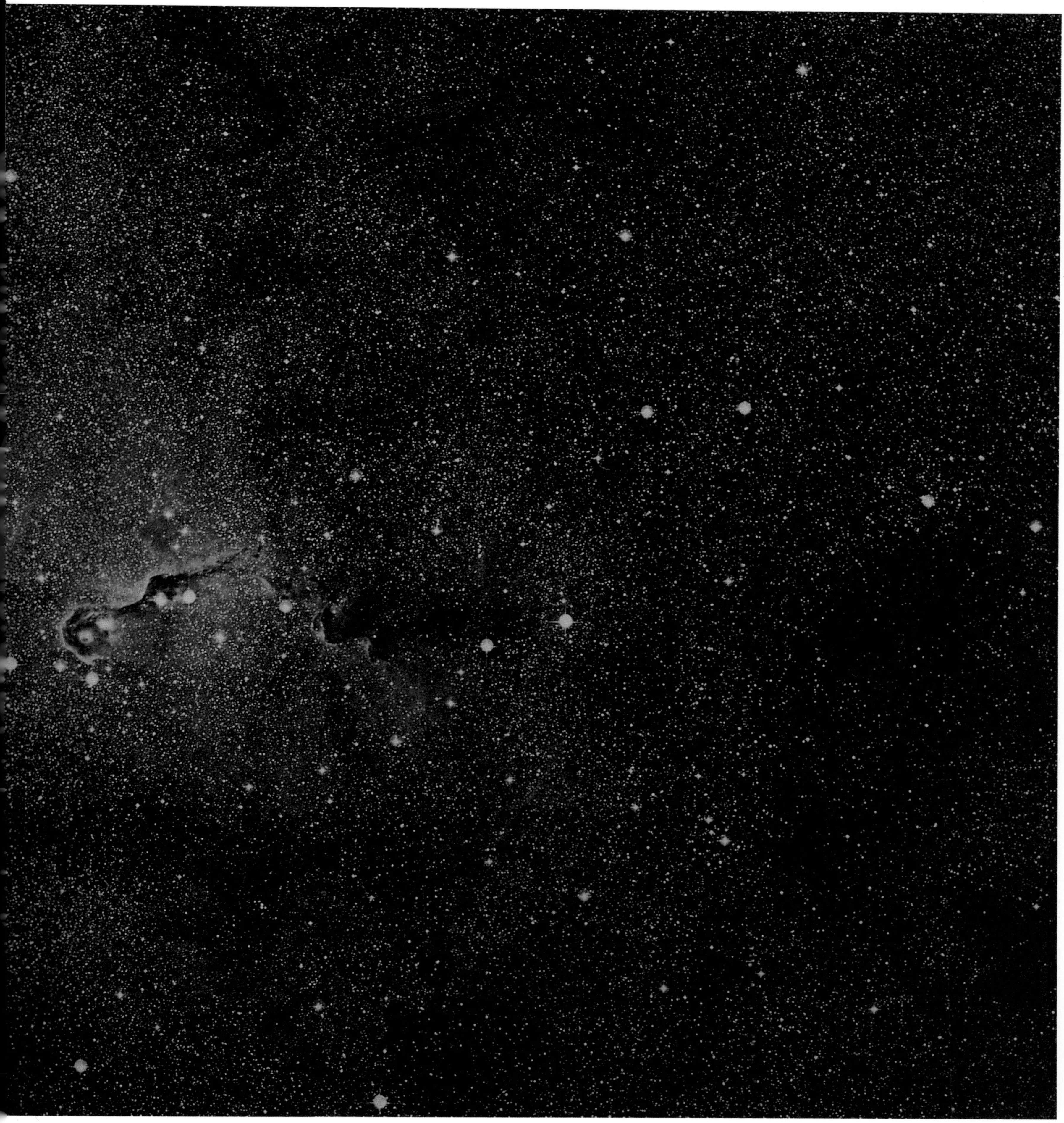

bergt die Milchstraße Hunderte von Milliarden anderer Sonnen. Wieviele von ihnen besitzen Planetensysteme? Und welcherart sind die unfaßbaren Bilder jener fremden Landschaften, die sich dort möglicherweise noch verbergen?

in den Weltraum. Per Akkretion erhielt der Mond danach vielleicht einen Teil des von seinem Planeten verlorenen Eises zurück. Dieses Szenario könnte die unterschiedliche Dichte der beiden Körper erklären. Während Triton, Pluto und Charon so ihren Platz im Schoß Neptuns fanden, zogen Tausende von Himmelskörpern des gleichen Typs blindlings am Rand des Sonnensystems hin. Die meisten von ihnen mußten auf Jupiter, Saturn, Uranus und Neptun fallen. Die anderen, die einem Zusammenprall knapp entgingen, wurden durch die von den vier Riesenplaneten erzeugte Gravitationsschleuder gewaltsam aus dem Sonnensystem hinausgetrieben. Einige dieser kleinen Eisplaneten sind wahrscheinlich zur Zeit unterwegs zu anderen Sternensystemen, die sie in 10 oder 20 Millionen Jahren erreichen werden... Und schließlich befinden sich gewiß Tausende von Gestirnen des Typs Pluto fern ab in der Oortschen Wolke, etwa ein Lichtjahr von der Erde entfernt.

Wenn dieses, Wissenschaftler und Laien durchaus faszinierende, theoretische Modell richtig ist, würden Pluto und Charon also nicht länger die Grenze des Sonnensystems markieren, sondern wären vielmehr Vorposten einer Myriade kleiner Eiswelten, die es noch zu entdecken gilt.

Positionen und Bewegungen im Sonnensystem

Vor dem Studium der Bewegungen und der Gesetze, die im Sonnensystem herrschen, sollte man sich mit seinen räumlichen Verhältnissen vertraut machen, so wie sie einem Betrachter von außen sich darbieten. Das Sonnensystem wird von einem Stern, der Sonne, dominiert, die eine große Energiemenge zum überwiegenden Teil als Lichtstrahlung abgibt. Rund um diesen leuchtenden Himmelskörper sieht man zunächst einmal nur Leere und Dunkelheit; unser Auge wird von der Sonne geblendet, und die Planeten, die nur einen winzigen Teil des Sonnenlichts reflektieren, sind sehr schwer zu entdecken – ihre Helligkeit ist rund eine Milliarde Mal schwächer. Ebenso sind ihre Größe und Masse im Vergleich zur Sonne unbedeutend: die Gesamtmasse der Planeten des Sonnensystems stellt 1/1000 der Sonnenmasse dar, die Erdmasse 1/300 000. Der Eindruck der um die Sonne herrschenden Leere verstärkt sich aber vor allem, wenn man die Abmessungen der Planeten zu ihrem jeweiligen Abstand von der Sonne ins Verhältnis setzt. Verkleinert man die Sonne auf die Größe eines Tennisballs von, sagen wir, zehn Zentimetern Durchmesser, wäre die Erde eine winzige Kugel mit einem Durchmesser von einem Millimeter, elf Meter weit vom Tennisball entfernt. Der Saturn wäre eine Kugel von weniger als einem Zentimeter Durchmesser und befände sich in einem Abstand von 100 Metern, und den Pluto, ein verschwindend kleines Kügelchen von 0,3 Millimeter Durchmesser, müßte man in einer Entfernung von 400 Metern suchen. In diesem Maßstab wäre der nächste, der Sonne benachbarte Stern 3000 Kilometer weit weg...

Die Keplerschen Gesetze

Seit Nikolaus Kopernikus weiß jeder, daß sich die Erde und die anderen Planeten um die Sonne drehen. In einem idealisierten Sonnensystem würden sich alle Planeten in der gleichen Ebene auf einer vollkommen kreisförmigen Umlaufbahn bewegen. Die Rotationsebene jedes Planeten würde mit der Ebene seiner Bahn übereinstimmen, das gleiche gälte für alle Himmelskörper, auch für Satelliten, Asteroiden und Kometen. Die wirklichen Planetenbewegungen sehen allerdings ein wenig anders aus, man könnte sie mit den offensichtlich klaren Bewegungen der Zeiger einer Uhr und dem ihnen zugrundeliegenden komplizierten Räderwerk vergleichen.

Um die folgenden Erläuterungen zu vereinfachen, beschränken wir uns absichtlich auf die neun Hauptplaneten und deren Satelliten, die zusammen 99,9 Prozent der Masse aller Körper ausmachen, die die Sonne umlaufen.

Eines der schwierigen Probleme, mit denen ein Beobachter bei der Untersuchung der Planetenbewegungen konfrontiert wird, besteht darin, scheinbare und wirkliche Elemente dieser Planetenbahnen am zweidimensionalen Himmelsgewölbe zu unterscheiden. Es ist kein Leichtes, die Gesetze eines sich bewegenden Systems zu finden, wenn der Beobachter selbst sich in diesem System bewegt. Obwohl die Eroberung des Weltraums bereits begonnen hat, kostet es uns noch heute eine intellektuelle Anstrengung, uns davon zu überzeugen, daß sich die Erde um sich selbst dreht, wenn wir den scheinbaren Lauf der Sonne am Himmel bewundern. Diese Beschränkung des menschlichen Geistes, die ihn daran hindert, die Geometrie im Weltraum und die Änderungen der Bezugspunkte klar zu begreifen, trug dem Ptolemäischen System bis Kopernikus den Sieg ein, obgleich das heliozentrische System seit dem Altertum bereits vorausgeahnt worden war.

Johannes Kepler verdanken wir die erste exakte Erklärung der scheinbaren Bewegungen der Planeten an der Himmelskugel und ihre Anwendung auf die wirklichen Bewegungen der Planeten im dreidimensionalen Raum. Kepler formulierte drei fundamentale Gesetze der planetaren Bewegungen; diese Gesetze beschreiben zugleich, was Kepler nicht wußte, quasi alle Bewegungen von Himmelskörpern im Universum.

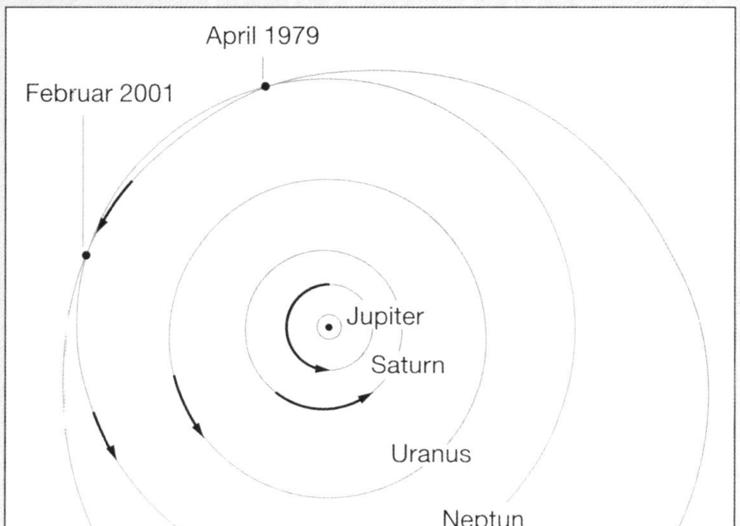

Die Planetenbahnen sind, abgesehen von der des Pluto, fast kreisförmig. Hier ist die Bahn der fünf letzten Planeten des Sonnensystems für die Jahre 1993 bis 2000 dargestellt. Seit 1979 schneidet die Bahn des Pluto die des Neptun. Pluto wird im Februar 2001 erneut der entfernteste Planet des Sonnensystems sein.

Das erste Keplersche Gesetz zeigt, daß die Umlaufbahn eines Planeten nicht genau kreisförmig, sondern elliptisch ist. Die Abweichung einer Ellipse von einem Kreis wird durch ihre numerische Exzentrizität gemessen. Diese ist oft äußerst schwach, beispielsweise bei der Bahn der Venus, deren Entfernung von der Sonne nur zwischen 107 und 109 Millionen Kilometern schwankt. Die Exzentrizität kann auch extrem große Werte annehmen; dies ist bei zahlreichen Asteroiden und Kometen oder auch bei Nereide, einem Neptunmond, der Fall.

Erstes Gesetz: Ein Planet beschreibt um die Sonne eine Ellipse, in deren einem Brennpunkt die Sonne steht.

Das zweite Keplersche Gesetz führt den Begriff der Geschwindigkeit der Körper ein, die um die Sonne kreisen. Es zeigt, daß die Geschwindigkeit eines Planeten auf einer exzentrischen Umlaufbahn sich ständig ändert und daß in der Nähe der Sonne die Maximalgeschwindigkeit erreicht wird.

Zweites Gesetz: Der Fahrstrahl – die von der Sonne zu einem Planeten gezogene Linie – überstreicht in gleichen Zeiten gleiche Flächen.

Das dritte Gesetz ist das interessanteste; es erlaubt, die Entfernung irgendeines Planeten zu berechnen, wenn man zum Beispiel seine Umlaufzeit und die Entfernung Erde–Sonne kennt.

Drittes Gesetz: Die Quadrate der Umlaufzeiten zweier Planeten verhalten sich wie die Kuben der großen Halbachsen ihrer Umlaufbahnen.

Zwar erklären die drei Keplerschen Gesetze sehr gut, wie sich die Planeten bewegen, aber sie legen nicht dar, warum sie es tun.

Von Newton zu Einstein

Die Antwort gab Sir Isaac Newton, der berühmte englische Mathematiker und Physiker, dem wir neben anderen Erfindungen auch die des Teleskops verdanken. Newton führte in die Wissenschaft von der Bewegung der Planeten Begriffe aus der Mechanik ein, zum Beispiel Kraft und Masse. So begriff er, daß die Kraft, die auf der Erde den Apfel zwingt, in Richtung auf das Zentrum unseres Planeten zu fallen, mit der Kraft identisch ist, die den Mond dazu bringt, um die Erde zu kreisen: die Gravitationskraft oder Anziehungskraft, die man auf der Oberfläche eines Planeten als Schwerkraft bezeichnet.

Im Jahr 1687 veröffentlichte er sein berühmtes Gesetz der Anziehungskraft, das für gewöhnlich so ausgedrückt wird: Zwei Körper ziehen sich gegenseitig mit einer Kraft an, deren Stärke dem Produkt ihrer Massen direkt proportional und dem Quadrat ihrer Entfernung umgekehrt proportional ist.

Newton schuf damit eine neue Wissenschaft, die Himmelsmechanik, und gab ihr einen außerordentlich weiten Geltungsbereich, denn sein Postulat lautete, daß das Gesetz der Gravitation universell ist.

Seit dem Beginn unseres Jahrhunderts ist das universelle Gesetz der Gravitation in der allgemeinen Relativitätstheorie eingeschlossen, die dem Universum eine neue, sehr eigenartige Gestalt verlieh. Im Rahmen der allgemeinen Relativität sind die um die Sonne kreisenden Planeten nicht einfach mehr den Kräften unterworfen, die sie in einem per definitionem leeren und passiven Raum auf ihrer Umlaufbahn halten.

Der Raum, die vierdimensionale Raum-Zeit in der Theorie Einsteins, ist aktiv; er krümmt sich bei Anwesenheit einer Masse, wie sich die Lichtstrahlen krümmen, die nahe an einer solchen Masse vorbeilaufen. In einem solchen Universum lassen sich die Begriffe der Leere und der Materie nicht mehr einfach einander gegenüberstellen; die in Form von Planeten zusammengeballte Materie kann man als singulären Raumpunkt ansehen… Betrachten wir die beobachteten Bewegungen der Planeten, und versuchen wir, diese in einem Einsteinschen Raum zu begreifen, der auf drei Dimensionen reduziert ist. Stellen wir uns zu diesem Zweck eine Gummifläche vor, die in einen starren Rahmen gespannt wurde. Eine Billardkugel im Mittelpunkt dieses Rahmens drückt sich in die Oberfläche ein. Man sieht sofort, daß die Krümmung der Oberfläche in der Nähe der Kugel sehr stark ist und nach außen hin abnimmt. Werfen wir eine kleinere Kugel, wie beim Roulette im Kasino, auf die Gummifläche: die kleinere Kugel wird um die Billardkugel kreisen… wie die Erde um die Sonne. Würde man bei Abwesenheit von Schwerkraft und Reibungskraft zwei dieser kleineren Kugeln in unterschiedlichem Abstand werfen, würden sie sich dem dritten Keplerschen Gesetz entsprechend verhalten; die der Billardkugel nähere

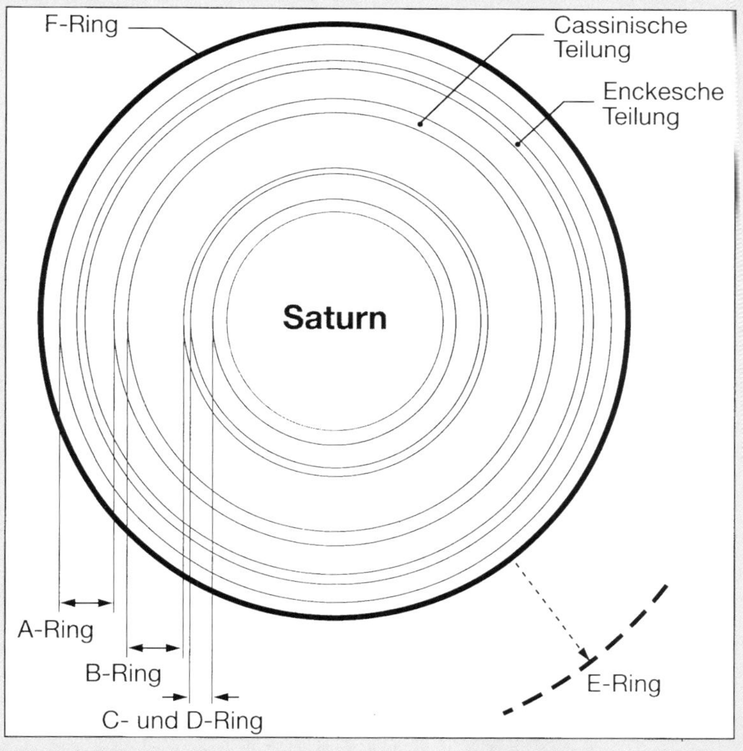

Die Saturnringe, so wie sie von den Astronomen anhand von Beobachtungen von der Erde und aus dem Weltraum definiert wurden. Die Ringe A, B und C sind seit mehr als einem Jahrhundert bekannt, der Ring E wurde im Jahr 1980 entdeckt, die Ringe D und F wurden im Jahr 1973 von den Pioneer-Sonden gefunden. Die Aufnahmen der Voyager-Sonden lösten diese Ringe in Tausende kleiner konzentrischer Ringe auf.

Kugel müßte schneller kreisen, damit sie nicht auf jene fällt.

Die Eigenrotation der Planeten

Für einen Beobachter, der sich auf einem Planeten befindet, ist dessen Eigenrotation die offensichtlichste Bewegung; ein Zeichen dafür sind auf der Erde der Wechsel zwischen Tag und Nacht sowie die schnelle Bewegung der Himmelskörper am Himmel. Alle Planeten und auch die Satelliten drehen sich um sich selbst, die Rotationsperiode letzterer entspricht allerdings oft der Umlaufzeit um ihren Planeten. In den meisten Fällen vollzieht sich die Rotationsperiode in zwei Größenordnungen: dem Erdentag oder dem Erdenjahr. Bei der Erde sind es 24 Stunden, beim Mars ebenfalls, beim Neptun 16 Stunden, bei Jupiter, Saturn und Uranus zehn Stunden, bei Merkur und Venus schließlich 59 beziehungsweise 243 Tage. Die Neigung der Rotationsachse reicht von drei Grad für den Jupiter über 98 Grad für den Uranus bis zu 177 Grad für die Venus. Für Erde, Mars, Saturn und Neptun liegen die Werte bei etwa 25 Grad. Diese Neigung ist auf der Erde und dem Mars Ursache für eindrucksvolle und bedeutende jahreszeitliche Effekte.

Alle Planeten bis auf die Venus drehen sich in derselben Richtung um sich selbst, von Westen nach Osten; deshalb scheinen auf der Erde die Sonne, der Mond und die anderen Himmelskörper von Osten nach Westen über den Himmel zu ziehen. In der Richtung der Rotationsachse der Erde, der (an das Himmelsgewölbe projizierten) Weltachse, kann man sehen, daß sich die Sternbilder um einen Punkt am Himmel drehen, der auf der Nordhalbkugel im Sternbild des Kleinen Bären liegt. Ein Stern scheint sich sogar während der ganzen Nacht und das ganze Jahr über gar nicht zu bewegen: der Polarstern, der praktisch die Verlängerung der Weltachse bildet. Seeleute und Wanderer kennen diesen schönen Stern, der ihnen den Norden und daher auch die anderen Haupthimmelsrichtungen anzeigt.

Der Tierkreis, die Ekliptik und die Jahreszeiten

Da alle Planeten fast in derselben Ebene um die Sonne kreisen, findet man sie stets in der gleichen Himmelsregion, einem schmalen Band, dem Tierkreis. Wenn man die Positionen und Bewegungen der Planeten untersucht, bezieht man sich stets auf die Ekliptik. Die Ekliptik ist der große Kreis, den die Sonne in einem Jahr am Himmel scheinbar durchläuft. Anders gesagt, es ist die an den Himmel projizierte Bahn der Erde um die Sonne. Diese Linie der Ekliptik scheint wegen der Neigung der Rotationsachse der Erde im Laufe des Jahres um den Himmelsäquator zu schwanken. Die Sonne, die durch die Ekliptik wandert, erreicht in einem Jahr vier singuläre Punkte: am 23. September geht die Sonne von der nördlichen Hälfte zur südlichen Hälfte der Himmelskugel. Gelangt sie an den Herbstpunkt, den Schnittpunkt der Ekliptik mit dem Himmelsäquator, ist die Tagundnachtgleiche des Herbstes. Die Sonne geht genau im Osten auf und genau im Westen unter. Der Frühlingspunkt ist der Ursprung des Koordinatensystems der Himmelskörper, der an den Himmel projizierten Längen- und Breitengrade. Am 21. Dezember erreicht die Sonne den tiefsten Stand der Ekliptik bei −23 Grad 26 Minuten: Wintersonnenwende. Am 21. März überquert sie den Himmelsäquator ein zweites Mal: Frühlingspunkt, Tagundnachtgleiche des Frühlings. Am 21. Juni schließlich kulminiert die Sonne auf der Nordhalbkugel bei +23 Grad 26 Minuten: Sommersonnenwende. So verändert sich die Höhe der Sonne an jedem Punkt auf der Erde innerhalb eines Jahres um 2 x 23 Grad 26 Minuten = 46 Grad 52 Minuten; das zeigt, wie sehr die Rotationsachse der Erde geneigt ist und wie sehr diese Neigung die atmosphärischen Bedingungen beeinflußt, die sich abwechselnd in Frost- und Trockenperioden, langen Winternächten und hellen Sommertagen manifestieren.

Merken wir uns, daß Jahreszeiten nicht allein unserer Erde gehören; fast überall im Universum muß es auf den Planeten Winter und Frühling geben, die sich freilich sehr von unseren Jahreszeiten unterscheiden. Ein frappierendes Beispiel dafür ist uns ganz nahe: der Planet Mars. Er dreht sich wie die Erde in 24 Stunden um sich selbst, seine Rotationsachse ist wie die der Erde um 24° geneigt; nur sein Jahr hat aufgrund des dritten Keplerschen Gesetzes eine andere Dauer: es ist ein Jahr und 322 Tage lang. Auf dem Mars entdeckte man wie auf der Erde deutlich ausgeprägte Jahreszeiten; im Laufe des Jahres ändern sich die Temperatur am Boden und die atmosphärischen Bedingungen. Im Winter bildet sich in den großen roten Wüsten stellenweise eine feine Rauhreifschicht.

Neben diesen großen, scheinbar einfachen und regelmäßigen Zyklen weisen die Planeten geringe Bewegungen auf, die auf ein Jahr bezogen unendlich klein sind, sich aber im Laufe der Zeit beträchtlich bemerkbar machen können, daher die Anspielung auf das komplizierte Räderwerk einer Uhr zu Beginn dieses Kapitels. Zwar bleibt die Neigung der Rotationsachse der Erde stabil, doch weist sie eine sehr langsame, konische Bewegung senkrecht zur Ebene der Ekliptik auf. Diese Bewegung, die sogenannte Präzession, kann man leicht an einem Kreisel oder einem Gyroskop beobachten, dessen Rotationsachse gegen die Ebene, auf der er steht, geneigt ist. Diese Präzessionsbewegung mit einem Zyklus von 25 800 Jahren verlagert langsam den Frühlingspunkt auf der Ekliptik: das ist die berühmte Präzession der Äquinoktien. Wenn der Frühlingspunkt in der Ekliptik wandert, ändert sich auch der Ort der Tagundnachtgleichen und der Sonnenwenden, bezogen auf das Himmelsgewölbe. So fiel die Sommersonnenwende, die sich in unseren Tagen im Sternbild der Zwillinge

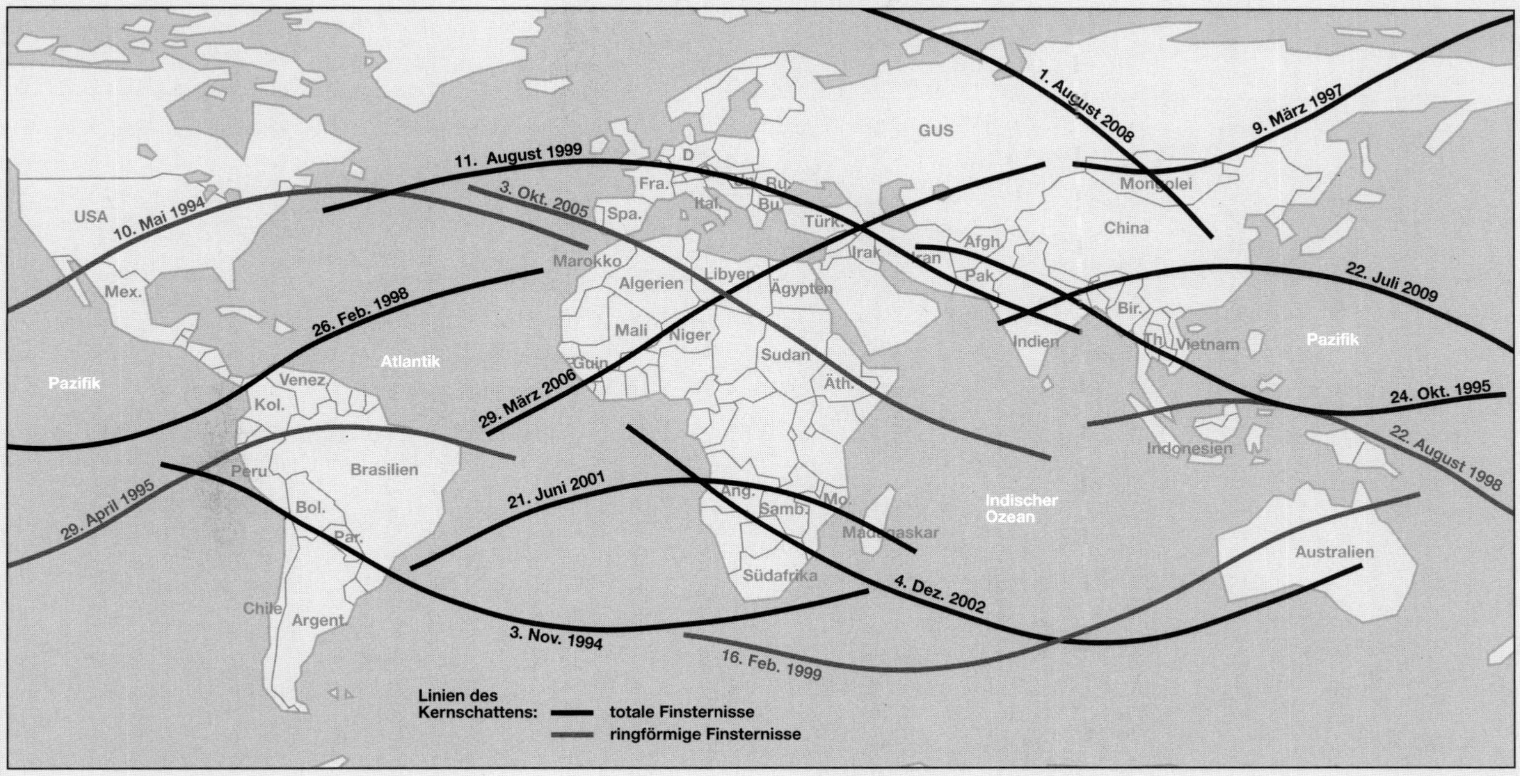

Wenn der Mond die Sonne verdunkelt, wird sein Schatten auf unseren Planeten geworfen. Die Bahnen dieses Schattens sind hier für die totalen Sonnenfinsternisse dargestellt, die zwischen 1994 und 2010 stattfinden. Eine totale Sonnenfinsternis kann mehrere Stunden dauern, aber an einem gegebenen Ort beträgt ihre Dauer einige Dutzend Sekunden oder ein paar Minuten.

vollzieht, vor 2000 Jahren in das Sternbild des Krebses.

Zudem müßten die Wendekreise des Krebses und des Steinbocks, an denen die Sonne während der Sonnenwende im Zenit kulminiert, heute der Wendekreis der Zwillinge beziehungsweise der Wendekreis des Schützen heißen. Die kleinen Bewegungen wie Präzession oder Nutation, eine leichtes Schwanken der Erdachse in einem Zyklus von 18 Jahren, hängen mit den Gravitationsstörungen der Sonne, des Mondes und der Planeten zusammen, die ihren Einfluß auf die äquatoriale Wölbung der Erde ausüben. Diese hat nämlich nicht die Gestalt einer homogenen Kugel, sondern ist wie die anderen Planeten an den Polen leicht abgeplattet.

Die Sonnenfinsternisse

In den Finsternissen zeigt sich die Bewegung der Planeten und Satelliten am eindrucksvollsten. Sie finden überall im Universum statt, zwischen Planeten, zwischen Satelliten, zwischen Planeten und Satelliten sowie selbst zwischen Sternen. Wir nehmen als Beispiel diejenigen, die uns am meisten beeindrucken: die Sonnenfinsternisse und die Mondfinsternisse.

Jeder weiß, daß eine Sonnenfinsternis stattfindet, wenn die Erde, der Mond und die Sonne in einer Linie stehen, das heißt, wenn der Mond von der Erde aus gesehen genau vor der Sonne vorbeizieht und diese für einige Minuten verdeckt. Diese Verfinsterungen haben jedoch ein ganz besonderes Kennzeichen: der scheinbare Durchmesser von Sonne und Mond erweist sich dabei als gleich groß. Das liegt daran, daß das Verhältnis der Entfernung der beiden Himmelskörper und das Verhältnis ihres wirklichen Durchmessers gleich sind: 1 : 400. Der Mond hat einen wirklichen Durchmesser von 3476 Kilometern, während der der Sonne 1,4 Millionen Kilometer beträgt.

Dank dieses glücklichen Zusammentreffens haben wir, die Bewohner der Erde, das Privileg, eines der schönsten Schauspiele der Natur beobachten zu können; diejenigen, die es einmal bewundert haben, wissen, wie sehr es die Vorstellungskraft prägt: Während der Phase der totalen Finsternis mischt sich in die Erstarrung, die den Beobachter ergreift, eine ferne Erinnerung an die Furcht der Menschen des Altertums, die glaubten, der Mond verschlinge die Sonne.

In einem vereinfachten Sonnensystem, in dem die Planetenbahnen weder exzentrisch noch geneigt wären, gäbe es bei jedem Neumond eine totale Sonnenfinsternis, praktisch also einmal im Monat. Daß sie viel seltener eintritt, erklärt sich durch die Neigung der Mondbahn gegen die Ekliptik; dadurch scheint die Mondbahn mal zur einen, mal zur anderen Seite der Ekliptik zu pendeln. Bei jedem Neumond kann unser Satellit also über beziehungsweise unter der Sonne vorbeiziehen oder auch eine partielle Finsternis hervorrufen. Die Gleichheit der scheinbaren Durchmesser ist indessen nur eine erste Näherung; aufgrund der Exzentrizität von Mond- und Erdbahn kann es geschehen, daß die Mondscheibe bei einer totalen Finsternis die Sonne nicht vollkommen verdeckt. In diesem Grenzfall ist der scheinbare Durchmesser der Sonne etwas größer als der des Mondes, so daß in der totalen Phase eine dünne, leuchtende Korona bleibt; dann spricht man von ringförmiger Sonnenfinsternis.

Die Dauer der totalen Phase einer Sonnenfinsternis hängt offensichtlich von

Die Mondfinsternisse

Datum	Größe (in %)	Beginn der Finsternis	Beginn der totalen Phase	Maximum	Ende der totalen Phase	Ende der Finsternis	Anmerkungen und Gebiete, in denen die Finsternis sichtbar ist
29.11.1993	109	4^h39^m	6^h1^m	6^h24^m	6^h47^m	8^h9^m	Anfang sichtbar, totale Finsternis in Nordamerika
25.5.1991	24	2^h39^m	–	3^h31^m	–	4^h23^m	Anfang in Frankreich sichtbar
15.4.1995	11	11^h44^m	–	12^h20^m	–	12^h56^m	nur im Pazifik sichtbar
4.4.1996	138	22^h24^m	23^h29^m	0^h12^m	0^h55^m	2^h	sichtbar in Europa und Asien
27.9.1996	123	1^h14^m	2^h21^m	2^h55^m	3^h29^m	4^h36^m	Anfang sichtbar, totale Finsternis in Südamerika
24.3.1997	91	2^h59^m	–	4^h40^m	–	6^h21^m	Anfang sichtbar, totale Finsternis in Südamerika
16.9.1997	119	17^h9^m	18^h17^m	18^h47^m	19^h17^m	20^h25^m	Ende sichtbar, totale Finsternis in Mitteleuropa
28.7.1999	40	10^h22^m	–	11^h33^m	–	12^h44^m	sichtbar nur im Pazifik
21.1.2000	133	3^h5^m	4^h8^m	4^h46	5^h24^m	6^h27^m	sichtbar in Frankreich und Amerika
16.7.2000	177	11^h58^m	13^h3^m	13^h56^m	14^h49^m	15^h54^m	sichtbar nur in Australien und im Pazifik
9.1.2001	118	18^h43^m	19^h50^m	20^h20^m	20^h50^m	21^h57^m	sichtbar in Europa, Afrika und Asien
5.7.2001	49	13^h39^m	–	14^h58^m	–	16^h17^m	Teilfinsternis nur in Australien
16.5.2003	113	2^h6^m	3^h17^m	3^h43^m	4^h9^m	5^h20^m	Anfang sichtbar, totale Finsternis in Südamerika
9.11.2003	102	23^h55^m	1^h9^m	1^h20^m	1^h31^m	3^h5^m	sichtbar in Europa
4.5.2004	130	18^h49^m	19^h53^m	20^h30^m	21^h7^m	22^h11^m	Ende sichtbar, totale Finsternis in Mitteleuropa
28.10.2004	131	1^h15^m	2^h24^m	3^h4^m	3^h44^m	4^h53^m	sichtbar in Frankreich und Amerika
17.10.2005	6	11^h34^m	–	12^h2^m	–	12^h30^m	sichtbar nur im Pazifik
7.9.2006	18	18^h10^m	–	18^h54^m	–	19^h38^m	Ende sichtbar, beobachtbar in Mitteleuropa
3.3.2007	123	21^h33^m	22^h47^m	23^h23^m	23^h59^m	1^h13^m	sichtbar in Frankreich
28.8.2007	147	8^h51^m	9^h51^m	10^h36^m	11^h21^m	12^h21^m	sichtbar nur im Pazifik
21.2.2008	111	1^h46^m	3^h3^m	3^h28^m	3^h53^m	5^h10^m	sichtbar in Frankreich und Amerika
16.8.2008	81	19^h36^m	–	21^h9^m	–	22^h42^m	Anfang sichtbar, totale Finsternis in Afrika
31.12.2009	7	18^h57^m	–	19^h25^m	–	19^h53^m	sichtbar in Europa, Afrika und Asien
26.6.2010	53	10^h18^m	–	11^h39^m	–	13^h	sichtbar nur im Pazifik
21.12.2010	125	6^h34^m	7^h41^m	8^h17^m	8^h53^m	10^h	Anfang sichtbar, totale Finsternis in Nordamerika

Eine der eindrucksvollsten Sonnenfinsternisse des Jahrhunderts fand am 11. Juli 1991 statt. Eine außerordentliche Chance für die Astronomen: Sie zog über das zur Zeit größte astronomische Zentrum der Erde hinweg, das Mauna Kea-Observatorium auf Hawaii. Mit einer kurzen fotografischen Belichtungszeit (1/1000 s) wurden hier die Chromosphäre und die Sonnenprotuberanzen sichtbar gemacht.

mehreren Faktoren ab, beispielsweise dem Verhältnis der scheinbaren Durchmesser oder der Eigenbewegung des Mondes; sagen wir einfach, daß es einige Minuten sind. Am längsten dauerten die Sonnenfinsternis vom 30. Juni 1973, sieben Minuten 8 Sekunden, und die Finsternis vom 11. Juli 1991, sechs Minuten 58 Sekunden.

Das von einer totalen Sonnenfinsternis erfaßte Gebiet, das heißt, das Gebiet, das der Schattenkegel des Mondes überstreicht, ist sehr begrenzt, einige tausend Kilometer lang, aber nur wenige Dutzend Kilometer breit! In der Tat lassen sich zwei totale Sonnenfinsternisse nur äußerst selten an einem Ort beobachten: in Paris zum Beispiel beträgt der Abstand zwischen der letzten totalen Sonnenfinsternis und der nächsten drei Jahrhunderte. Man versteht, warum Wissenschaftler und Amateurbeobachter von Finsternissen lange Reisen unternehmen, um sich an den Ort zu begeben, über den der Schattenkegel des Mondes zieht und der manchmal mitten im Meer liegt! Für den Wissenschaftler stellt eine Sonnenfinsternis ein einzigartiges natürliches Laboratorium dar. Sie ermöglicht die Beobachtung der äußeren Sonnenregionen, die nicht sehr hell und normalerweise vom Schein der eigentlichen Sonnenscheibe verdeckt sind; man kann aber auch den Einsteinschen Effekt überprüfen: die Abweichung des Laufs der Lichtstrahlen aufgrund der Krümmung des Raumes. Bei einer Sonnenfinsternis sind die Sterne gut zu sehen, es ist fast Nacht. Zu Beginn des Jahrhunderts hatte Einstein behauptet, daß bei der Beobachtung eines der verfinsterten Sonne scheinbar sehr nahen Sterns die Krümmung des Raumes in der Nähe der Sonne wahrzunehmen sein müsse und zwar dergestalt, daß das Bild des Sterns wegen der Ablenkung seines Lichtstrahls von seiner normalen Position leicht abweiche. Tatsächlich wurde der Einsteinsche Effekt bei zahlreichen Finsternissen festgestellt.

Die Mondfinsternisse

Auch die Mondfinsternisse finden statt, wenn Sonne, Erde und Mond in einer Linie stehen, aber in diesem Fall zieht die Erde zwischen der Sonne und dem Mond hindurch. Vom Mond aus gesehen handelt es sich also ebenfalls um Sonnenfinsternisse! Aber kehren wir auf die Erde zurück. Die Sonnenfinsternisse fallen auf den Tag des Neumonds, – die Mondfinsternisse auf den Tag des Vollmonds. Vom Mond aus gesehen ist der scheinbare Durchmesser der Erde mehr als dreimal so groß wie der der Sonne; daher dringt der Mond bei einer totalen Finsternis vollkommen in den Schattenkegel der Erde ein, und die totale Phase kann zwei Stunden dauern. Zudem ist das Gebiet auf der Erde, in dem die Finsternis zu sehen ist, deutlich größer als bei einer Sonnenfinsternis. Man erinnere sich, daß diese nur in einem äußerst schmalen Band von maximal 260 Kilometern sichtbar ist, während man Mondfinsternisse überall dort sehen kann, wo der Mond während dieser Erscheinung aufgegangen ist, das heißt von einer ganzen Hemisphäre aus!

Intuitiv meint man vielleicht, daß der Mond unsichtbar wird, wenn er in den Schattenkegel der Erde gelangt. Oh nein! In jedem Fall bleibt er sichtbar; meistens schmückt er sich mit einem prächtigen, unterschiedlich ausgeprägten und mehr oder weniger dunklen Rot. Dieses Restlicht entsteht dadurch, daß die auf die

Die totalen oder ringförmigen Sonnenfinsternisse

Datum	Typ	Gebiete, in denen die Finsternis sichtbar ist	Sichtbarkeit in Frankreich und Europa	Zeitpunkt des Maximums	Dauer der totalen Finsternis
10.5.1994	ringförmig	USA, Marokko	partielle Finsternis in Frankreich	$17^{h}12^{m}$	6min14s
3.11.1994	total	Südamerika, Chile		$13^{h}38^{m}$	4min24s
29.4.1995	ringförmig	Südamerika, Brasilien		$17^{h}36^{m}$	6min38s
24.10.1995	total	Asien, Pakistan		$4^{h}28^{m}$	2min10s
9.3.1997	total	GUS		$1^{h}28^{m}$	2min50s
26.2.1998	total	Kolumbien		$17^{h}29^{m}$	4min8s
22.8.1998	ringförmig	Sumatra, Borneo		$2^{h}7^{m}$	3min14s
16.2.1999	ringförmig	Australien		$6^{h}35^{m}$	1min19s
11.8.1999	total	Europa, Südasien, Indien	Frankreich, Deutschland	$11^{h}4^{m}$	2min23s
21.6.2001	total	Madagaskar	Teilfinsternis auf der Insel Réunion	$12^{h}4^{m}$	4min56s
14.12.2001	ringförmig	Pazifik und Mittelamerika		$20^{h}54^{m}$	3min54s
10.6.2002	ringförmig	Pazifischer Ozean		$23^{h}45^{m}$	1min13s
4.12.2002	total	Australien, Südafrika		$7^{h}33^{m}$	2min4s
31.5.2003	ringförmig	Grönland		$4^{h}10^{m}$	3min37s
23.11.2003	total	Antarktis		$22^{h}47^{m}$	1min57s
8.4.2005	ringförmig	Südpazifik und Mittelamerika		$20^{h}42^{m}$	42s
3.10.2005	ringförmig	Spanien, Algerien, Libyen, Äthiopien	Teilfinsternis in Frankreich	$10^{h}28^{m}$	4min32s
29.3.2006	total	Afrika, GUS, Mittlerer Orient	Teilfinsternis in Frankreich	$10^{h}15^{m}$	4min7s
22.9.2006	ringförmig	Brasilien, Südatlantik		$11^{h}40^{m}$	7min9s
7.2.2008	ringförmig	Antarktis		$3^{h}55^{m}$	2min14s
1.8.2008	total	Alaska, Grönland, GUS	Teilfinsternis in Frankreich	$10^{h}25^{m}$	2min28s
26.1.2009	ringförmig	Borneo, Sumatra, Indischer Ozean		$7^{h}57^{m}$	7min56s
22.7.2009	total	Südasien, Indien, Nepal		$2^{h}36^{m}$	6min40s
15.1.2010	ringförmig	Zentralafrika, Indien, Südasien		$7^{h}10^{m}$	11min10s
11.7.2010	total	Südpazifik		$19^{h}30^{m}$	5min20s
4.1.2011	Teilfinsternis	Europa und Nordafrika	Teilfinsternis in Frankreich	$8^{h}54^{m}$	–

Da der Abstand Erde–Mond–Sonne schwankt, können die scheinbaren Durchmesser von Mond und Sonne von einer Finsternis zur nächsten variieren. Hier bedeckt die Scheibe des Mondes die der Sonne nicht vollständig: man spricht von einer ringförmigen Finsternis. Das Licht der nicht verdunkelten Sonne ist dann so stark, daß die Landschaft nicht in tiefe Nacht tauchen kann.

Mondoberfläche gelangenden Lichtstrahlen der Sonne von der Erdatmosphäre gebrochen werden; die veränderliche Farbe hat ihre Ursache in der selektiven Weiterleitung der Strahlen, die rote Strahlung wird weniger absorbiert als die anderen Farben. Dieses Phänomen entspricht ganz genau dem Rotwerden der Sonne in der Dämmerung.

Die Mondfinsternisse kann man leicht mit bloßem Auge beobachten, sie stellen ein wirklich grandioses und stets neues Schauspiel dar. Außerdem erfordert diese großartige Änderung des gewohnten Anblicks keine kostspieligen Expeditionen, denn sie ist auf einer Hälfte unseres Planeten zu sehen. Während zwei Sonnenfinsternisse in einer bestimmten Region in einem Abstand von drei Jahrhunderten auftreten, beträgt die Zeit zwischen zwei totalen Mondfinsternissen dagegen rund drei Jahre!

Durchgänge, Konjunktionen und Bedeckungen

Es gibt weitere Erscheinungen, die den Finsternissen prinzipiell, wenn auch nicht ihrem Ausmaß nach, vergleichbar sind. Da alle Planeten sich fast in derselben Ebene um die Sonne bewegen, können die Astronomen gelegentlich die inneren Planeten Merkur und Venus beobachten, wenn sie vor der Sonnenscheibe vorbeiziehen. Ihr scheinbarer Durchmesser ist 200mal beziehungsweise 30mal kleiner, daher mindern sie die Helligkeit der Sonne natürlich nicht. Ein erstaunliches Schauspiel ist es auch, wenn man beobachtet, wie der Mond vor einem Planeten vorbeizieht: dann spricht man von einer Bedeckung. In einigen Fällen, wenn es sich um eine streifende Bedeckung handelt – in bezug auf den oberen oder unteren Rand des Mondes –, sieht man (im Teleskop) den Planeten hinter einem Mondgebirge verschwinden, dessen Profil sich am Rand abzeichnet, dann taucht er in einem Tal wieder auf und so weiter – eine unvergeßliche Szene wie aus einem Science-fiction-Film. Sehr häufig gruppieren sich die Planeten scheinbar in einem kleinen Gebiet des Tierkreises, und es ergibt sich eine Planetenkonjunktion; sehr selten dagegen verdeckt ein Planet einen anderen: Länger als vier Jahrhunderte werden schon Teleskope zur Beobachtung eingesetzt, und erst einmal wurde ein solches Phänomen beobachtet!

Heutzutage werden all diese astronomischen Phänomene natürlich mit Computern berechnet; man kann eine Finsternis, eine Bedeckung bis auf wenige Sekunden genau über einige Jahrhunderte vorausberechnen.

Ein anderer Typ von Bedeckung ist von beträchtlichem Interesse: die Sternenbedeckungen. Sie erlauben nämlich, die planetaren Bewegungen, den Durchmesser der Planeten oder Satelliten, die vor dem betreffenden Stern vorbeiziehen, aufgrund der Verdunkelung des Sterns äußerst präzise zu bestimmen; außerdem ermöglichen sie die Entdeckung von Objekten, die man nicht vermutet hatte und die sonst nicht zu beobachten sind. Zwei Beispiele: im Jahr 1977 verdunkelte der Uranus einen Stern; man entdeckte bei der Aufzeichnung des Phänomens zwei systematisch folgende, sekundäre Verdunkelungen, die auf der Existenz von bis zu jenem Zeitpunkt unbekannten Ringen um den Uranus beruhten; im Juni 1981 wurde die Existenz eines dritten Neptunmondes auf dieselbe Weise bewiesen.

Schließen wir mit einer Bemerkung zu der ideengeschichtlich sehr interessanten Tatsache, daß die Bewegung der Planeten im Sonnensystem erst seit dem 17. Jahrhundert verstanden wurde. Es ist für uns heute schwer zu verstehen, wie sehr sich das kollektive Wissen beider Epochen unterscheidet. Zur Zeit von Kopernikus und Kepler wurde das Universum nur als Himmelsgewölbe wahrgenommen, als trügerische Erscheinung, als ein zweidimensionaler Raum, in dem die Sterne befestigt waren und die Planeten sich bewegten. Nur einige Gebildete hatten schon seit langem begriffen, daß sich die Planeten in Wirklichkeit zwischen uns und den Sternen befanden.

Heute weiß ein zehnjähriges Kind aus Abbildungen in Büchern und aus dem Fernsehen, noch ehe es darüber nachgedacht hat, daß die Planeten andere Erden sind, daß der Weltraum ein Volumen hat, daß die Sterne sehr weit entfernt und die Planeten sehr nahe sind. Und es fragt nicht mehr nach der Beschaffenheit der Himmelskörper, sondern natürlich nach seinen Chancen, sie eines Tages ... zu besuchen.

Die Planeten

	Umlaufbahn						
	mittlere Entfernung von der Sonne (km)	große Halbachse in Sonnenradien	mittlere Entfernung Erde–Sonne in AE	Exzentrizität	Bahnneigung gegen die Ekliptik	Länge des Perihels	siderische Umlaufzeit
Merkur	57 900 000	83	0,357	0,207	7,00°	76,67°	87 d,969
Venus	108 210 000	149	0,723	0,007	3,39°	130,85°	224 d,701
Erde	149 600 000	213	1,000	0,017	0,000°	102,07°	365 d,256
Mars	227 900 000	328	1,524	0,093	1,85°	335,97°	1 a 321 d
Jupiter	778 340 000	1 120	5,203	0,048	1,31°	13,52°	11 a 314 d
Saturn	1 427 000 000	2 020	9,5	0,056	2,49°	92,07°	29 a 167 d
Uranus	2 869 000 000	4 120	19,218	0,046	0,77°	169,85°	84 a 7 d
Neptun	4 490 000 000	6 460	30,11	0,009	1,78°	44,17°	164 a 280 d
Pluto	5 966 000 000	8 477	39,80	0,256	17,14°	223,50°	251 a 314 d

	Masse			Dichte	Drehimpuls	Trägheitsmoment	Schwerkraftbeschleunigung am Äquator		Verhältnis der Zentrifugalkraft zu g
	kg	(Erde = 1)	(Sonne = 1)	(g/cm³)	(10^{45}g · cm² · s⁻¹)		(cm/s²)	(Erde = 1)	
Merkur	$3{,}302 \cdot 10^{23}$	0,053	1/6 023 000	5,48	9	–	363	0,38	–
Venus	$4{,}871 \cdot 10^{24}$	0,816	1/407 700	5,24	185	–	887	0,9	–
Erde	$5{,}974 \cdot 10^{24}$	1	1/332 946	5,52	267	0,334	978	1	0,003 5
Mars	$6{,}419 \cdot 10^{23}$	0,010	1/3 098 710	3,94	35,2	0,365	373	0,38	0,003 43
Jupiter	$1{,}899 \cdot 10^{27}$	317,9	1/1 047	1,34	194 000	0,260	2 300	2,35	0,084
Saturn	$5{,}688 \cdot 10^{26}$	95,2	1/3 498	0,7	78 400	0,210	944	0,96	0,142
Uranus	$8{,}70 \cdot 10^{25}$	14,6	1/22 869	1,47	18 000	0,236	967	0,99	0,1
Neptun	$1{,}030 \cdot 10^{26}$	17,2	1/19 314	1,73	25 000	0,241	1 194	1,25	0,022
Pluto	$1{,}31 \cdot 10^{22}$	0,002	1/152 000 000	2,1	160	–	35	0,04	0,00002

Abkürzungen: AE: Astronomische Einheit = Entfernung Erde – Sonne; IR: Infrarot; g: Schwerebeschleunigung; a: Jahr (lat. annus); d: Tag (lat. dies); h: Stunde (lat. hora).
(1) um 90 Grad phasenverschoben; (2) von der Sonne aus gesehen; (3) Maximum; (4) Perihelopposition; (5) mittlere Temperatur am Boden; (6) mittlere Temperatur in den oberen Wolken.

synodische Umlaufzeit	mittlere Bahngeschwindigkeit (km/s)	Rotationsdauer	Neigung des Äquators gegen die Umlaufbahn	Äquatordurchmesser (km)	(Erde = 1)	Abplattung optisch	dynamisch	scheinbarer Durchmesser von der Erde aus Minimum	Maximum
115 d,88	47,9	58 d,646	2°	4 878	0,387	0	0	4,6″	12,9″
1 a 218 d	35,1	243 d,01	177,4°	12 101	0,949	0	0	9,8″	65,2″
–	29,8	23 h,93	23,45°	12 756	1	1/347	1/298	–	–
2 a 49 d	24,2	24 h,61	24°	6 794	0,533	1/125	1/190	3,6″	26″
1 a 33 d	13,1	9 h,83	3,1°	140 000	10,975	1/16,5	1/15,3	30″	49″
1 a 13 d	9,6	10 h,23	26,7°	120 600	9,45	1/9,3	1/10,2	15,5″	20,5″
1 a 4 d	6,81	16 h	97,9°	50 800	3,9	1/37	1/17	3,7″	3,9″
1 a 2 d	5,4	18 h,2	28,8°	48 600	3,81	1/48	1/58	2,2″	2,5″
1 a 1 d	4,7	6 d,39	122°	2 400	0,188	0	0	0,1″	0,2″

kritische Fluchtgeschwindigkeit (km/s)	scheinbare Helligkeit bei mittlerer Opposition	oberer Konjunktion	Albedo visuelle %	Bondsche	Gleichgewichtstemperatur berechnete %	gemessene °C	mittlere in IR °C	Atmosphäre Hauptbestandteile	Druck am Boden (Millibar)	Magnetfeld Größenordnung	Monde (Anzahl)
4,3	−0,2	−1,7[1]	6	5	232	340	90[5]	–	0	500	0
10,4	−4,45	−3,6[1]	76	75	−42	462	462[5]	CO_2,N_2	90 000	25	0
11,2	−3,87[2]	–	29	29–39	−23	+76[3]	14[5]	N_2,O_2	1 013	45 000	1
5,02	−2,8[4]	+1,8	16	16	−57	+27	−60[5]	CO_2,N_2	2–10	5?	2
59	−2,5	−1,7	70	42	−163	−147		H_2,He	–	5 000 000	16
36	+0,85	+1,3	70	45	−193	−160	−180[6]	H_2,He	–	100 000	20
22	5,7	6,0	93	46	−213	−218	−210[6]	H_2,He	–	290 000	15
24	7,8	7,9	84	50	−222	−158	−220[6]	H_2,He	–	100 000	8
1,0	14,5	15	14,5	–	−230	−230	−230	N_2	0	–	1

Die Monde

Name	mittlere Entfernung vom Zentrum des Planeten		Umlaufbahn			Durchmesser (km)	Masse (10^{21} kg)	Dichte (Wasser = 1) g/cm³
	in km	(Planetenradien)	Exzentrizität	Neigung	siderische Umlaufzeit in Tagen			
				Der Mond der Erde				
Mond	384 400	60,2	0,0549	18,3° bis 28,6°	27,322	3 476	73,4	3,34
				Die Monde des Mars				
Phobos	9 400	2,76	0,015	1,1°	0,318	21,8	0,000 01	2,0
Deimos	23 500	6,91	0,0008	0,9° bis 2,7°	1,262	11,4	0,000 005	1,9
				Die Monde des Jupiter				
Metis	128 000	1,78	0,0	0,0°	0,295	40	–	–
Adrastea	128 000	1,88	0,0	0,0°	0,295	10	–	–
Amalthea	181 300	2,53	0,002 8	0,4°	0,498	220	–	–
Thebe	221 000	3,1	0,0	1,25°	0,6726	80	–	–
Io	421 600	5,91	0,0	0,0°	1,769	3 640	89,2	3,53
Europa	671 000	9,4	0,000 3	0,0°	3,551	3 130	48,6	3,03
Ganymed	1 071 000	14,99	0,001 5	0,1°	7,155	5 280	148,9	1,93
Kallisto	1 880 000	26,6	0,007 5	0,4°	16,689	4 840	106,4	1,79
Leda	11 100 000	156	0,148	26,7°	240	10	–	–
Himalia	11 500 000	161	0,158	27,6°	250	170	–	–
Elara	11 750 000	165	0,207	24,8°	260	80	–	–
Lysithea	11 860 000	166	0,13	29°	263	24	–	–
Ananke	21 250 000	294	0,17	147°	617	20	–	–
Carme	22 500 000	313	0,21	164°	692	30	–	–
Pasiphaë	23 500 000	329	0,38	145°	739	40	–	–
Sinope	23 700 000	332	0,28	153°	758	28	–	–
				Die Monde des Saturn				
Pan	–	–	0,0	–	–	10	–	–
Atlas	137 000	2,27	0,0	–	0,1599	15	–	–
Prometheus	139 400	2,31	0,0	–	0,611	100	–	–
Pandora	141 700	2,34	0,0	–	0,627	100	–	–
Epimetheus	151 400	2,51	0,01	0°	0,692	80	–	–
Janus	151 400	2,51	0,01	0°	0,698	80	–	–
Mimas	188 000	3,12	0,020	1,5°	0,942	390	0,038	1,17
Enceladus	240 000	3,98	0,004 4	0,02°	1,370	500	0,084	1,24
Tethys	295 000	4,9	0,002 2	1,08°	1,887	1 050	0,64	1,26
Telesto	294 700	4,9	0,0	–	1,887	30	–	–
Calypso	294 700	4,9	0,0	–	1,887	20	–	–
Dione	377 500	6,26	0,002 2	0,02°	2,236	1 120	1	1,44
Helene	378 000	6,27	0,01	0,2°	2,74	30	–	–
Rhea	527 000	8,7	0,000 9	0,35°	4,517	1 530	2,50	1,33
Titan	1 222 000	20,3	0,029	0,2°	15,94	5 140	137	1,9
Hyperion	1 484 000	24,7	0,104	0,3°	21,276	300	–	–
Japetus	3 562 000	59,3	0,028	14,72°	79,33	1 440	1,90	1,20
Phoebe	12 960 000	216	0,163	150,05°	550,45	200	–	–

Name	mittlere Entfernung vom Zentrum des Planeten		Umlaufbahn			Durchmesser (km)	Masse (10^{21} kg)	Dichte (Wasser = 1) g/cm³
	in km	(Planetenradien)	Exzentrizität	Neigung	siderische Umlaufzeit in Tagen			
			Die Monde des Uranus					
Cordelia	50 000	1,95	0,00047	0,19°	0,335	25	–	–
Ophelia	54 000	2,11	0,010	0,09°	0,376	30	–	–
Bianca	59 000	2,30	0,00088	0,16°	0,435	40	–	–
Cressida	62 000	2,4	0,000 23	0,04°	0,464	60	–	–
Desdemona	63 000	2,46	0,000 23	0,16°	0,474	55	–	–
Juliet	64 000	2,50	0,000 58	0,06°	0,493	80	–	–
Portia	66 000	2,58	0,000 16	0,09°	0,513	100	–	–
Rosalind	70 000	2,80	0,000 1	0,28°	0,558	50	–	–
Belinda	75 000	2,93	0,000 11	0,03°	0,624	65	–	–
Puck	86 000	3,36	0,000 05	0,31°	0,761	150	–	–
Miranda	130 000	5,1	0,017	3,4°	1,41	480	0,09	1,35
Ariel	192 000	7,6	0,002 8	0,0°	2,52	1 180	1,25	1,65
Umbriel	267 000	10,5	0,003 5	0,0°	4,144	1 220	1,30	1,50
Titania	438 000	17,2	0,002 4	0,0°	8,706	1 620	3,50	1,68
Oberon	587 000	23,1	0,00	0,12°	13,4	1 570	3,00	1,60
			Die Monde des Neptun					
Naiad	48 200	1,94	0,000 38	4,74°	0,294	55	–	–
Thalassa	50 000	2,00	0,000 23	0,21°	0,311	80	–	–
Despina	52 500	2,12	0,000 17	0,07°	0,335	150	–	–
Galatea	61 900	2,50	0,000 07	0,05°	0,429	160	–	–
Larissa	73 600	2,97	0,001 38	0,20°	0,555	200	–	–
Proteus	117 600	4,74	0,000 46	0,55°	1,122	400	–	–
Triton	355 500	14,6	0,000 02	159,9°	5,876	2 700	20	2,0
Nereid	5 355 000	228	0,74	27,7°	359,8	300	–	–
			Der Mond des Pluto					
Charon	19 000	15,80	0	94°	6,39	1 200	1	1,4

Teleskope und Raumsonden

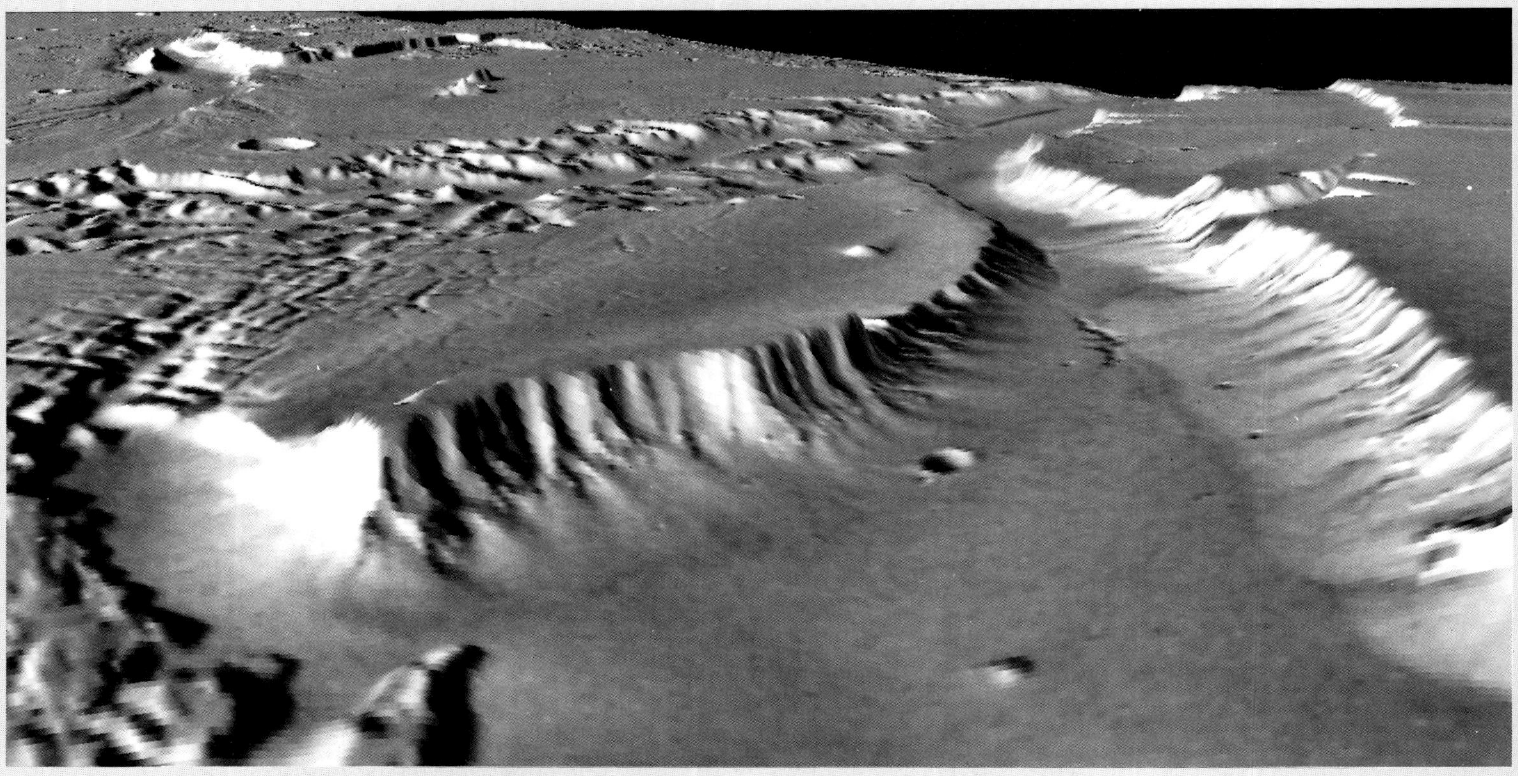

Dieser Tiefflug über ein Marstal ist zum Teil imaginär. Das Profil wurde mit einem Computer auf der Grundlage der elektronischen Bilder hergestellt, welche die Viking-Sonden im Jahr 1976 aufnahmen. Verbesserte Programme der Bildbearbeitung geben den Forschern heute die Möglichkeit, alte Bilder neu aufzubereiten.

Lange bevor das betriebsame 19. Jahrhundert die Zahl der Maschinen vervielfachte, der Himmel sich mit Rauch erfüllte und die Verwendung künstlichen Lichts allgemeine Verbreitung fand – eine Entwicklung, die es uns schwer macht, das schwache Leuchten der Sterne zu beobachten, – war der Mensch ständig mit dem Himmel und den Himmelskörpern konfrontiert. Die einen standen still, scheinbar festgefügt, die andern vagabundierten und schrieben ihre gleichsam lesbare Spur an den Himmel. Anfangs wurde die Astronomie mit dem bloßen Auge praktiziert, dann mit Hilfe von Instrumenten, die es ermöglichten zu notieren, wann die Himmelskörper einen bestimmten Punkt am Himmel passierten oder wie hoch sie über dem Horizont standen. Sehr bald wurden die Sonne, der Mond und die Planeten bevorzugt beobachtet. Das helle Licht der Sonne beziehungsweise der bleiche Schein des Mondes regelten das Leben der Menschen; die prächtigen und schreckenerregenden Finsternisse, die gelegentlich von Astrologen und Sehern vorhergesagt wurden, riefen die Erinnerung an die göttliche Natur der Welt wach. Die Planeten suggerierten mit ihrer wunderbaren Bewegung über das Himmelsgewölbe, ihrer unterschiedlichen Helligkeit, der seltsamen Beschaffenheit ihres beständigen Lichts, das sich vom Funkeln der Sterne abhob, die Existenz göttlicher Wesen; jeder dieser umherirrenden Himmelskörper spiegelte die Persönlichkeit eines Gottes wider: der blutrot schimmernde Mars war der aufbrausende Kriegsgott, die rein und hell leuchtende Venus verhüllte sich schamhaft im Schein der Morgenröte, die Bewegungen des Jupiter am Himmelsgewölbe sowie sein starker und gleichmäßiger Glanz erinnerten an die ruhige Kraft des Gottes der Götter.

So war es bis zum 17. Jahrhundert, bis zu jener sternenklaren Nacht im Januar 1610, in der Galilei zum ersten Mal ein astronomisches Fernrohr auf die Himmelskörper richtete: Das war die erste Revolution der beobachtenden Astronomie, die damit den Schritt in die Neuzeit machte.

Das goldene Zeitalter der Fernrohre

Mit dem Aufkommen des astronomischen Fernrohrs wurde unsere Sicht der Himmelskörper radikal verändert. Die Planeten waren nicht mehr einfache, leuchtende Punkte, sondern wurden zu anderen Erden mit komplizierten Oberflächen. Von nun an war der Fortschritt der Astronomie eng mit dem der optischen Industrie verbunden. Das astronomische Fernrohr, vortrefflich zugeschnitten auf die Beobachtung der Planeten, spielte für drei Jahrhunderte die Hauptrolle, von Galilei bis zum Anfang des 20. Jahrhunderts. Das Objektiv, wesentliches Element dieses Instruments, wurde allmählich perfektioniert; sein Durchmesser, von dem Helligkeit und Feinheit der wahrnehmbaren Details abhängen, vergrößerte sich von fünf Zentimetern im Jahr 1650 bis auf 50 Zentimenter um 1850. Im letzten Jahrzehnt des 19. Jahrhunderts wurden einige Riesenfernrohre konstruiert, deren Größe danach niemals wieder übertroffen wurde; wir werden später sehen, warum. Diese »Monster« waren das große Fernrohr von

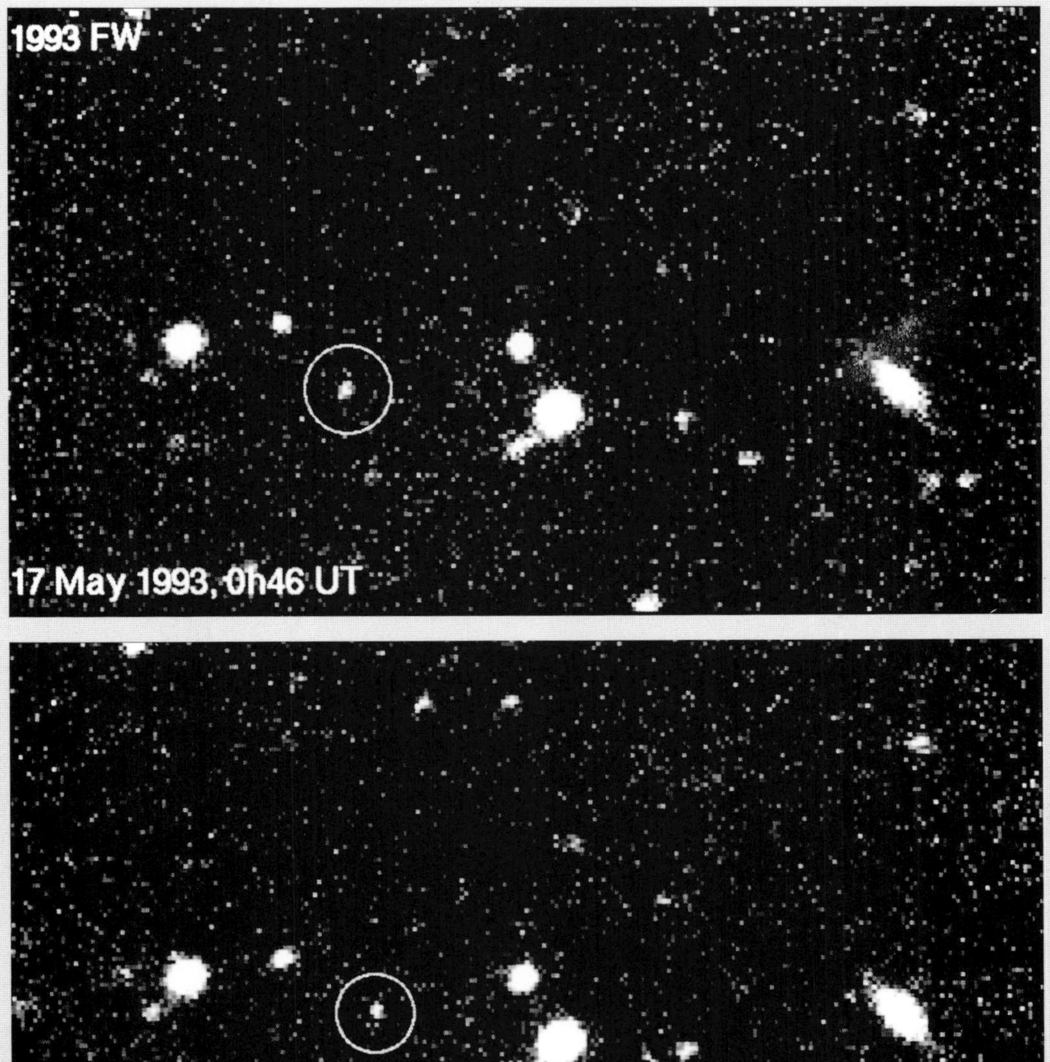

Dies ist der letzte Planet, der im Sonnensystem entdeckt wurde! Er wurde im März 1993 zum ersten Mal beobachtet und hat noch keinen Namen. Seine Eigenschaften sind nicht bekannt. Das Objekt mit der scheinbaren Helligkeit von 23 hat wahrscheinlich einen Durchmesser von einigen hundert Kilometern und ist nicht weit von Neptun und Pluto entfernt. Auf diesen Bildern bewegt sich der neue Planet vor dem Hintergrund der Sterne und Galaxien.

Die wichtigsten interplanetaren Raumsonden

Name der Sonde	Land	Start	Ende der Mission	Hauptziele
Luna 1	UdSSR	1959	1959	Überfliegen des Mondes
Luna 2	UdSSR	1959	1959	Aufschlag auf dem Mond
Luna 3	UdSSR	1959	1959	Mond: Fotos der verborgenen Seite
Mariner 2	USA	1962	1962	Überfliegen der Venus
Ranger 7	USA	1964	1964	Fotografien des Mondes
Mariner 4	USA	1964	1967	Mars: Überflug und Fotos
Ranger 8	USA	1965	1965	Fotografien des Mondes
Ranger 9	USA	1965	1965	Fotografien des Mondes
Zond 3	UdSSR	1965	1965	Mond: Fotos der verborgenen Seite
Luna 9	UdSSR	1966	1966	Landung auf dem Mond, Fotos des Mondbodens
Surveyor 1	USA	1966	1967	Landung auf dem Mond, Fotos des Mondbodens
Lunar-Orb2	USA	1966	1967	Fotografien des Mondes
Venera 4	UdSSR	1967	1967	Venus: in der Atmosphäre ausgesetzte Kapsel
Venera 5	UdSSR	1969	1969	Venus: in der Atmosphäre ausgesetzte Kapsel
Venera 6	UdSSR	1969	1969	Venus: in der Atmosphäre ausgesetzte Kapsel
Mariner 6	USA	1969	1969	Mars: Überflug und Fotos
Mariner 7	USA	1969	1969	Mars: Überflug und Fotos
Venera 7	UdSSR	1970	1970	Landung auf der Venus
Luna 16	UdSSR	1970	1970	Rückkehr mit Mondproben
Luna 17	UdSSR	1970	1970	Mondroboter Lunochod 1
Mars 2	UdSSR	1971	1972	Landung auf dem Mars
Mariner 9	USA	1971	1972	Mars: Überflug und Fotos
Luna 19	UdSSR	1971	1971	Landung auf dem Mond
Luna 20	UdSSR	1972	1972	Rückkehr mit Mondproben
Pioneer 10	USA	1972	noch nicht beendet	Flug über den Jupiter
Venera 8	UdSSR	1972	1972	Landung auf der Venus
Luna 21	UdSSR	1973	1973	Mondroboter Lunochod 2
Pioneer 11	USA	1973	noch nicht beendet	Jupiter und Saturn: Überflug
Mars 5	UdSSR	1973	1974	Fotos vom Mars
Mariner 10	USA	1973	1975	Merkur, Venus: Überflug und Fotos
Luna 22	UdSSR	1974	1975	Landung auf dem Mond

Name der Sonde	Land	Start	Ende der Mission	Hauptziele
Mars 6	UdSSR	1973	1974	Landung auf dem Mars
Venera 9	UdSSR	1975	1975	Venus: Landung und Fotos
Venera 10	UdSSR	1975	1975	Venus: Landung und Fotos
Viking 1	USA	1975	1982	Mars: Überflug und Landung
Viking 2	USA	1975	1978	Mars: Überflug und Landung
Voyager 1	USA	1977	noch nicht beendet	Flug über Jupiter und Saturn
Voyager 2	USA	1977	noch nicht beendet	Jupiter, Saturn, Uranus, Neptun
Pioneer Venus 1	USA	1978	1992	Venus Radarkartographie
Pioneer Venus 2	USA	1978	1978	Venus: in der Atmosphäre ausgesetzte Kapsel
Venera 11	UdSSR	1978	1978	Venus: Landung
Venera 12	UdSSR	1978	1978	Venus: Landung
Venera 13	UdSSR	1981	1982	Venus: Landung und Fotos
Venera 14	UdSSR	1981	1982	Venus: Landung und Fotos
Venera 15	UdSSR	1983	1984	Venus: Radarkartographie
Venera 16	UdSSR	1983	1984	Venus: Radarkartographie
Vega 1	UdSSR	1984	1985	Venus und der Halleysche Komet
Vega 2	UdSSR	1984	1985	Venus und der Halleysche Komet
Sakigake	Japan	1985	1986	Flug über den Halleyschen Kometen
Suisei	Japan	1985	1986	Flug über den Halleyschen Kometen
Giotto	Europa	1985	1992	Fotos vom Halleyschen Kometen
Phobos 1	UdSSR	1988	1988	Flug über Mars und Phobos
Phobos 2	UdSSR	1988	1989	Flug über Mars und Phobos
Magellan	USA	1989	1994	Venus: Radarkartographie
Odysseus	Europa	1990	noch nicht beendet	Flug über die Sonnenpole
Galileo	USA	1989	noch nicht beendet	Flug über Gaspra, Ida, Jupiter
Clementine	USA	1992	noch nicht beendet	Geographos: Fotos

Dies ist keine erschöpfende Liste der wichtigsten planetaren Missionen. Sie enthält insbesondere keine der bemannten Apollo-Raumflüge, und es fehlen einige Missionen, die gescheitert sind oder bei der Eroberung des Sonnensystems keine bedeutenden Fortschritte brachten. Wir haben außerdem nur den im Rahmen dieses Buches wichtigsten Aspekt jedes Unternehmens festgehalten, das heißt, die Bilder der nahe gelegenen Himmelskörper. Tatsache ist, daß alle Sonden in Wirklichkeit neben den Fotografien Tausende von Messungen durchführten, die zum Beispiel Magnetfelder, chemische Zusammensetzung usw. betreffen.

Meudon, dessen Objektiv einen Durchmesser von 83 Zentimetern hat, sowie die Fernrohre von Lick und Yerkes in den USA, die eine Öffnung von 89 beziehungsweise 101 Zentimetern besaßen.

Die Fotografie

Die zweite Revolution bei der Beobachtung der Himmelskörper fand statt, als das Auge des Astronomen durch eine fotografische Platte ersetzt wurde. Es dauerte sehr lange, bis man diese Technik und alle weiteren, die sich aus ihr ergaben, beherrschte. Die ersten Aufnahmen des Mondes datieren aus dem Jahr 1840. Die Planeten wurden erstmals gegen Ende des letzten Jahrhunderts fotografiert. Gleichzeitig entwickelte sich die mit der Fotografie verbundene Spektroskopie, welche die meisten bedeutenden Entdeckungen der modernen Astronomie ermöglichte. Ein Spektrograph ist im Grunde genommen ein Lichtscanner. Er zerlegt das Licht in die Primärfarben und gestattet die Untersuchung der genauen physikalischen Eigenschaften eines strahlenden Körpers. Durch die Beobachtung der einzelnen Wellenlängen des Lichts eines Himmelskörpers kann man die Temperatur und Dichte eines Mediums, seine chemische Zusammensetzung, die Geschwindigkeit der Teilchen usw. berechnen. Im Falle der Planeten erlaubt die photometrische, spektrographische und polarimetrische Analyse insbesondere, die Bestandteile der Planetenatmosphäre, die Rotationsgeschwindigkeit, die atmosphärischen Strömungen, die

Eines der leistungsfähigsten Instrumente für die Beobachtung der Sonne ist dieses Fernrohr mit einem Durchmesser von 50 Zentimetern im Observatorium auf dem Pic du Midi. Durch einen speziellen Dachaufbau wird es vor der Wärme unseres Sterns geschützt und außerdem gekühlt, damit das Sonnenlicht die in seinem Brennpunkt installierte Filmkamera nicht beschädigt.

Seit etwa einem Jahrhundert werden im Observatorium auf dem Pic du Midi in den Pyrenäen sehr gute Fotos von den Planeten gemacht. Dieser isoliert stehende, 2870 Meter hohe Gipfel, der im Norden der Gebirgskette liegt, bietet den Vorteil einer ungewöhnlich sauberen Atmosphäre. Sein Ein-Meter-Teleskop genießt wegen der Qualität seiner Ergebnisse weltweite Anerkennung.

Bodentemperatur der terrestrischen Planeten sowie die Beschaffenheit ihrer Oberfläche zu bestimmen.

Die moderne Astronomie

Heute arbeitet die astronomische Beobachtung mit anderen Mitteln. Bedeutend leistungsfähigere und lichtempfindlichere Teleskope haben die ehrwürdigen, langen Fernrohre verdrängt. Die Empfangsgeräte werden immer vielfältiger und sind vor allem in der Lage, das Bild der Himmelskörper in einem weiten Spektrum von Wellenlängen zu empfangen: Wellen ultravioletten, sichtbaren und infraroten Lichts sowie Radiowellen. Wenn die Erdatmosphäre den Empfang dieser Strahlen nicht zuläßt, werden die Teleskope auf Ballonsonden, Flugzeugen, kleinen Raketen oder Satelliten installiert; dies geschah zum Beispiel beim Weltraumteleskop Hubble. Einige Beispiele: Die Uranusringe wurden im Jahr 1977 an Bord eines Flugzeugs entdeckt, dem Kuiper Airborne Observatory. Die neuen Monde und Ringe des Saturn fand man im Jahr 1980 mit Hilfe ultraempfindlicher fotografischer Filme, mit elektronischen Kameras, aber auch mit neuen Instrumenten, den CCD, lichtempfindlichen elektronischen Elementen. Jedes der empfindlichen Elemente eines CCD-Chips erfaßt das auf ihn treffende Licht und überträgt es an einen Computer, der das Gesamtbild zusammenfügt und in digitaler Form speichert. Eine CCD-Matrix enthält rund eine Million dieser Bildpunkte, die man Pixel nennt. Seit Beginn der achtziger Jahre sind alle Teleskope mit CCD-Kameras ausgerüstet.

Eines haben alle Beobachtungen von Planeten gemeinsam: sie finden vor allem in Observatorien statt, die im Hochgebirge liegen. Die Reinheit, Transparenz und Stabilität der Atmosphäre, die für die Beobachtung von Himmelskörpern notwendig sind, findet man nämlich nur in größerer Höhe, wo die Luft dünner sowie arm an Wasserdampf und Aerosolen ist. Weltweit zeichnen sich daher einige Observatorien durch die Qualität ihres Standorts aus, den sie den Astronomen bieten. Die berühmtesten sind das Observatorium auf dem Pic du Midi in den Pyrenäen, das Observatorium in Catalina, Arizona, und das Observatorium in Lick, Kalifornien. Genannt sei auch der »Höhepunkt« der Astronomie, der 4200 Meter hohe Berg Mauna Kea auf Hawaii, auf dem sich bereits vier Teleskope mit Durchmessern von drei bis zehn Metern befinden. Schließlich erweiterte sich das von der Erde aus beobachtete elektromagnetische Spektrum dank der Radioastronomie und Radarastronomie um die Radiowellen; bei der Radarastronomie wird das Echo einer starken Emission eines Radioteleskops untersucht, das von einem Planeten zurückgeworfen wird. Diese vielversprechende Technik verzeichnet seit Beginn der neunziger Jahre zahlreiche Erfolge. Zu nennen sind hier die Entdeckung, daß es an den beiden Polen des Merkur wahrscheinlich Eis gibt, die optische Abbildung der Asteroiden Castalia und Toutatis, und die – bis zum Jahr 1993 noch erfolglose – Erforschung der Titanoberfläche.

Reisen zu den Planeten

Natürlich hat die Astronomie in den letzten dreißig Jahren vor allem von dem außerordentlichen Beitrag der Weltraummissionen profitiert. Alle Planeten des Sonnensystems, bis auf Pluto, sind inzwischen von den Robotern der Menschen besucht worden. Die Raumsonden sind mit kleinen Teleskopen

Das Weltraumteleskop Hubble, hier fotografiert, als es im April 1990 von der Raumfähre Discovery in eine Erdumlaufbahn geschickt wurde.

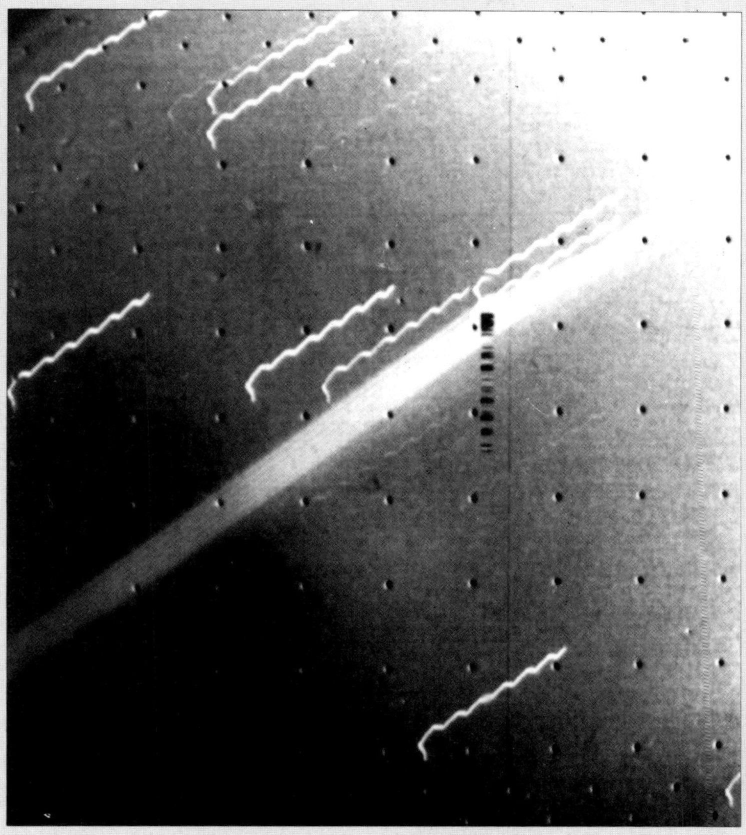

Ein von der Planetensonde Voyager 1 im März 1979 übertragenes Rohbild. Das Foto zeigt in der Mitte die dünnen Jupiterringe. Die zickzackförmigen Lichtspuren sind Sterne, die sich während der über elf Minuten dauernden Belichtung »bewegten«. Die Punkte dienen der Kalibrierung.

ausgerüstet, deren Leistung der eines starken Teleobjektivs oder eines Amateurteleskops vergleichbar ist. Auf ihrer meist mehrere Jahre dauernden Reise zu ihrem Ziel orientieren sie sich im Weltraum an den Sternen, die wegen ihrer enormen Entfernung als feste, unveränderliche Bezugspunkte gelten. Ihre Bahnen werden von Zeit zu Zeit geringfügig durch sehr kurze Schübe aus kleinen Gasdüsen korrigiert. Die Sonden stehen ständig mit der Erde in Verbindung. Ingenieure kommunizieren mit ihren Raumfahrzeugen mittels gigantischer Radioantennen. Die des Jet Propulsion Laboratory der NASA haben einen Durchmesser von 34 bis 70 Metern und sind in Kalifornien, Spanien und Australien installiert, damit sich die Sonde trotz der Eigenrotation der Erde stets in Reichweite einer Empfangsstation befindet. Die gewaltige Größe der Stationen und die Leistung ihrer Antennen beruht darauf, daß die Sonden weit entfernt – manchmal mehrere Milliarden Kilometer – und ihre mitgeführten Sender sehr schwach sind. Die Sende- und Empfangsantennen an Bord der Sonden haben nämlich nur einen Durchmesser von wenigen Dezimetern bis drei Metern. In bestimmten kritischen Fällen wie der Begegnung von Voyager 2 mit dem Neptun im Jahr 1989 in einer Entfernung von etwa 4,5 Milliarden Kilometern wurden die Antennen der NASA von noch leistungsfähigeren Radioteleskopsystemen wie dem des VLA in New Mexico unterstützt. Ebenso profitierte im Jahr 1986 die europäische Sonde Giotto, die mit großer Geschwindigkeit auf den Kern des Halleyschen Kometen traf, bei der Steuerung von internationaler Hilfe.

Die Teleskope der Raumsonden sind wie die der Observatorien auf der Erde mit CCD-Kameras ausgerüstet, die sich automatisch auf den untersuchten Himmelskörper ausrichten sollen. Denn eine Echtzeitsteuerung ist in dem Maße unmöglich, wie die Kommunikation Erde–Sonde trotz ihrer hohen Geschwindigkeit, der Lichtgeschwindigkeit, durch Abstände von mehreren Minuten bis mehreren Stunden beeinträchtigt wird. Beispielsweise kann ein von der Erde in einem bestimmten Moment gegebener Befehl von der Sonde erst eine Stunde später empfangen werden. Deshalb programmieren die Ingenieure den Computer an Bord der Sonde in der Regel einige Tage vor der eigentlichen Begegnung mit einem Planetensystem.

Die Datenverarbeitung

In weniger als dreißig Jahren, seit den Anfängen der Erobe-

Die amerikanische Raumsonde Galileo vor ihrem Start zum Jupiter, den sie gegen Ende des Jahres 1995 erreichen soll.

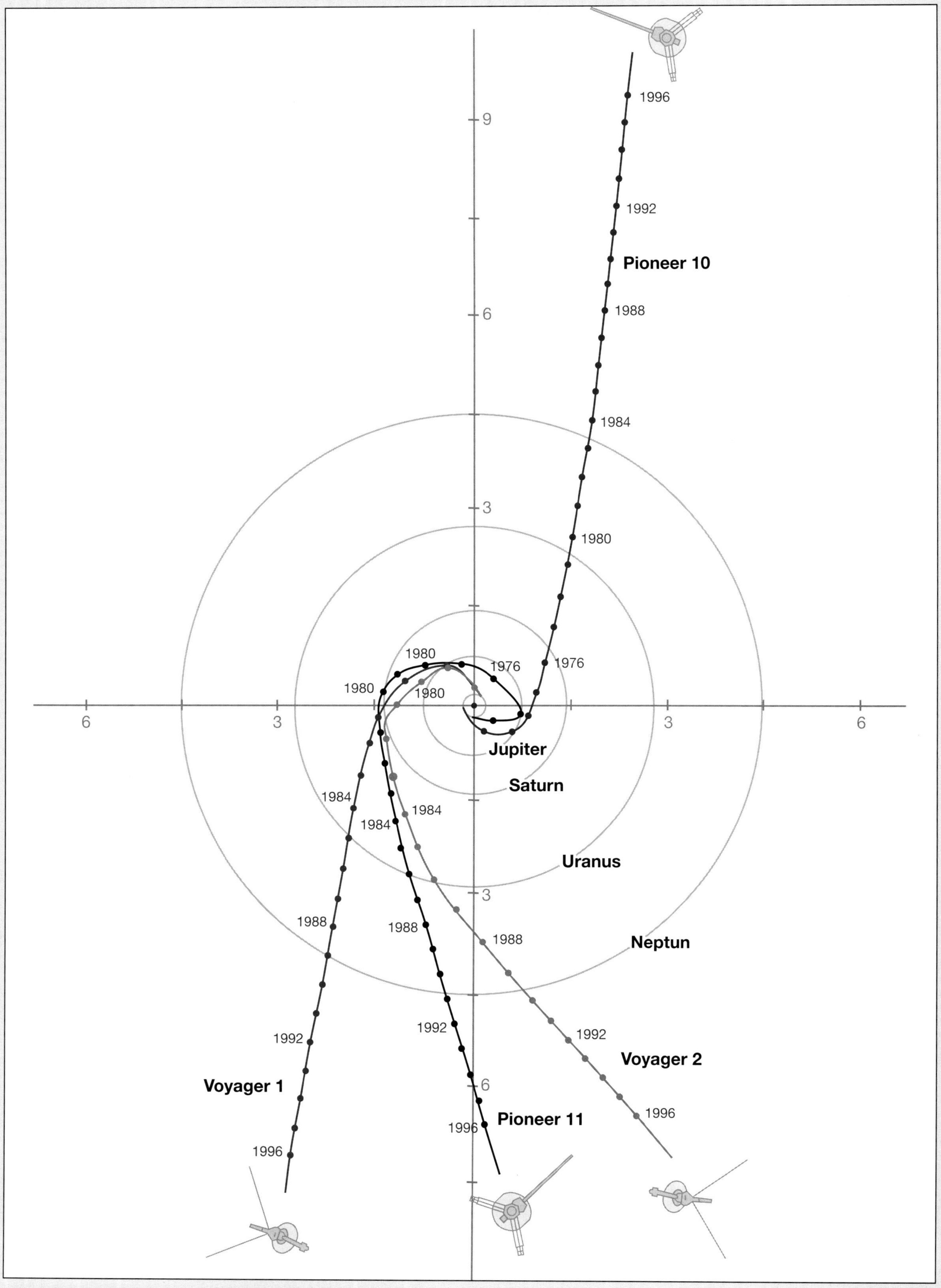

Pioneer 10
Pioneer 11
Voyager 1
Voyager 2
Jupiter
Saturn
Uranus
Neptun
1976
1980
1984
1988
1992
1996
3
6
9

rung des Mondes bis zum Triumph der Magellan-Sonde, der der Flug zur Venus gelang, ermöglichten uns die amerikanischen, sowjetischen und europäischen Raumsonden die Entdeckung von etwa sechzig neuen Welten, darunter rund zwanzig wirkliche Planeten mit Vulkanen, Eistälern, 10 000 Meter hohen Gipfeln, ihren mit Kratern übersäten Plateaus und schwindelerregenden Canyons. Eine Ausbeute von mehreren Millionen elektronischen Fotos, die geprüft, sortiert, analysiert und schließlich archiviert werden mußten. Kaum waren die ersten Augenblicke der Entdeckung vorbei, mußten die Forscher die Kartographie dieser neuen Planeten in Angriff nehmen. Die Kartographie, von der Vermessung eines Maisfeldes bis zur Berechnung der Höhe aller Gipfel des Himalaya, ist eine Aktivität, der alle Regierungen der Erde mehr oder weniger erfolgreich enorme Anstrengungen gewidmet haben. Die Regierung der Vereinigten Staaten übertrug einer ganz kleinen Niederlassung des US Geological Survey in Arizona die Aufgabe, alle Planeten des Sonnensystems zu kartographieren. Oder, um genauer zu sein, alle Himmelskörper, die sich kartographieren lassen; das schließt die Planeten ohne Geographie aus: Jupiter, Saturn, Uranus und Neptun. Es bleiben etwa dreißig Planeten und Satelliten mit einem Durchmesser von mehr als 200 Kilometern, gut dreißig Asteroiden mit Durchmessern von 200 bis 1000 Kilometern sowie Tausende kleinerer Objekte,

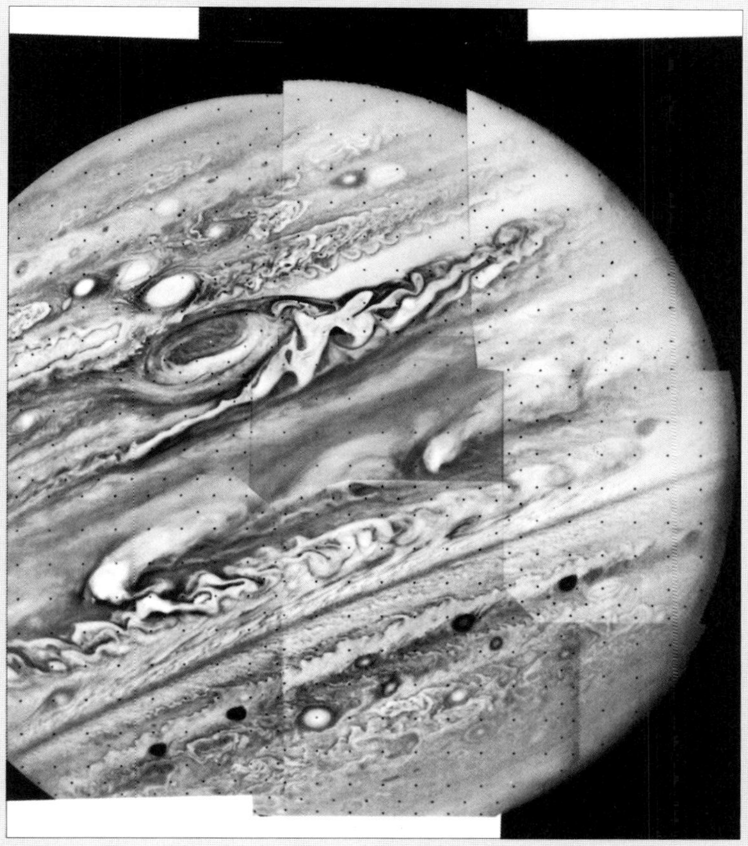

Ein Rohbild des Planeten Jupiter, das im Februar 1979 von der Sonde Voyager 1 aufgenommen wurde. Dieses Foto ist in Wirklichkeit ein Mosaik aus neun elektronischen Bildern. Nach der Bildbearbeitung kann das Kalibrierungsgitter entfernt werden. Ebenso ist es möglich, die Helligkeitsunterschiede zwischen den Bildern künstlich zu beseitigen.

Minisatelliten, Kometen und Asteroiden.

Die Kartographie der Planeten: für die Planetologen ist dieses Unterfangen von entscheidender Bedeutung. Erstens deshalb, weil eine genaue Karte für alle die gemeinsame Referenz darstellt. Zweitens, weil eine einfache Karte bereits für sich ein wissenschaftliches Werkzeug ist. Der eine Forscher untersucht anhand dieser Karte jahrelang die Verkraterung einer Region im Vergleich zu einer anderen, so daß er die Geschichte des Planeten aufdecken kann; der andere erschließt durch die Untersuchung von Zahl, Durchmesser und Höhe der Vulkane den inneren Aufbau des Himmelskörpers. Schließlich handelt es sich bei den Karten, die das USGS gegenwärtig erstellt, oft um spezielle Karten, weil der erforschte Himmelskörper bereits bekannt ist: Albedokarten, geologische Karten oder auch topographische Karten. Sie gestatten es Planetologen aus der ganzen Welt, sich mit geringem Aufwand die für ihre Studien interessanten Gebiete herauszusuchen, und dann, falls erforderlich, von der NASA die Originaldokumente anzufordern.

Um die Himmelskörper des Sonnensystems zu kartographieren, haben die Fachleute des USGS eine ursprüngliche Methode gewählt: das Schattenprofil. Bei dieser Zeichentechnik wird die planetare Landschaft mit einem leichten fiktiven Schatten dargestellt, so, als würde die gesamte Landschaft von Westen her von einer Sonne beleuchtet.

Dann stellen die Kartographen Region für Region und je nach dem gewählten Maßstab – zum Beispiel 1 : 1 000 000 für den Mond oder den Mars – die gesamten Videobilder zusammen, die von der oder den Raumsonden übertragen wurden. Bei der langwierigen und komplizierten Arbeit wird jedes Bild korrigiert, zunächst je nach dem Winkel, aus dem es aufgenommen wurde, dann nach der Orbitalposition der Sonde und schließlich nach der gewählten Projektion: Mercatorprojektion für die Äquatorialregionen oder stereographische Projektion für die Polargebiete. Ehe die Zeichner mit der eigentlichen Kartographie beginnen, müssen sie die vorliegenden Bilder interpretieren. Einige sind mit Details gesättigt, wurden aber durch Übertragungsfehler oder Hintergrundrauschen unkenntlich. Auf anderen wird das Profil von den zu langen, frühmorgendlichen Schatten oder umgekehrt durch das direkte Licht aus dem Zenit verdeckt. Wieder andere weisen eine enorme perspektivische Verzerrung auf.

Bei der gesamten Arbeit des Filterns ist das gut geschulte Auge des Zeichners leistungsfähiger und vor allem sehr viel schneller als der ausgereifteste Computer. Die Planetenzeichner des USGS arbeiten alle mit der Farbspritzpistole. Sie beginnen damit, die charakteristischsten Details – Berge, Krater – auf Transparentpapier aufzutragen, das auf ein vom Computer vorher bearbeitetes Originalfoto gelegt wird. Dann fügen sie kleinere

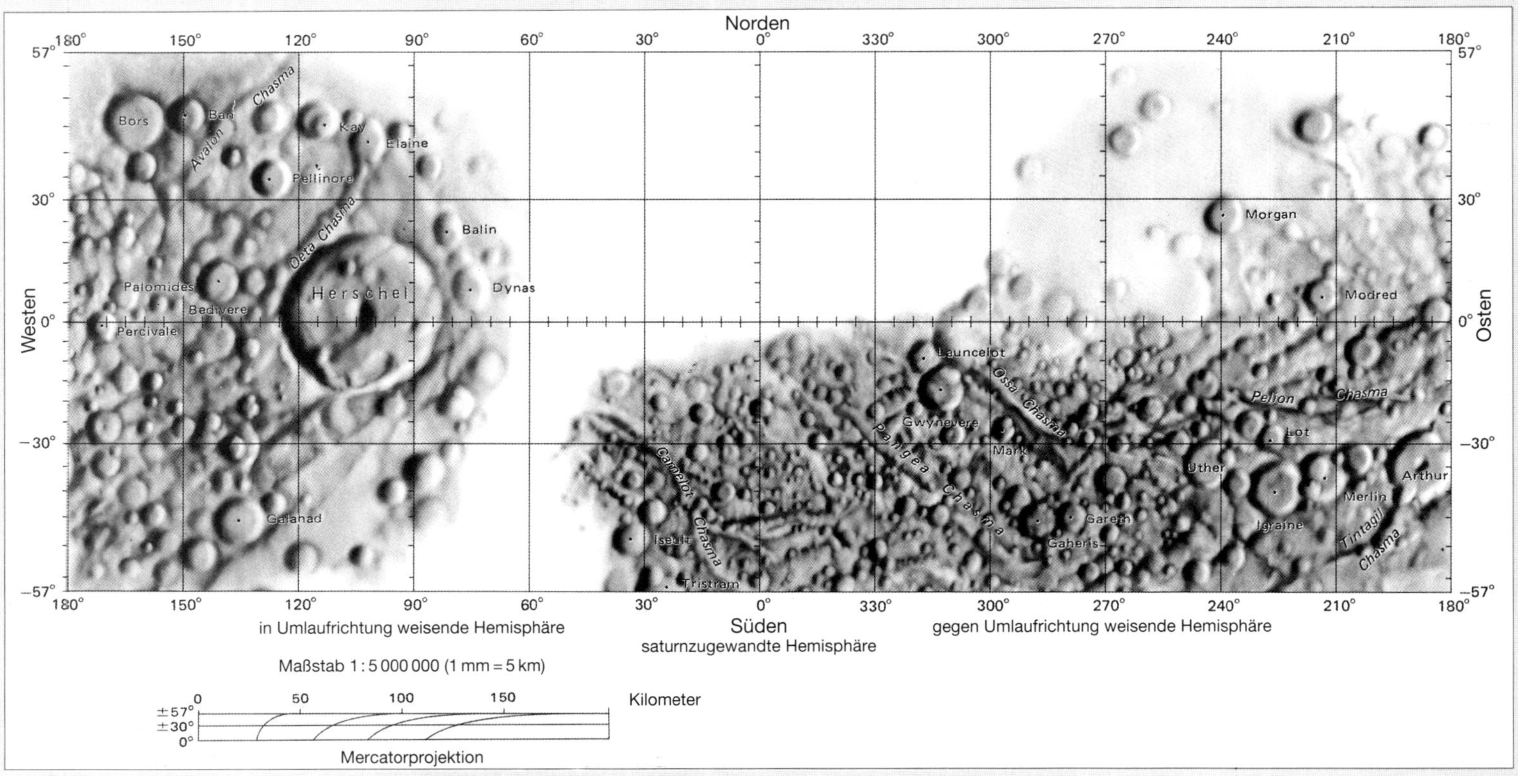

Die offizielle Karte des Mondes Mimas. Dieser kleine Saturnmond wurde von den Kameras der beiden Voyager-Sonden nicht vollständig erfaßt, daher die weißen Flächen auf dieser Karte. Die Karte wurde von den Forschern des United States Geological Survey (USGS) in Flagstaff, Arizona, mit der Farbspritzpistole erstellt.

Einzelheiten hinzu, vereinheitlichen die Schatten, und setzen schließlich bei bestimmten Karten Albedomarkierungen ein.

Um die Gültigkeit ihrer Methode sicher zu prüfen, verwendeten die Forscher des USGS insbesondere die Marsfotos der Sonde Mariner 9. So wurden mit der Farbspritzpistole erstellte Karten des Mars zusammengestellt und dann mit den viel feineren Bildern verglichen, die von den beiden Viking-Sonden aufgenommen wurden. Die Übereinstimmung von Karten und Bildern war perfekt. Bei der Interpretation der Mariner-Bilder hatten die Kartographen weder Einzelheiten deformiert noch Informationen hinzugefügt! Das verhindert übrigens nicht, daß einige Benutzer der Karten des USGS Interpretationsfehler machen.

Mit Gelassenheit und guter Laune muß das USGS auch den unerwarteten Zwischenfällen bei der Erforschung des Weltraums entgegensehen, die gelegentlich schmerzvolle Enttäuschungen mit sich bringen: 1980 beispielsweise erreichte die Aufregung in Flagstaff ihren Höhepunkt, als Voyager mit einer Geschwindigkeit von 100 000 km/h ohne das geringste technische Problem auf den geheimnisvollen Planeten Titan zuraste. Beim nahen Vorbeiflug am großen Saturnmond sollte Voyager uns ungewöhnlich klare Bilder der Titanlandschaften bieten. Doch ach! Die Sonde funktionierte perfekt, aber ihre Teleskope zeigten den enttäuschten Kartographen und Planetologen eine vollständig von Wolken bedeckte Welt.

Die Kartographie der Planeten ist nicht die einzige Aktivität des Planetary Data Facility. In Flagstaff bearbeitet man auch direkt die von den Raumsonden der NASA gemachten Bilder. So ist es erst heute dank der Computer möglich, die Marsfotos der Viking-Sonden aus dem Jahr 1976 vollständig zu nutzen. Am Bildschirm setzen die Forscher des USGS gefilterte Bilder in mehreren Farben zusammen, beseitigen das Hintergrundrauschen, löschen die optischen und elektronischen Artefakte und stellen schließlich farbige Echt-Falsch-Fotos der interessantesten Marsgebiete her.

Ein großer Teil der in diesem Buch reproduzierten Fotos stammt vom USGS. Die wissenschaftlichen Künstler werden ihre Fertigkeiten nutzen können, wenn sie beginnen, die fantastische Ausbeute der Magellan-Sonde zu bearbeiten, die zwischen 1990 und 1993 praktisch die ganze Venusoberfläche abtastete. Damit steht ein kolossales Werk in Aussicht: zum ersten Mal wurde die Venus mit einer Auflösung von 100 bis 200 Metern fotografiert (per Radar, um genau zu sein). Tausende von Bildern müssen gesammelt, mit gesicherten Koordinaten versehen, berichtigt, bearbeitet und koloriert werden. Weiter: bei bestimmten Venusregionen können die Forscher des USGS sogar an Bildern mit Profil arbeiten. In Aussicht stehen wertvolle Archive für die Planetologen, eine schöne Karte der von Gebirgen und Kratern übersäten Venus, denen man eines Tages einen Namen geben wird. Nach der Venus werden sich die Kartographen des USGS erneut mit dem roten Planeten befassen, denn gegenwärtig werden mehrere Marsmissionen vorbereitet, zum Beispiel die Mission Mars Observer, und es müssen neue Karten angelegt werden. Wir warten auf den fernen Tag, an dem der Chef des USGS den Astronauten, die zum roten Planeten fliegen, eigenhändig eine schöne Faltkarte übergibt.

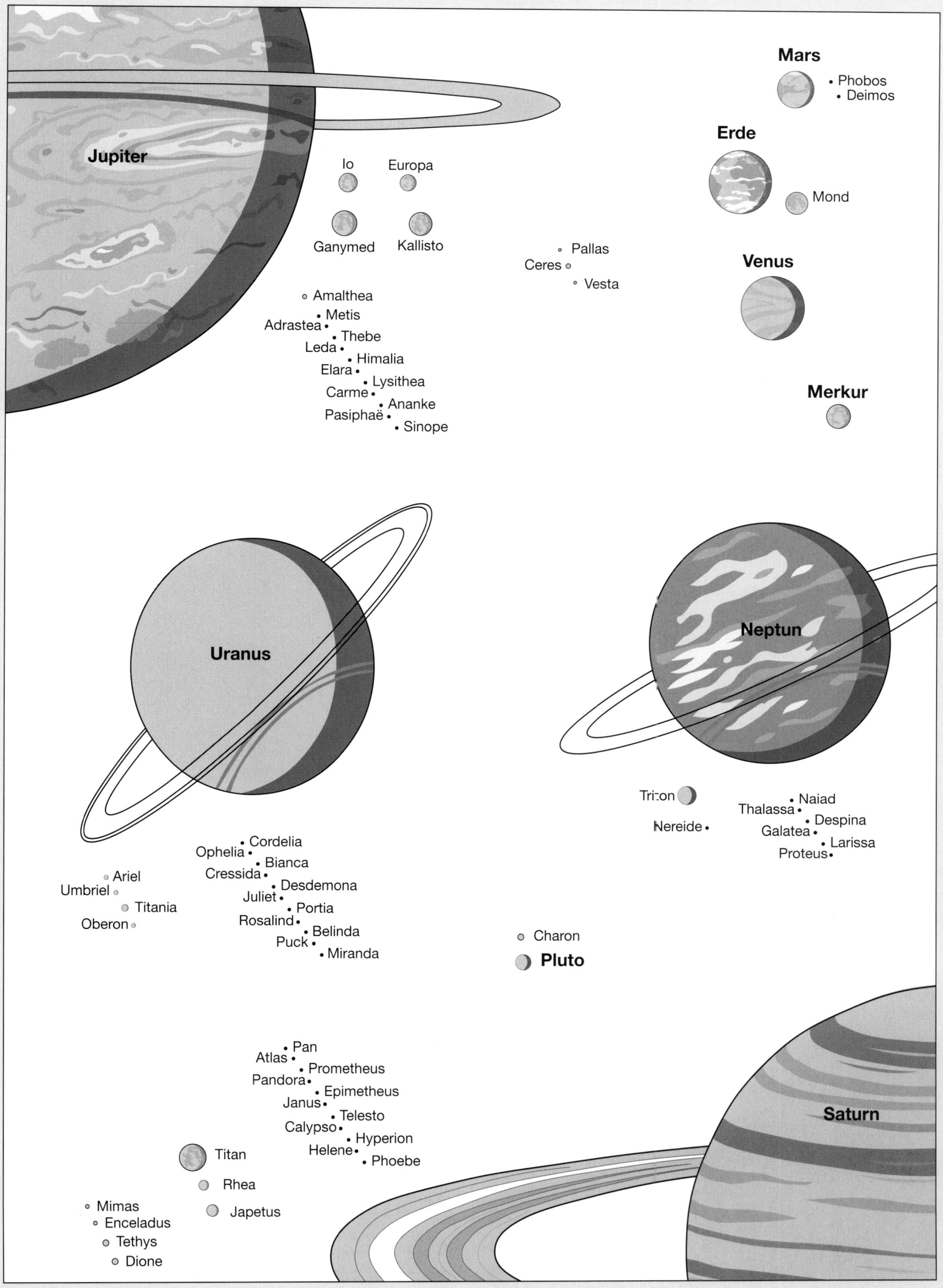
Mars
Phobos
Deimos
Erde
Mond
Jupiter
Io
Europa
Ganymed
Kallisto
Venus
Pallas
Ceres
Vesta
Amalthea
Metis
Adrastea
Thebe
Leda
Himalia
Elara
Lysithea
Carme
Ananke
Pasiphaë
Sinope
Merkur
Uranus
Neptun
Triton
Nereide
Naiad
Thalassa
Despina
Galatea
Larissa
Proteus
Cordelia
Ophelia
Bianca
Cressida
Desdemona
Ariel
Umbriel
Titania
Oberon
Juliet
Portia
Rosalind
Belinda
Puck
Miranda
Charon
Pluto
Pan
Atlas
Prometheus
Pandora
Epimetheus
Janus
Telesto
Calypso
Hyperion
Helene
Phoebe
Titan
Rhea
Japetus
Mimas
Enceladus
Tethys
Dione
Saturn

Astronomie als Hobby

Zweifellos wird die Astronomie schon seit uralten Zeiten nachts praktiziert. Seit der Renaissance und den ersten Versuchen Galileis verbreitete sich die Astronomie, praktiziert von wohlhabenden Gebildeten, die sich immer stärkere Fernrohre anfertigen ließen, allmählich über ganz Europa. War Newton, begeisterter Mathematiker, Universalgenie seiner Zeit und zugleich ein geschickter Tüftler, ein »professioneller« Astronom oder ein »Amateur«, als er als erster das Modell eines Spiegelteleskops vorstellte? Die Geschichte der Astronomie wird von Amateuren geprägt, die am Fortschritt dieser Wissenschaft mitwirkten. Als Wilhelm Herschel im Jahr 1781 den Uranus entdeckte, verdiente er seinen Lebensunterhalt durch das Erteilen von Musikunterricht. Charles Boyer wiederum, ein bescheidener Amateur, der den Himmel über Brazzaville beobachtete, entdeckte lange vor seinen professionellen Kollegen, daß sich die Venusatmosphäre in vier Tagen einmal dreht. Die Beobachtung des Himmels wurde während des ausgehenden 19. Jahrhunderts in bestimmten Gesellschaftskreisen zu einem modischen Zeitvertreib. Zu jener Zeit erregten die Planeten die Aufmerksamkeit der breiten Öffentlichkeit gewiß mehr als heute. Und das nicht ohne Grund: die Planeten und besonders der Mars, die von übereifrigen und allzu phantasievollen Beobachtern unter die Lupe genommen wurden, galten damals als bewohnt.

Phantasie, geistige Freiheit, Beharrlichkeit, vollkommene Freizügigkeit und vor allem die Freiheit von der Verpflichtung, Ergebnisse zu erzielen, versetzen die Hobbyastronomen heute in eine Lage, um die sie zahlreiche Amateurwissenschaftler anderer Disziplinen beneiden könnten. Es gibt zwei weitere wesentliche Gründe dafür: Einerseits bedroht die Astronomie die Umwelt nicht, und sie ist zugleich vollkommen uneigennützig, da zweckfrei – im Gegensatz zum Beispiel zur Archäologie, Geologie oder Paläontologie; andererseits ist das Universum selbst für die professionellen Astronomen zu groß, und die brachliegenden Felder der Planeten und Sterne erstrecken sich ins Unendliche über das gesamte Himmelsgewölbe. Ein Amateur nimmt einem professionellen Astronomen also nichts weg, die Beobachtungskegel ihrer Teleskope kreuzen sich, ohne sich gegenseitig zu stören. Eine weitere Stärke der Astronomie liegt in der Tatsache, daß das Universum, ob es nun durch Teleskope mit einem Durchmesser von zehn Metern oder mit dem bloßen Auge beobachtet wird, stets durch seine Schönheit und Vielfalt überrascht. Der Amateurastronom kann sich wie der Berufsastronom für die Spezialisierung, den Wettlauf um Durchmesser und optische Leistung, oder ganz einfach für die Freiheit entscheiden, sich in aller Bequemlichkeit nächtlichen Beobachtungen ohne bestimmtes Ziel zu widmen.

Die Mondfotos, die von den besten Amateurastronomen gemacht wurden, wetteifern mit denen der professionellen Astronomen. Hier sieht man die großen Kessel der Ptolemäus-Region, ein Bild von außergewöhnlicher Qualität, das Christian Arsidi in einer Vorstadt von Paris mit einem Teleskop von 300 Millimetern Durchmesser und mit einer Brennweite von 15 Metern aufnahm.

Die Astronomie läßt sich nämlich auch ohne jeden wissenschaftlichen Anspruch betreiben. Das Himmelsgewölbe ist gleichzeitig bekannt, vertraut und geheimnisvoll, ständig neu. Es ruft die Phantasie wach, stellt unsere Existenz in einen erweiterten Zusammenhang, rückt die Welt in eine neue Perspektive und bereichert das Nachdenken.

Die Amateurastronomie, wissenschaftliches Hobby oder exotischer Tourismus einer neuen Art, gewinnt jedes Jahr neue Anhänger. Wird der Städter gegen Ende dieses Jahrtausends noch Sterne am Himmel sehen? Die Verunreinigung der Atmosphäre und die nächtliche Beleuchtung rauben dem modernen Menschen nämlich den täglichen Kontakt mit einem lebenswichtigen natürlichen Element, das reich ist an Poesie und das eine nie versiegende Quelle philosophischer und metaphysischer Fragen darstellt. Die aktuelle Schwärmerei der breiten Öffentlichkeit für die Astronomie läßt sich als kulturelles Phänomen erklären: Die Schritte des Menschen auf dem Mond vor einem Vierteljahrhundert und danach die Eroberung der Planeten in den achtziger Jahren führten im Westen zur Entdeckung neuer Welten. Groß war die Versuchung, sie zu besuchen, und sei es nur aus der Ferne mittels eines von einer mehr oder weniger starken Optik verstärkten Lichtbündels. In der Tat steht den angehenden Astronomen seit einigen Jahren im Handel ein äußerst leistungsfähiges Instrumentarium mit tadelloser optischer und elektronischer Ausstattung zur Verfügung, echte verkleinerte Modelle der großen Teleskope der Observatorien. Die Leistungen dieser Amateurteleskope sind in einigen Fällen – man beurteile dazu die hier abgedruckten Fotos – einfach verblüffend. Denn obwohl die großen Teleskope in den Observatorien theoretisch eine hundertmal bis tausendmal höhere Leistung haben als die Geräte der Amateure, werden die Ergebnisse beider durch die Turbulenzen der Erdatmosphäre, die die größten Optiken wie die kleinsten behindert, ein wenig nivelliert und einander etwas angenähert. Jedoch, aufgepaßt: wir sprechen nur von der Beobachtung der hellen Himmelsobjekte, die uns hier interessieren, nämlich den Himmelskörpern des Sonnensystems. Bei der Beobachtung der schwach leuchtenden, entfernten Himmelskörper, der Nebel, Galaxien und Quasare, ist die Leistung der Teleskope in den Observatorien jedoch unvergleichlich, und ihr Vorteil wird erdrückend groß. In groben Zügen funktionieren alle optischen Instrumente, gleichgültig, wie groß und leistungsstark sie sind, nach demselben Prinzip. Die folgenden Erklärungen gelten daher für die größten Teleskope mit einem Durchmesser von drei bis zehn Metern, die mehrere hundert Tonnen wiegen, wie für das bescheidenste Amateurinstrument, das in eine Reisetasche paßt. Das Hauptstück eines Teleskops ist sein Spiegel, eine polierte Glasscheibe, deren Oberfläche durch eine Behandlung mit Metallen reflektierend gemacht wurde. Die Nutzfläche dieses Spiegels hat eine parabolische Form, so daß das von den Himmelskörpern einfallende Licht konzentriert wird. Je größer der Durchmesser des Spiegels ist, desto mehr Licht sammelt er, und desto schärfer und heller sind die Bilder, die er erzeugt. Beispielsweise sammelt ein Teleskop mit einem Spiegel von sechs Metern Durchmesser in einem Augenblick eine Million Male mehr Licht als das menschliche Auge! Wird ein solches Instrument mit einer CCD-Kamera verbunden, die noch empfindlicher ist als das Auge und zudem das Licht der Himmelskörper über mehrere Stunden erfaßt, verfügt es über eine Lichtempfindlichkeit, die eine Milliarde Male stärker ist als das unbewehrte Auge. Zum Vergleich: ein gutes Amateurteleskop verstärkt die Helligkeit eines Himmelskörpers zwischen 100- und 10 000mal.

Soviel zur Helligkeit. Bleibt die »Vergrößerung«, eine sehr theoretische optische Eigenschaft, welche die Astronomen buchstäblich phantasieren läßt und doch nur eine geringe praktische Bedeutung hat. Die Gesetze der Optik, die wir hier nicht im einzelnen erläutern möchten, sowie die Wirkungen der Luftturbulenzen begrenzen zumindest auf der Erde die Vergrößerungskraft der Teleskope, und das um so mehr, je stärker die Teleskope sind. Kurz, unter guten atmosphärischen Bedingungen vergrößert ein kleines Instrument mit einem Durchmesser von 100 Millimetern das Bild des beobachteten Objekts 20- bis 200mal. Ein stärkeres Instrument mit einem Durchmesser von 200 Millimetern vergrößert es 50- bis höchstens 400mal.

In Wirklichkeit will der geübte Beobachter mit einem Teleskop kein großes, unscharfes, sondern vielmehr ein helles und klares Bild erhalten, das den Eigenschaften seines eigenen Sehvermögens genau entspricht. In der Optik bezeichnet man diese meßbare Fähigkeit als Auflösungsvermögen. Das ist die Fähigkeit eines optischen Gerätes, Details an der Oberfläche eines beobachteten Himmelskörpers zu unterscheiden. Sie wird im Sexagesimalsystem als Winkelmaß angegeben. Um einen Anhaltspunkt zu bekommen, erinnern wir uns daran, daß der scheinbare Durchmesser

Kopernikus ist zweifellos der berühmteste Mondkrater. Sein Durchmesser beträgt 90 Kilometer, der Krater ist sehr gut erhalten und zeigt ein bemerkenswertes Profil, wenn man ihn mit einem kleinen Amateurteleskop beobachtet. Dieses Bild, das mit einem Teleskop von 300 Millimetern Durchmesser und einer Brennweite von 15 Metern aufgenommen wurde, erforderte eine Belichtungszeit von einer Sekunde.

Optische Eigenschaften der Monde des Sonnensystems

Mond	Entdecker	Jahr der Entdeckung	mittlere scheinbare Helligkeit (Magnitudo)	mittlerer scheinbarer Durchmesser
		Erde		
Mond	–	–	−10	1800″
		Mars		
Phobos	A. Hall	1877	11,3	0,01″
Deimos	A. Hall	1877	12,4	0,05″
		Jupiter		
Metis	S. Synnot	1979	17,5	0,01″
Adrastea	D. Jewitt	1979	18,7	0,001″
Amalthea	E. Barnard	1892	14,1	0,07″
Thebe	S. Synnot	1979	16,0	0,03″
Io	Galilei	1610	5,0	1,20″
Europa	Galilei	1610	5,3	1,05″
Ganymed	Galilei	1610	4,6	1,70″
Kallisto	Galilei	1610	5,6	1,60″
Leda	C. Kowal	1974	20,2	0,001″
Himalia	C. Perrine	1904	15,0	0,05″
Lysithea	S. Nicholson	1938	18,2	0,01″
Elara	C. Perrine	1905	16,6	0,01″
Ananke	S. Nicholson	1951	18,9	0,01″
Carme	S. Nicholson	1938	17,9	0,01″
Pasiphaë	P. Melotte	1908	16,9	0,01″
Sinope	S. Nicholson	1914	18,0	0,01″
		Saturn		
Pan	Voyager 2	1990	20,0	0,001″
Atlas	R. Terrile	1980	18,0	0,003″
Prometheus	S. Collins	1980	15,8	0,015″
Pandora	S. Collins	1980	16,5	0,015″
Epimetheus	R. Walker	1966	15,7	0,015″
Janus	A. Dollfus	1966	14,5	0,015″
Mimas	W. Herschel	1789	12,9	0,06″
Enceladus	W. Herschel	1789	11,7	0,08″
Tethys	G. Cassini	1684	10,2	0,15″
Telesto	B. Smith	1980	18,7	0,001″
Calypso	B. Smith	1980	19,0	0,001″
Dione	G. Cassini	1684	10,4	0,15″

Diese Tabelle gibt das Entdeckungsdatum und den Namen der Entdecker aller Monde des Sonnensystems an. Außerdem werden die scheinbare Größe und der scheinbare Durchmesser aller dieser Himmelskörper aufgeführt. Die Magnitudo eines Himmelskörpers steht für seine scheinbare Helligkeit, wie sie von der Erde aus zu sehen ist. Ihre Einheit ist logarithmisch; nach jeweils fünf Helligkeitsstufen verringert sich die Helligkeit um den Faktor 100. Zur Veranschaulichung: Die hellsten Sterne am Himmel haben eine Magnitudo von etwa 0, die schwächsten, mit dem bloßen Auge sichtbaren Sterne eine Magnitudo von 6. Bis auf den Mond der Erde ist kein Mond des Sonnensystems mit bloßem Auge zu sehen, etwa zwanzig von ihnen sind aller-

Mond	Entdecker	Jahr der Entdeckung	mittlere scheinbare Helligkeit (Magnitudo)	mittlerer scheinbarer Durchmesser
		Saturn		
Helene	P. Laques	1980	13,4	0,001″
Rhea	G. Cassini	1672	9,7	0,25″
Titan	C. Huygens	1655	8,3	0,85″
Hyperion	W. Bond	1848	14,2	0,05″
Japetus	G. Cassini	1671	1[illegible],0	0,25″
Phoebe	W. Pickering	1898	16,5	0,03″
		Uranus		
Cordelia	Voyager 2	1986	24	0,002″
Ophelia	Voyager 2	1986	24	0,002″
Bianca	Voyager 2	1986	23	0,003″
Cressida	Voyager 2	1986	22	0,004″
Desdemona	Voyager 2	1986	22	0,005″
Juliet	Voyager 2	1986	22	0,006″
Portia	Voyager 2	1986	21	0,007″
Rosalind	Voyager 2	1986	22	0,003″
Belinda	Voyager 2	1986	22	0,004″
Puck	Voyager 2	1985	20	0,01″
Miranda	G. Kuiper	1948	16,5	0,04″
Ariel	W. Lassell	1851	14,4	0,1″
Umbriel	W. Lassell	1851	15,3	0,1″
Titania	W. Herschel	1787	14,0	0,15″
Oberon	W. Herschel	1787	14,2	0,15″
		Neptun		
Naiad	Voyager 2	1989	25	0,0025″
Thalassa	Voyager 2	1989	24	0,004″
Despina	Voyager 2	1989	23	0,0075″
Galatea	Voyager 2	1989	23	0,0075″
Larissa	Voyager 2	1989	22	0,01″
Proteus	Voyager 2	1989	21	0,02″
Triton	W. Lassell	1846	13,5	0,15″
Nereid	G. Kuiper	1949	18,7	0,015″
		Pluto		
Charon	J. Christy	1978	16,3	0,05″

dings mit einem kleinen Amateurteleskop erkennbar. Das Entdeckungsdatum jedes einzelnen Objekts ist ein gutes Indiz für die Problematik der Beobachtung. In der letzten Spalte wird der mittlere scheinbare Durchmesser jedes Mondes angegeben. Da die maximale Auflösung der Amateurteleskope rund 0,5 Bogensekunden beträgt, bleiben die meisten Monde punktförmig. Dagegen können das Weltraumteleskop Hubble und die Riesenteleskope der Zukunft die Oberfläche der meisten dieser Himmelskörper teilweise auflösen.

Der sehr entfernte und relativ schwach leuchtende Saturn ist keine leichte Beute für die Himmelsfotografen. Dieses Bild wurde von Gérard Thérin im August 1992 im Departement Alpes de Haute-Provence mit einem Instrument von nur 225 Millimetern Durchmesser aufgenommen, dessen Brennweite auf 21 Meter erweitert wurde. Belichtungszeit 5,5 Sekunden.

des Mondes und der Sonne ein halbes Grad beträgt, also 30′ (Bogenminuten) oder 1800″ (Bogensekunden). Das menschliche Auge unterscheidet Einzelheiten, die etwa eine Bogenminute oder 60 Bogensekunden auseinander liegen.

Der Durchmesser von Venus, Jupiter und Saturn, der je nach Entfernung dieser Planeten von der Erde schwankt, beträgt ungefähr 30 bis 60 Bogensekunden. Für das bloße Auge sind diese Himmelskörper daher selbstverständlich nicht unsichtbar, jedoch vollkommen punktförmig: mit dem Auge kann man an ihrer Oberfläche keine Unterschiede wahrnehmen. Mars und Merkur sind noch kleiner, rund 10 bis 25 Bogensekunden. Uranus und Neptun sind winzig: 4 beziehungsweise 2,5 Bogensekunden. Der scheinbare Durchmesser der unzähligen Satelliten wie Titan, Triton, Io, Europa oder Enceladus beträgt meist noch nicht einmal eine Bogensekunde – das ist die größte Auflösung eines Teleskops von 120 Millimetern Durchmesser. Das bedeutet, daß ein solches Instrument diese Satelliten – wenn sie sehr hell sind – als schlichte Punkte abbildet. Der scheinbare Durchmesser der Planeten, der Sonne und des Mondes ist dagegen groß genug, um auf ihnen mehr oder weniger Details bewundern oder wahrnehmen zu können.

Die Planeten und die Amateure

Das Sonnensystem ist das bevorzugte Terrain der Amateurastronomen. Zwar beobachten einige nur die Galaxien, andere verbringen ihre durchwachten Nächte damit, Supernovae aufzuspüren, doch das Sonnensystem übt auf alle stets große Anziehungskraft aus, seien sie nun Anfänger oder alte Hasen, einfache Himmelstouristen oder Spezialisten für Kometen. Denn das Sonnensystem bietet den kleinen Amateurinstrumenten den Anblick sehr heller Himmelskörper wie Sonne und Mond sowie der fünf seit dem Altertum bekannten Planeten Merkur, Venus, Mars, Jupiter und Saturn.

Die Sonne

Die Sonne nimmt im Bereich der Amateurastronomie eine besondere Stellung ein. Ist sie, da sie per definitionem nur am Tage scheint, wirklich mit vollem Recht ein astronomisches Objekt? Man ist sich nicht sicher: Unterstützt durch ihre komplizierten technischen Rituale, schöpft die Magie der Astronomie ihr Geheimnis daraus, daß diese Tätigkeit in der Regel nachts ausgeübt wird. Ohne die Nacht verliert die Astronomie ihre Faszination, ihren Sinn und ihre Kraft.

Ironischerweise ist übrigens die Sonne in einem Universum, in dem der Astronom vor allem nach unsichtbaren Himmelskörper jagt, der einzige Stern am Himmelsgewölbe, der gerade durch seine außerordentliche Helligkeit auffällt. Schlimmer noch: Beobachtet man die Sonne ohne Vorsichtsmaßnahmen, kann sich dies für das Sehvermögen als gefährlich, ja sogar als verhängnisvoll erweisen. Den Anfängern sei daher ein lebenswichtiger Rat gegeben: niemals ein Fernrohr oder Teleskop auf die Sonne richten. Mit einiger Erfahrung aber und einer guten Kenntnis der Möglichkeiten astronomischer Optik und der besonderen Regeln bei der Beobachtung unseres blendenden Sterns wird es möglich, diesen zu erforschen. Die langsam rotierende, ständig sich verändernde, granulierte Oberfläche der Sonne zeigt die eindrucksvollen Wirkungen der Magnetstürme: die Flecken, die so groß sind, daß sie die Erde mehrmals verschlingen könnten. Die Beobachtung der schönsten Sonnenphänomene, der Protuberanzen, die sich über den Rand des Sterns erheben und während ihres Aufsteigens minutenlang verfolgt werden können, erfordert leider ein sehr teures Instrumentarium: Interferenzfilter oder Koronographen.

Die äußere Atmosphäre der Sonne schließlich – und dies gilt für Amateure wie für optimal ausgerüstete Berufsastronomen – kann man in einem Jahrzehnt nur für wenige Minuten während der totalen Sonnenfinsternisse beobachten. Ein außergewöhnliches Schauspiel von geradezu umwerfender Schönheit, allerdings auch sehr selten: In einem Jahrtausend hat man ungefähr dreimal die Möglichkeit, eine Sonnenfinsternis an demselben Ort zu beobachten. Für die Astronomen, die eines der schönsten Schauspiele der Natur in unserem Planetensystem miterleben möchten, besteht die einzige Lösung darin, dem Ereignis nachzureisen, um es dort zu bewundern, wo es stattfindet. Einige Begegnungen: Atacama-Wüste im November 1994, Indien im Oktober 1995, Mongolei im März 1997, Pazifischer Ozean im Februar 1998… Ein besser erreichbares Ziel? Die totale Sonnenfinsternis vom 11. August 1999, die, bei gutem Wetter, von einem Punkt 50 Kilometer nördlich von Paris aus beobachtet werden kann.

Der Mond zeigt sich unter immer neuen Blickwinkeln. Das Spiel der vom Profil geworfenen Schatten, die leichten Unterschiede in der Neigung unseres Begleiters gegenüber der Erde ermöglichen den Astronomen, die Fotografie des Mondes über Jahre, ja sogar Jahrzehnte zu betreiben. Hier sieht man die Krater Catherina, Cyrill und Theophilus.

Der Mond

Der Mond ist der Himmelskörper, der dem unsrigen am nächsten ist. Mit bloßem Auge kann man bereits die großen dunklen Flächen, alte mit Lava gefüllte Becken, klar erkennen, die phantasieanregende Formen auf die alabasterweiße Scheibe zeichnen. Entdeckt man den Erdbegleiter zum ersten Mal mit einem guten Fernglas oder einem kleinen Fernrohr, ist dies eine wirkliche Offenbarung und oft der Ursprung der astronomischen Leidenschaft, sei es als Amateur oder beruflich. Im Laufe der Nächte und der Mondphasen enthüllt unser Nachbar Mond neue Landschaften mit überraschenden Profilen. Graue und fast glatte Meere, blendende Kontinente, von Hunderten von Kratern durchlöchert, hohe Gebirge, die ihren Schatten, schwarz wie die Nacht, weit in die mit Asche übersäten Ebenen werfen. Mit einem stärkeren Instrument von 200 Millimetern Durchmesser kann man geradezu über die Mondoberfläche fliegen, und Tausende von Einschlagskratern werden sichtbar. Mit dem Auge am Okular ist es möglich, den Sonnenaufgang über dem Krater Kopernikus, einem eindrucksvollen Kessel mit einem Durchmesser von 90 Kilometern, direkt mitzuerleben. Etwa in der Mitte der Mondscheibe durchziehen sehr feine Rillen die Triesnecker- und Hyginus-Regionen. An anderer Stelle können die Spezialisten nach den Kuppen suchen, großen Hügeln vulkanischen Ursprungs, die von Calderen überragt werden. Die Feinheit der im Teleskop auf dem Mond sichtbaren Details ist beeindruckend: eine Bogensekunde entspricht ungefähr 1800 Metern.

Merkur und Venus

Man nennt sie innere Planeten, weil sie zwischen der Sonne und der Erde liegen. Wie der Mond besitzen Merkur und Venus einen kompletten Zyklus von Phasen. Für den Astronomen sind diese beiden Himmelskörper schwierig zu beobachten: der Merkur, kleiner und weiter entfernt, hat nur einen scheinbaren Durchmesser von 4 bis 13 Bogensekunden. Wahrscheinlich hat man niemals das kleinste Detail an der Oberfläche des kleinen Planeten entdeckt, und allein die Tatsache, daß es gelang, ihn an einem sehr hellen Himmel in der Nähe der Sonne zu finden, gilt für die meisten Amateure bereits als Leistung.

Die viel nähere und weitaus hellere Venus ist dagegen wesentlich einfacher zu beobachten. Tagsüber oder in der Dämmerung kann sie sich als äußerst feine und sehr helle Sichel zeigen. Ihr scheinbarer Durchmesser schwankt je nach ihrer Phase zwischen 10 und 65 Bogensekunden. Abgesehen von ganz seltenen Fällen, in denen die berühmte Formation eines auf der Seite liegenden Y wahrnehmbar ist, kann man in einem Amateurteleskop kein Detail auf der Venus erkennen.

Mars

Über die Beobachtung des Mars mit dem Teleskop wurden ganze Bücher geschrieben. Seit mehr als zwei Jahrhunderten werden sehr genaue Atlanten des roten Planeten veröffentlicht, die mit zunehmenden Entdekkungen und dem Fortschritt der Optik immer feinere geographische Details zeigen. Um einen Anhaltspunkt zu geben, halten wir fest, daß man mit dem besten Teleskop der Welt für die Beobachtung der Planeten, dem berühmten Ein-Meter-Teleskop auf dem Pic du Midi, heute den Vulkan Olympus Mons wahrnehmen kann! Der scheinbare Durchmesser des Mars schwankt zwischen 3,6 und 26 Bogensekunden. Wenn der Planet etwa alle zwei Jahre größer wird als 15 Bogensekunden, werden zahlreiche Details auch für die kleinsten Amateurgeräte sichtbar. Aber der Mars ist anspruchsvoll; seine wenig kontrastreiche Albedozeichnung ist nur für einen aufmerksamen und sehr geübten Beobachter sichtbar. Allerdings lohnt sich die Hartnäckigkeit, denn die Reise über den Mars mit einem optisch perfekten Teleskop von 200 Millimeter bis einem Meter Durchmesser ist unvergeßlich: Die Entwicklung der weiß glänzenden Polkappen läßt sich von Woche zu Woche verfolgen; die großen Gebiete wie Syrtis Major, Sinus Meridiani oder Margaritifer Sinus zeigen Änderungen in Farbe und Kontrast; man kann Höhenwolken und Staubstürme entdecken und dann über Wochen verfolgen. Neben dem bloßen Anblick bietet der rote Planet dem Amateur die Möglichkeit, sein Talent als Zeichner oder Fotograf zu schulen oder an internationalen Gruppen zur planetaren Beobachtung teilzunehmen, welche die Berufsastronomen wirksam unterstützen. So ist jede Raumfahrtmission wie Mariner, Viking oder Mars Observer für die Amateure eine Gelegenheit, den Observatorien bei der vollständigen Untersuchung des roten Planeten zur Seite zu stehen, bevor die Raumsonde auf dem Mars eintrifft.

Der Clavius-Kessel, eine sehr alte Mondformation, hat einen Durchmesser von 230 Kilometern und ist von kleineren Kratern durchlöchert. Dieses von Gérard Thérin mit einem 225-mm-Teleskop aufgenommene Foto hat eine außergewöhnliche Auflösung. Die Astronomen mit dem berühmten 5-Meter-Teleskop vom Mount Palomar könnten es nicht besser machen.

Jupiter

Der Riesenplanet ist die bevorzugte Beute der Anfänger unter den Amateuren. Auf seiner elliptischen Scheibe, die 30 bis 50 Bogensekunden mißt, lassen sich Einzelheiten seiner Wolkenbänder leicht erkennen. Innerhalb von nur einer Nacht zieht der Planet, dessen Rotationsperiode keine zehn Stunden dauert, buchstäblich vor den Augen vorbei. Zeigt ein 50-mm-Fernrohr mit einem Auflösungsvermögen von zwei Bogensekunden bereits vage einige Wolkenstreifen, so verbessert ein 100-mm-Teleskop das Bild und enthüllt einige Farben der Jupiterwolken. In einem Teleskop von 200 oder 300 Millimetern Durchmesser kann ein sehr geübter Beobachter Dutzende von Wolkensystemen von großer Feinheit und einer Vielzahl von Farbtönen wahrnehmen: lachsrosa, gelb, cremefarbig, ockerbraun... Auch hier ist die manchmal Jahrzehnte dauernde Untersuchung des Riesenplaneten für den Amateur, der die Berufsastronomen unterstützen möchte, sehr interessant. Schließlich erlauben auch die kleinsten Teleskope, das Ballett der vier Galileischen Monde zu beobachten: meistens sieht man sie als kleine helle Punkte um den Jupiter kreisen. Häufig ziehen sie vor der großen, bunten Scheibe her und werfen einen Schatten, den man sehr gut über die Wolken aus Wasserstoff und Helium fegen sieht. Wie der Mond und der Mars bietet der Jupiter den Amateuren, die über gutes Material verfügen und bei klarem Himmel ohne Luftturbulenzen beobachten, ein stets wechselndes Gesicht.

Saturn

Der Saturn ist unstreitig das Prachtstück des Sonnensystems. Seine kleine gelbe, von Ringen umgebene Kugel bietet einen sehr schönen Anblick, der sofort an eine Zauberwelt oder Science-fiction-Ambiente erinnert. Der Saturn ist neben dem Mond der einzige Himmelskörper, der sogleich den Eindruck eines Profils gibt, wenn man das Auge an das Okular bringt. Zwar ist auf dem eigentlichen Planeten fast kein Detail zu erkennen, dafür ändert sich aber die Sichtbarkeit seiner Ringe im Laufe der Jahre und Jahrzehnte von Grund auf. Die Ringe liegen genau in der Äquatorialebene des Planeten. Da dieser um 27 Grad gegen die Ebene der Ekliptik geneigt ist, scheinen die Ringe in einem Zyklus von dreißig Jahren – dies entspricht der Umlaufzeit des Planeten um die Sonne – langsam zu schwanken. Zwischen 1987 und 1988 war ihr Öffnungswinkel maximal: ein idealer Zeitraum, um sie zu bewundern, denn sie umhüllten den Planeten. Unter solchen optimalen Bedingungen kann man in einer guten Nacht den Florring sowie die Ringe A und B sehen, die durch die pechschwarze Cassinische Teilung voneinander getrennt werden. Die visuelle Untersuchung ist mit einem Teleskop von 100 bis 300 Millimetern Durchmesser möglich, es erlaubt zudem, das feine Spiel des Planetenschattens, der auf die Ringe geworfen wird, und den Schatten der Ringe zu beobachten, der sich auf dem Planeten abzeichnet. Zwischen August 1995 und Februar 1996 blickt man auf die Kante der Ringe. Aufgrund ihrer unwirklichen Feinheit werden sie dann fast unsichtbar sein, es sei denn, man sieht sie durch ein Teleskop von 500 Millimetern bis einem Meter Durchmesser. Bis zum Jahr 2002 öffnen sie sich dann Jahr für Jahr allmählich wieder, ehe sie sich von neuem schließen und im Jahr 2009 wieder verschwinden.

Uranus und Neptun

Diese beiden letzten Riesenplaneten sind zu weit entfernt, so daß man sie mit bloßem Auge nicht erkennen kann. Unter guten Bedingungen sieht man sie mit einem Teleskop von 100 bis 200 Millimetern Durchmesser, jedoch nur als winzige graugrüne Scheiben mit einer Größe von 4 beziehungsweise 2,5 Bogensekunden.

Um den Pluto steht es noch schlechter: Wie viele Astronomen haben schon versucht, ihn zu beobachten? Dieser winzige Punkt, scheinbar ohne Durchmesser, ist mit kleinen Teleskopen nicht zu sehen und erfordert ein Instrument mit einem Durchmesser von rund 300 Millimetern, damit man sich von ihm eine Vorstellung machen kann: der Himmelskörper unterscheidet sich nach mehreren Nächten der Beobachtung nur durch seine scheinbare Bewegung von den Sternen, die den Bereich des Okulars oder der Fotografie einnehmen. Die Beobachtung des Pluto erinnert in der Tat an die der Asteroiden, die unter denselben Bedingungen wie der letzte Planet des Sonnensystems zu Dutzenden fast überall am Himmelsgewölbe auffindbar sind.

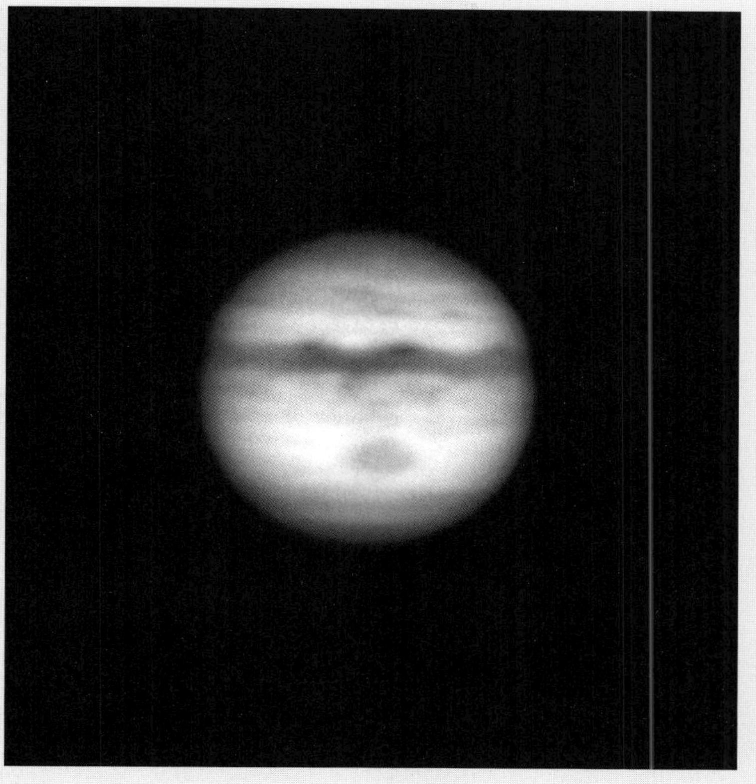

Die Amateure können die Wolkenbänder des Jupiter mit Instrumenten mit einem Durchmesser von 50 bis 100 Millimetern bewundern. Für dieses prächtige Bild des Roten Flecks, der über den Jupiter hinwegzieht, verwendete Christian Arsidi allerdings ein Teleskop mit einem Durchmesser von 300 Millimetern und einer Brennweite von 22 Metern. Ein solches Foto erfordert sehr gute Beobachtungsbedingungen und große Übung.

Der Mars, fotografiert von Gérard Thérin mit einem Teleskop von lediglich 200 Millimetern Durchmesser und einer Brennweite von 20 Metern. Der rote Planet ist sehr schwierig zu beobachten. Man vergleiche dieses Bild mit den Aufnahmen der Viking-Sonde und des Hubble-Teleskops, die im Kapitel Mars gezeigt werden.

Die Jagd nach den Kometen

Es bleibt natürlich das Unvorhersehbare. Mit dem Fernglas oder kleinen Teleskopen kann man Dutzende von Kometen als kleine verschwommene Flecken beobachten. Einige, wie der Halleysche Komet, kommen der Erde nahe genug, so daß sie einen langen Schweif entwickeln, der beobachtet und fotografiert werden kann. Die hellsten Kometen sind sogar mit bloßem Auge sichtbar, sie ziehen bei Sonnenaufgang oder Sonnenuntergang oberhalb des Horizonts über den Himmel. Die fesselnde, aber sehr schwierige Jagd nach neuen Kometen, die zum ersten Mal im inneren Sonnensystem erscheinen, ist ein Sport, der sehr häufig von Amateurastronomen augeübt wird, die davon träumen, daß der schöne flüchtige Besucher dann eines Tages ihren Namen tragen wird.

Bibliographie und empfohlene Literatur

C. Allègre, *L'Écume de la Terre,* Fayard, Paris, 1983

C. Allègre, *De la pierre à l'étoile,* Fayard, Paris, 1985

C. Allègre, *Les Fureurs de la Terre,* Odile Jacob, Paris, 1987

C. Allègre, *Introduction à une histoire naturelle,* Fayard, Paris, 1992

J. Audouze und G. Israël, *Le Grand Atlas de l'astronomie,* Ency. Univ., Paris, 1993

J. Bersani, *Le Grand Atlas de l'espace,* Encyclopedia Universalis. Paris, 1989

J. Blamont, *Vénus dévoilée,* Odile Jacob, 1987

J. Blamont, *Le Chiffre et le songe,* Odile Jacob, Paris, 1993

R. M. Bonnet, *Les Horizons chimériques,* Dunod, Paris, 1992

S. Brunier, *Architecture de l'Univers,* Bordas, Paris, 1985

M. Carr, *The Surface of Mars,* Yale University Press, New Haven, Conn. 1981

A. Cayeux, S. Brunier, *Les Planètes,* Bordas, Paris, 1986

A. Cirou, *L'Infiniment loin,* Hachette, Paris, 1992

Ph. de la Cotardière, *Astronomie,* Larousse, Paris, 1981

Ph. de la Cotardière, *Dictionnaire de l'astronomie,* Larousse, Paris, 1987

Ph. de la Cotardière, *Dictionnaire de l'espace,* Larousse, Paris, 1993

M. Davies, *Atlas of Mercury,* NASA, Washington DC, 1976

S. Dunlop, *Astronomie für Einsteiger,* Franckh-Kosmos, Stuttgart, 1991

P. V. Foukal, *Solar Astrophysics,* Wiley, New York, 1990

T. Gehrels, *Jupiter,* Univ. of Arizona Press, Tucson, 1976

T. Gehrels, *Saturn,* Univ. of Arizona Press, Tucson, 1984

S. J. Gould, *La Malmesure de l'Homme,* Ramsay, Paris, 1983

S. J. Gould, *Darwin et les grandes énigmes de la vie,* Le Seuil, Paris, 1984

S. J. Gould, *Le Pouce du panda,* Grasset, Paris, 1986

S. J. Gould, *Aux racines du temps,* Grasset, Paris, 1990

S. J. Gould, *La vie est belle,* Le Seuil, Paris, 1991

R. Greenberg und A. Brahic, *Planetary Rings,* Univ. of Ariz. Press, Tucson, 1984

P. Guérin, *Planètes et satellites,* Larousse, 1969

D. A. Hardy und J. Murray, *Les Volcans,* Atlas, Paris, 1992

A. Hayli, *Histoire de l'Univers,* Hachette, Paris, 1980

J. Heidmann, *Intelligences extraterrestres,* Odile Jacob, Paris, 1992

G. Hunt, *The Planet Venus,* Faber & Faber, London, 1982

J. Kelly Beatty, *The New Solar System,* Sky Publishing Corp, Cambridge, 1990

Knaurs moderne Astronomie, Droemer Knaur, München, 1992

J. Loveloch, *The Ages of Gaia,* Bantam Book, London, 1989

M. Maurette, *Chasseurs d'étoiles,* Hachette, Paris, 1993

P. G. Mezger, *Blick ins kalte Weltall,* Deutsche Verlagsanstalt, Stuttgart, 1992

R. Miller, W. Hartmann, *Le Grand Tour,* Robert Laffont, Paris, 1983

P. Moore, *The Moon,* Michell Beazley, London, 1982

NASA SP 303, *The Quiet Sun,* NASA, Washington DC, 1973

NASA SP 380, *Skylab explores the Earth,* NASA, Washington DC, 1977

NASA SP 425, *The Martian Landscape,* NASA, Washington DC, 1978

NASA SP 402, *A New Sun,* NASA, Washington DC, 1979

NASA SP 411, *Viking Orbiter Views of Mars,* Washington DC, 1980

NASA SP 439, *Voyage to Jupiter,* NASA, Washington DC, 1980

NASA SP 451, *Voyage to Saturn,* NASA, Washington DC, 1982

J. C. Pecker, *La Nouvelle Astronomie,* Hachette, Paris, 1976

J. C. Pecker, *Sous l'étoile Soleil,* Fayard, Paris, 1984

J. C. Pecker, *Astronomie Flammarion,* Flammarion, Paris, 1985

J. C. Pecker, *L'Avenir du Soleil,* Hachette, Paris, 1990

K. Rohlfs, *Die Ordnung des Universums,* Birkhäuser, Basel, 1992

G. Roth (Hrsg.), *Handbuch für Sternfreunde,* Springer, Berlin, 1989

L. D. Schmadel, *Dictionary of Minor Planet Names,* Springer-Verlag, 1992

J. Silk, *Der Urknall,* Birkhäuser, Basel, 1990

W. Shea, *La Révolution galiléenne,* Le Seuil, Paris, 1992

P. Véron und J. C. Ribes, *Les comètes,* Hachette, Paris, 1979

H. H. Voigt, *Abriß der Astronomie,* Bibliographisches Institut, Mannheim, 1991

A. Wilson, *Solar System Log,* Janes, New York, 1987

Register

I

J

K

L

M

N

O

P

Q

R

Bildnachweis

Die Planeten im Wandel von Mythos und Forschung
S. 6-7: S. Brunier / Ciel & Espace
S. 9: S. Brunier / Ciel & Espace
S. 11: Nasa / Ciel & Espace
S. 12: S. Brunier / Ciel & Espace

Galaxien: Bausteine des Universums
S. 14-15: D. Malin / A.A.O. / Ciel & Espace
S. 16: D. Malin / A.A.O. / Ciel & Espace
S. 17: D. Malin / A.A.O. / Ciel & Espace
S. 18, oben: A. Fujii / Ciel & Espace
S. 18, Mitte: D. Malin / R.O.E. / Ciel & Espace
S. 18, unten: D. Malin / R.O.E. / Ciel & Espace
S. 19: D. Malin / A.A.O. / Ciel & Espace
S. 20-21: D. Malin / A.A.O. / Ciel & Espace
S. 22, oben: Nasa / Esa / Ciel & Espace
S. 22, unten: Nasa / Ciel & Espace
S. 23: Nasa / Esa / Ciel & Espace

Ein gigantischer Reaktor: Die Sonne
S. 24-25: B.B.S.O / O. Hodasava / Ciel & Espace
S. 26: N.O.A.O. / Ciel & Espace
S. 27: N.O.A.O. / Ciel & Espace
S. 28, oben: N.O.A.O. / O. Hodasava / Ciel & Espace
S. 28, unten: I.S.A.S. / Ciel & Espace
S. 29: O.M.P. / O. Hodasava / Ciel & Espace

Merkur: im Bann des Sonnenfeuers
S. 31: Nasa / O. Hodasava / Ciel & Espace
S. 32: Nasa / O. Hodasava / Ciel & Espace
S. 33: Nasa / O. Hodasava / Ciel & Espace
S. 34: Nasa / O. Hodasava / Ciel & Espace
S. 35: Nasa / O. Hodasava / Ciel & Espace

Venus: Rendezvous in der Hölle
S. 36-37: Nasa / Ciel & Espace
S. 38: J.P.L. / Nasa / O. Hodasava / Ciel & Espace
S. 39: J.P.L. / Nasa / O. Hodasava / Ciel & Espace
S. 40-41: I.K.I. / O. Hodasava / Ciel & Espace
S. 42: J.P.L. / Nasa / O. Hodasava / Ciel & Espace
S. 43: J.P.L. / Nasa / Ciel & Espace
S. 44-45: J.P.L. / Nasa / Ciel & Espace

Die Erde: ein lebender Planet
S. 46-47: Nasa / Ciel & Espace
S. 48: Nasa / Ciel & Espace
S. 49: S. Brunier / Ciel & Espace
S. 50: Nasa / Ciel & Espace
S. 51: Nasa / Ciel & Espace
S. 52: S. Brunier / Ciel & Espace
S. 53: Nasa / Ciel & Espace
S. 54: Nasa / Ciel & Espace
S. 55: S. Brunier / Ciel & Espace
S. 56: Nasa / Ciel & Espace
S. 57: Nasa / Ciel & Espace
S. 58: S. Brunier / Ciel & Espace
S. 59: S. Brunier / Ciel & Espace
S. 60: Nasa / Ciel & Espace
S. 61: Nasa / Ciel & Espace
S. 62: S. Brunier / Ciel & Espace
S. 63: Cnes / Spotimage
S. 64: S. Brunier / Ciel & Espace
S. 65: Nasa / Ciel & Espace

Der Mond: Expedition zum Nachbarn
S. 66-67: Nasa / Ciel & Espace
S. 68: Nasa / Ciel & Espace
S. 69: Nasa / Ciel & Espace
S. 70: Nasa / Ciel & Espace
S. 71: Nasa / Ciel & Espace
S. 72: Nasa / Ciel & Espace
S. 73: Nasa / Ciel & Espace
S. 74: Nasa / Ciel & Espace
S. 75: Nasa / Ciel & Espace
S. 76: Nasa / Ciel & Espace
S. 77: Nasa / Ciel & Espace
S. 78-79: Nasa / Ciel & Espace

Mars: Wüsten und Stürme
S. 80-81: Nasa / Ciel & Espace
S. 82: Nasa / Ciel & Espace
S. 83: Nasa / Ciel & Espace
S. 84: U.S.G.S. / Nasa / Ciel & Espace
S. 85: U.S.G.S. / Nasa / Ciel & Espace
S. 86: U.S.G.S. / Nasa / Ciel & Espace
S. 87, oben: U.S.G.S. / Nasa / Ciel & Espace
S. 87, unten: Nasa / Ciel & Espace
S. 88-89: U.S.G.S. / Nasa / Ciel & Espace
S. 90, oben: U.S.G.S. / Nasa / Ciel & Espace
S. 90, unten: Nasa / Ciel & Espace
S. 91: U.S.G.S. / Nasa / Ciel & Espace
S. 92: U.S.G.S. / Nasa / Ciel & Espace
S. 93: U.S.G.S. / Nasa / Ciel & Espace
S. 94-95, oben: J.P.L. / Nasa / Ciel & Espace
S. 94, unten: J.P.L. / Nasa / Ciel & Espace
S. 95, unten: J.P.L. / Nasa / Ciel & Espace
S. 96, oben: J.P.L. / Nasa / Ciel & Espace
S. 96, unten: Nasa / Esa / Ciel & Espace
S. 97: U.S.G.S. / Nasa / Ciel & Espace

Phobos und Deimos: Steine am Himmel
S. 98: Nasa / O. Hodasava / Ciel & Espace
S. 99: Nasa / O. Hodasava / Ciel & Espace
S. 101: Nasa / O. Hodasava / Ciel & Espace

Gaspra: ein Asteroid gibt Auskunft
S. 102-103: J.P.L. / Nasa / Ciel & Espace
S. 104: O.C.A. / Ciel & Espace
S. 105: Nasa / O. Hodasava / Ciel & Espace
S. 106: J.P.L. / Ciel & Espace
S. 107, oben: Nasa / Ciel & Espace
S. 107, unten: J.P.L. / Nasa / O. Hodasava / Ciel & Espace

Jupiter: Tauchfahrt im Orkanstern
S. 108-109: J.P.L. / Nasa / Ciel & Espace
S. 110: J.P.L. / Nasa / Ciel & Espace
S. 111: J.P.L. / Nasa / Ciel & Espace
S. 112: J.P.L. / Nasa / Ciel & Espace
S. 113, oben: Nasa / Esa / Ciel & Espace
S. 113, Mitte und unten: J.P.L. / Nasa / Ciel & Espace
S. 114: J.P.L. / Nasa / Ciel & Espace
S. 115: J.P.L. / Nasa / Ciel & Espace
S. 116-117: J.P.L. / Nasa / Ciel & Espace

Io: der Vulkanplanet
S. 118: J.P.L. / Nasa / Ciel & Espace
S. 119: J.P.L. / Nasa / Ciel & Espace
S. 120: J.P.L. / Nasa / Ciel & Espace
S. 121: U.S.G.S. / Nasa / Ciel & Espace
S. 122: J.P.L. / Nasa / Ciel & Espace
S. 123: J.P.L. / Nasa / Ciel & Espace

Europa: der verborgene Ozean
S. 124: U.S.G.S. / Nasa / Ciel & Espace
S. 125: J.P.L. / Nasa / Ciel & Espace
S. 126: U.S.G.S. / Nasa / Ciel & Espace
S. 127: J.P.L. / Nasa / Ciel & Espace
S. 128: J.P.L. / Nasa / Ciel & Espace
S. 129: J.P.L. / Nasa / Ciel & Espace

Saturn: der Herr der Ringe
S. 130-131: J.P.L. / Nasa / Ciel & Espace
S. 132: J.P.L. / Nasa / Ciel & Espace
S. 133: J.P.L. / Nasa / Ciel & Espace
S. 134, oben: J.P.L. / Nasa / Ciel & Espace
S. 134, unten: Nasa / Esa / Ciel & Espace
S. 135: J.P.L. / Nasa / Ciel & Espace
S. 136: J.P.L. / Nasa / Ciel & Espace
S. 137: Nasa / Esa / Ciel & Espace
S. 138: J.P.L. / Nasa / Ciel & Espace
S. 139: J.P.L. / Nasa / Ciel & Espace

Titan: eine Erde im Winterschlaf
S. 140-141: J.P.L. / Nasa / Ciel & Espace
S. 142: J.P.L. / Nasa / Ciel & Espace
S. 143: J.P.L. / Nasa / Ciel & Espace
S. 144: J.P.L. / Nasa / Ciel & Espace
S. 145: J.P.L. / Nasa / Ciel & Espace

Enceladus und die Eiswelten
S. 146: J.P.L. / Nasa / Ciel & Espace
S. 147: J.P.L. / Nasa / Ciel & Espace
S. 148: J.P.L. / Nasa / Ciel & Espace
S. 149: J.P.L. / Nasa / Ciel & Espace
S. 150: J.P.L. / Nasa / Ciel & Espace
S. 151: J.P.L. / Nasa / Ciel & Espace

Halley: der große Reisende
S. 152-153: A. Fujii / Ciel & Espace
S. 154: Esa / Ciel & Espace
S. 155: D. Malin / A.A.O. / Ciel & Espace
S. 156-157: D. Malin / A.A.O. / Ciel & Espace
S. 158: Nasa / Ciel & Espace
S. 159: D. Jewitt / J. Luu / U.H. / Ciel & Espace
S. 160: A. Fujii / Ciel & Espace
S. 161: S. Brunier / Ciel & Espace

Uranus: zwischen zwei Welten
S. 162-163: J.P.L. / Nasa / Ciel & Espace
S. 164: J.P.L. / Nasa / Ciel & Espace
S. 165: J.P.L. / Nasa / Ciel & Espace
S. 166: J.P.L. / Nasa / Ciel & Espace
S. 167, oben: J.P.L. / Nasa / Ciel & Espace
S. 167, unten: U.S.G.S. / Nasa / Ciel & Espace

Neptun: ein blauer Riese
S. 168-169: J.P.L. / Nasa / Ciel & Espace
S. 170: J.P.L. / Nasa / Ciel & Espace
S. 171: J.P.L. / Nasa / Ciel & Espace
S. 172: J.P.L. / Nasa / Ciel & Espace
S. 173: J.P.L. / Nasa / Ciel & Espace
S. 174: J.P.L. / Nasa / Ciel & Espace
S. 175: J.P.L. / Nasa / Ciel & Espace
S. 176-177: J.P.L. / Nasa / Ciel & Espace

Triton: die Eisvulkane
S. 178: U.S.G.S. / Nasa / Ciel & Espace
S. 179: U.S.G.S. / Nasa / Ciel & Espace
S. 180: Nasa / O. Hodasava / Ciel & Espace
S. 181: U.S.G.S. / Nasa / Ciel & Espace
S. 182: U.S.G.S. / Nasa / Ciel & Espace
S. 183: J.P.L. / Nasa / Ciel & Espace

Pluto und Charon: gestaltlose Welten
S. 184: Nasa / Esa / Ciel & Espace
S. 185: C. Tombaugh / Lowell Obs / Ciel & Espace
S. 186: E.S.O. / Ciel & Espace
S. 188-189: E.S.O. / Ciel & Espace

Positionen und Bewegungen im Sonnensystem
S. 190: P. Roth / O. Hodasava / Ciel & Espace
S. 191: S. Brunier / O. Hodasava / Ciel & Espace
S. 193: P. Roth / O. Hodasava / Ciel & Espace
S. 195: S. Brunier / Ciel & Espace
S. 197: A. Fujii/ Ciel & Espace

Teleskope und Raumsonden
S. 202: M. Robinson / U.H. / U.S.G.S. / Ciel & Espace
S. 203: E.S.O. / Ciel & Espace
S. 206: S. Brunier / Ciel & Espace
S. 207, oben: Nasa / Ciel & Espace
S. 207, unten links: Nasa / Ciel & Espace
S. 207, unten rechts: Nasa / Ciel & Espace
S. 208: S. Brunier / O. Hodasava / Ciel & Espace
S. 209: Nasa / Ciel & Espace
S. 210: U.S.G.S. / Ciel & Espace
S. 211: S. Brunier / O. Hodasava / Ciel & Espace

Astronomie als Hobby
S. 212: C. Arsidi / Ciel & Espace
S. 213: C. Arsidi / Ciel & Espace
S. 216: G. Thérin / Ciel & Espace
S. 217: C. Arsidi / Ciel & Espace
S. 218: G. Thérin / Ciel & Espace
S. 219, oben: C. Arsidi / Ciel & Espace
S. 219, unten: G. Thérin / Ciel & Espace